高等学校应用型特色规划教材

数字电子技术基础

谢志远　主　编
尚秋峰　副主编

清华大学出版社
北　京

内容简介

本书紧紧围绕数字信号的产生、变换、处理、逻辑运算、存储等内容进行讲解，具体内容包括：数字逻辑基础、逻辑门电路、组合逻辑电路、触发器、时序逻辑电路、半导体存储器与可编程逻辑器件、脉冲波形的变换与产生、数/模与模/数转换器以及数字系统设计自动化 EDA 等。本书在编写上概念清晰，内容先进、实用，淡化内部电路的分析计算，突出实际电路的应用，引入数字系统设计自动化 EDA 技术，并给出了若干典型数字系统设计实例。为便于读者学习，每章都给出了习题，参考答案可在清华大学出版社网站下载。

本书既可作为高等学校电气信息、电子信息类各专业数字电子技术基础课程的教材，也可作为工程技术人员的参考书。

本书封面贴有清华大学出版社防伪标签，无标签者不得销售。
版权所有，侵权必究。举报：010-62782989，beiqinquan@tup.tsinghua.edu.cn。

图书在版编目(CIP)数据

数字电子技术基础/谢志远主编. —北京：清华大学出版社，2014（2022.8重印）
（高等学校应用型特色规划教材）
ISBN 978-7-302-35715-5

Ⅰ. ①数… Ⅱ. ①谢… Ⅲ. ①数字电路—电子技术—高等学校—教材 Ⅳ. ①TN79

中国版本图书馆 CIP 数据核字(2014)第 060807 号

责任编辑：李春明　郑期彤
封面设计：杨玉兰
责任校对：李玉萍
责任印制：丛怀宇

出版发行：清华大学出版社
　　　　　网　　址：http://www.tup.com.cn, http://www.wqbook.com
　　　　　地　　址：北京清华大学学研大厦 A 座　　邮　　编：100084
　　　　　社 总 机：010-83470000　　　　　　　　邮　　购：010-62786544
　　　　　投稿与读者服务：010-62776969, c-service@tup.tsinghua.edu.cn
　　　　　质量反馈：010-62772015, zhiliang@tup.tsinghua.edu.cn
　　　　　课件下载：http://www.tup.com.cn, 010-62791865

印 装 者：北京富博印刷有限公司
经　　销：全国新华书店
开　　本：185mm×260mm　　印　张：21.75　　字　数：528 千字
版　　次：2014 年 6 月第 1 版　　　　　　　　印　次：2022 年 8 月第 8 次印刷
定　　价：56.00元

产品编号：038935-04

前　言

　　电子技术基础课程是一门工程性、实践性和应用性很强的课程，对于培养学生的工程实践能力和创新意识具有重要的意义。其中，数字技术是当前发展最为迅速的学科之一，在这一领域内知识更新的速度远远高于整个科技领域发展的平均速度。随着数字电子技术的不断发展，新技术、新器件、新电路不断涌现，传统的数字电子技术教材在内容安排上已经不能适应电子技术发展的要求。为此，华北电力大学电子学教研室根据数字电子技术发展趋势，在总结"电子技术基础系列课程"省级精品课程建设成果和经验的基础上，对以往教材内容进行了修改和更新，将启发式教学、研究性教学和优秀生培养思路及成果融入教材编写之中，使教材体系更加突出实际电路的应用。

　　本书紧紧围绕数字信号的产生、变换、处理、逻辑运算、存储等内容进行讲解。全书共 9 章，具体内容包括：数字逻辑基础、逻辑门电路、组合逻辑电路、触发器、时序逻辑电路、半导体存储器与可编程逻辑器件、脉冲波形的变换与产生、数/模与模/数转换器以及数字系统设计自动化 EDA。

　　本书的特点如下。

　　(1) 在每章开头的"本章要点"中将本章内容以问题的形式提出，引导学生进行探究式学习，培养学生的自主学习能力和创新思维能力。在每章结尾的"本章小结"中对引言中的问题给予较精练的解答，提炼数字电子技术基础中的基本概念、基本原理和基本方法。

　　(2) 在借鉴国内数字电子技术基础教材优点的基础上，对传统教学内容进行了精选与整合，精简和优化了经典的数字电子技术基础知识，增加了 EDA 等现代数字电子技术的比重。具体表现为：在保证基础的前提下，更新课程内容，介绍当代先进的电子技术知识；进一步淡化内部电路的分析和计算，重点介绍典型电路的逻辑功能、外特性和应用；突出数字集成电路的应用和 EDA 技术。

　　(3) 独立地将数字系统设计自动化 EDA 技术引入书中，详细分析了硬件描述语言，给出了若干典型数字系统设计实例并在 EDA 平台上以及数字电路实验中给予充分验证，有助于读者系统掌握 EDA 技术设计方法。

　　(4) 将教学与科研紧密结合，充分发挥科研优势对本科教学的促进作用，适度将科研实践中的一些实用电路引入书中。

　　(5) 安排了适量的例题和习题，以便帮助学生更好地理解数字电子技术基础的基本概念、基本电路和基本方法。

　　(6) 编写体系新颖。为了方便读者学习，加深对内容的理解，在编写过程中引入了"注意"模块、"提示"模块以及"知识拓展"模块。

　　本书由华北电力大学电子学教研室共同编写，谢志远任主编，尚秋峰任副主编。参加编写的老师有尼俊红、胡正伟、刘童娜、黄怡然、刘立、段东兴等。

　　限于作者水平有限，书中难免存在许多缺点和不足，敬请使用本书的师生和读者批评指正。

编　者

目 录

第1章 数字逻辑基础 1
1.1 几种常用的数制 1
1.2 数制之间的相互转换 4
1.2.1 十进制数转换为二进制数 4
1.2.2 二进制数、十六进制数和八进制数之间的转换 6
1.3 二进制数的算术运算 6
1.3.1 无符号二进制数的算术运算 ... 6
1.3.2 带符号二进制数的减法运算 ... 8
1.4 二进制代码 10
1.4.1 二-十进制码 10
1.4.2 格雷码 11
1.4.3 ASCII 码 11
1.5 二值逻辑变量与基本逻辑运算 ... 12
1.6 逻辑代数基础 16
1.6.1 逻辑代数的基本定律和公式 .. 16
1.6.2 逻辑代数的基本规则 17
1.7 逻辑函数的表示方法 18
1.8 逻辑函数的化简和变换 20
1.8.1 逻辑函数的公式化简法 20
1.8.2 逻辑函数的卡诺图化简法 22
1.8.3 多个逻辑函数的整体化简法 .. 32
本章小结 33
习题 34

第2章 逻辑门电路 38
2.1 概述 38
2.1.1 数字集成电路简介 38
2.1.2 正逻辑与负逻辑 40
2.1.3 标准高低电平的规定 40
2.2 分立元件基本逻辑门电路 41
2.2.1 二极管的开关特性 41
2.2.2 二极管与门电路 42
2.2.3 二极管或门电路 43
2.2.4 晶体管的开关特性 44
2.2.5 晶体管非门电路 46
2.3 TTL 逻辑门电路 47
2.3.1 TTL 非门的基本电路 47
2.3.2 TTL 非门的外部特性与主要参数 48
2.3.3 其他类型的 TTL 门电路 55
2.4 CMOS 逻辑门电路 65
2.4.1 MOS 管的开关特性 65
2.4.2 CMOS 非门的基本电路 66
2.4.3 CMOS 非门的外部特性与主要参数 68
2.4.4 其他类型的 CMOS 门电路 71
2.5 砷化镓逻辑门电路 77
2.6 各种门电路之间的接口问题 78
2.6.1 TTL 与 CMOS 器件之间的接口 78
2.6.2 TTL 和 CMOS 电路带负载时的接口问题 80
2.6.3 门电路多余输入端的处理 ... 81
本章小结 82
习题 83

第3章 组合逻辑电路 88
3.1 组合逻辑电路的分析 88
3.2 组合逻辑电路的设计 91
3.3 组合逻辑电路中的竞争冒险 96
3.3.1 产生竞争冒险现象的原因 ... 96
3.3.2 检查竞争冒险现象的方法 ... 97
3.3.3 消除竞争冒险现象的方法 ... 97
3.4 几种常用的组合逻辑电路 98
3.4.1 加法器 98
3.4.2 数值比较器 101
3.4.3 数据选择器 105
3.4.4 编码器ー 110

3.4.5 译码器 116
本章小结 128
习题 129

第4章 触发器 133

4.1 RS 锁存器 133
4.1.1 RS 锁存器的电路结构 133
4.1.2 工作原理及逻辑功能 134

4.2 电平触发的触发器 136
4.2.1 电路结构 136
4.2.2 工作原理及逻辑功能 137
4.2.3 电平触发 D 触发器 138
4.2.4 电平触发方式的工作特点 139

4.3 主从触发器 139
4.3.1 主从 RS 触发器 139
4.3.2 主从 JK 触发器 140

4.4 边沿触发器 143
4.4.1 CMOS 传输门构成的边沿 D 触发器 143
4.4.2 维持-阻塞边沿 D 触发器 144
4.4.3 利用门电路传输延迟时间的边沿 JK 触发器 147

4.5 触发器的逻辑功能及相互转换 148
4.5.1 触发器逻辑功能分类 148
4.5.2 触发器功能转换 151
4.5.3 触发器的电气特性 153

本章小结 153
习题 154

第5章 时序逻辑电路 159

5.1 时序逻辑电路概述 159
5.1.1 时序逻辑电路的模型 159
5.1.2 时序逻辑电路的分类 160
5.1.3 时序逻辑电路的功能描述 160

5.2 同步时序逻辑电路的分析 163
5.2.1 分析同步时序逻辑电路的一般步骤 164
5.2.2 同步时序逻辑电路分析举例 164

5.3 同步时序逻辑电路的设计 167
5.3.1 设计同步时序逻辑电路的一般步骤 167
5.3.2 同步时序逻辑电路设计举例 168

5.4 异步时序逻辑电路的分析 174
5.5 寄存器和移位寄存器 175
5.5.1 寄存器 175
5.5.2 移位寄存器 176
5.5.3 移位寄存器的应用 178

5.6 计数器 181
5.6.1 异步计数器 182
5.6.2 同步计数器 185
5.6.3 集成计数器 189

本章小结 195
习题 196

第6章 半导体存储器与可编程逻辑器件 203

6.1 半导体存储器 203
6.1.1 只读存储器 204
6.1.2 静态随机存储器 206
6.1.3 动态随机存储器 207
6.1.4 存储器的扩展 208

6.2 可编程逻辑器件 210
6.2.1 PLD 的发展 210
6.2.2 PLD 的分类 211
6.2.3 PLD 的结构原理 215
6.2.4 低密度 PLD 的结构原理 217
6.2.5 CPLD 的结构原理 221
6.2.6 FPGA 的结构原理 227

本章小结 232
习题 233

第7章 脉冲波形的变换与产生 235

7.1 脉冲电路与脉冲信号概述 235
7.2 单稳态触发器 236
7.2.1 CMOS 门电路构成的单稳态触发器 236

7.2.2 单稳态集成触发器..................239
7.2.3 单稳态触发器的应用..............242
7.3 施密特触发器..................................244
7.3.1 门电路构成的施密特
       触发器..................................244
7.3.2 施密特触发器的应用..............246
7.4 多谐振荡器......................................248
7.4.1 门电路构成的多谐振荡器......248
7.4.2 施密特触发器构成的多谐
       振荡器..................................250
7.4.3 石英晶体多谐振荡器..............251
7.5 555 定时器及其应用......................252
7.5.1 555 定时器..............................252
7.5.2 555 定时器构成的单稳态
       触发器..................................253
7.5.3 555 定时器构成的施密特
       触发器..................................255
7.5.4 555 定时器构成的多谐
       振荡器..................................257
本章小结..259
习题..260

第 8 章 数/模与模/数转换器..................265

8.1 D/A 转换器......................................265
8.1.1 D/A 转换器的基本原理..........265
8.1.2 倒 T 形电阻网络 D/A
       转换器..................................267
8.1.3 权电流型 D/A 转换器............268
8.1.4 D/A 转换器的输出方式..........270
8.1.5 D/A 转换器的主要技术
       指标......................................271
8.1.6 集成 D/A 转换器及其应用....273

8.2 A/D 转换器......................................276
8.2.1 直接型 A/D 转换器的工作
       原理......................................276
8.2.2 并行比较型 A/D 转换器........278
8.2.3 逐次逼近型 A/D 转换器........280
8.2.4 双积分型 A/D 转换器............282
8.2.5 V-F 变换型 A/D 转换器........284
8.2.6 $\Delta-\Sigma$ 型 A/D 转换器............288
8.2.7 A/D 转换器的主要技术
       指标......................................289
8.2.8 集成 A/D 转换器及其应用....290
本章小结..293
习题..294

第 9 章 数字系统设计自动化 EDA........299

9.1 数字系统概述..................................299
9.1.1 数字系统的组成......................299
9.1.2 数字系统的设计方法..............300
9.1.3 数字系统的实现方式..............301
9.2 EDA 技术..301
9.3 Verilog HDL 基础............................302
9.3.1 Verilog HDL 的基本结构......302
9.3.2 Verilog HDL 语言要素..........304
9.3.3 Verilog HDL 描述语句..........307
9.3.4 Verilog HDL 描述方式..........316
9.3.5 组合逻辑电路设计..................317
9.3.6 时序逻辑电路设计..................323
9.3.7 基于 Verilog HDL 的数字系统
       设计......................................329
本章小结..337
习题..337

参考文献..339

第 1 章　数字逻辑基础

本章要点

- 常用的数制有哪几种？不同数制之间如何相互转换？
- 数字系统中数的表示形式有哪几种？如何对二进制数进行算术运算？
- 常用的数字编码有哪些？
- 基本逻辑运算有哪些？逻辑函数的概念是什么？
- 逻辑函数的化简方法有哪些？
- 逻辑函数的常用表示方法有哪些？

模拟电子技术的研究对象是在时间上或数值上都连续变化的电信号，研究的主要内容包括信号的产生、放大、运算、处理与变换等。数字电子技术的研究对象是在时间和数值上都不连续的数字信号(脉冲信号)，研究的主要内容包括数字逻辑基础、各种逻辑门电路、组合逻辑电路与时序逻辑电路的分析和设计、脉冲产生与变换、A/D 和 D/A 转换等。

1.1　几种常用的数制

数字电路是处理数字信号的电路，而数字信号通常用数码形式来表示，数码可以表示数量的大小。用一位数码去表示数量的大小往往是不够用的，因此经常需要用进位计数制的方法组成多位数码使用。数制就是多位数码中每一位的构成方法以及从低位到高位的进位规则，也就是通常所说的计数体制。下面介绍几种常用的数制。

数码、基数和位权称为数制的三要素。数码，就是通常所用到的数字或字符，如 1、2、3、4、…以及 A、B、C 等。基数是数制的根本，是指在进位计数制中，每个数位所允许使用的数码的个数。例如，十进制数的数码为 0～9 共十个不同的数字，因此十进制的基数是 10。同理，二进制数的数码只有 0 和 1，因此二进制的基数是 2。以此类推，八进制的基数是 8，十六进制的基数是 16。位权(或称权)，通常是指某个固定位置上的计数单位，它指出了一个数中每个数码所代表的量值，是由数码本身和该数码所处的位置共同决定的。以我们熟悉的十进制为例，数码 5 在百位数位置上表示 500，在小数点后第一位则表示 0.5。

在日常生活中，人们习惯于用十进制进行计数；而在数字电路中，通常使用二进制和十六进制，有时也使用八进制。任意 R 进制数可以表示为

$$(N)_R = \sum_{i=-\infty}^{+\infty} K_i \times R^i \tag{1.1}$$

式中，R 为基数；R^i 为第 i 位的位权；K_i 为基数 R 的第 i 次幂的系数。

1. 十进制

十进制(Decimal)是以 10 为基数的计数体制，是日常生活和工作中最常使用的进位计数制。其计数规律是"逢十进一"，有 0～9 十个数码，通常用 $(N)_D$ 或 $(N)_{10}$ 表示十进制数。

任意十进制数可以表示为

$$(N)_D = \sum_{i=-\infty}^{+\infty} K_i \times 10^i \tag{1.2}$$

式中，10 为基数；10^i 为第 i 位的权；K_i 为基数 10 的第 i 次幂的系数，K_i 的取值为 0～9，共 10 个数码。例如：

$$526.79 = 5\times 10^2 + 2\times 10^1 + 6\times 10^0 + 7\times 10^{-1} + 9\times 10^{-2}$$

式中，10^2、10^1、10^0、10^{-1} 和 10^{-2} 分别表示百位、十位、个位、小数点后第一位和小数点后第二位数码的权。

用数字电路来存储或处理十进制是不方便的，它要求电路中必须有 10 个完全不同的状态，这样会使电路变得非常复杂，因此在数字电路中不直接处理十进制数。

2. 二进制

构成数字电路的基本思路是把电路状态与数码对应起来。二进制(Binary)就是以 2 为基数的计数体制，只有 0 和 1 两个数码，可以分别用电路中两种不同的稳定状态来表示，因此广泛应用在数字电路中。二进制数的计数规律是"逢二进一"，通常用 $(N)_B$ 或 $(N)_2$ 来表示。

任意二进制数可以表示为

$$(N)_B = \sum_{i=-\infty}^{+\infty} K_i \times 2^i \tag{1.3}$$

式中，2 为基数；2^i 为第 i 位的权；K_i 为基数 2 的第 i 次幂的系数，K_i 的取值只有 0 和 1 两种可能。式(1.3)也可以用作二进制数到十进制数的转换公式。例如：

$$(1011.01)_B = 1\times 2^3 + 0\times 2^2 + 1\times 2^1 + 1\times 2^0 + 0\times 2^{-1} + 1\times 2^{-2}$$
$$=(11.25)_D$$

与十进制相比较，二进制具有以下优点。

(1) 二进制的数字装置简单可靠，所用元件少。二进制中只有两个数码 0 和 1，因此，BJT(双极结型晶体管)的饱和与截止、继电器触点的闭合与断开、灯泡的亮与不亮等，只要规定了其中一种状态为"0"，则另一种状态就可以用"1"来表示，这就给设计电路带来了很大的方便。

(2) 二进制数的基本运算规则简单，运算操作方便。

提示： 基于二进制的上述特点，人们习惯于用十进制数表示原始数据，在运算过程中将十进制数转换成数字系统可以接受的二进制数，在运算结束后，再将二进制数转换成十进制数来表示最终结果。

二进制只有 0 和 1 两个数码，因此用于表示数字时位数多。例如，十进制数 55 用二进制表示为 110111，不便于书写和表示，因此在数字计算机的资料中常采用十六进制或八进制。

3. 八进制

八进制(Octal)是以 8 为基数的计数体制。其计数规律是"逢八进一"，有 0～7 共八个数码，通常用 $(N)_O$ 或 $(N)_8$ 表示八进制数。

任意八进制数可以表示为

$$(N)_O = \sum_{i=-\infty}^{+\infty} K_i \times 8^i \tag{1.4}$$

式中，8 为基数；8^i 为第 i 位的权；K_i 为基数 8 的第 i 次幂的系数，K_i 的取值为 0～7，共 8 个数码。式(1.4)也可以用作八进制数到十进制数的转换公式。例如：

$$(35.67)_O = 3 \times 8^1 + 5 \times 8^0 + 6 \times 8^{-1} + 7 \times 8^{-2}$$
$$= (29.859375)_D$$

4. 十六进制

十六进制(Hexadecimal)是以 16 为基数的计数体制。其计数规律是"逢十六进一"，除了 0～9 十个数码外，还有 A、B、C、D、E、F 六个数码，它们依次相当于十进制数中的 10、11、12、13、14、15。通常用 $(N)_H$ 或 $(N)_{16}$ 表示十六进制数。

任意十六进制数可以表示为

$$(N)_H = \sum_{i=-\infty}^{+\infty} K_i \times 16^i \tag{1.5}$$

式中，16 为基数；16^i 为第 i 位的权；K_i 为基数 16 的第 i 次幂的系数。式(1.5)也可以用作十六进制数到十进制数的转换公式。例如：

$$(1B.C8)_H = 1 \times 16^1 + 11 \times 16^0 + 12 \times 16^{-1} + 8 \times 16^{-2}$$
$$= (27.78125)_D$$

在计算机中普遍采用 8 位、16 位和 32 位二进制并行计算，可以分别用 2 位、4 位和 8 位十六进制数表示，因而用十六进制书写程序非常方便。除此之外，十六进制还具有计数容量大的优点。例如，同样采用 4 位数码，二进制最多可计至 $(1111)_B = (15)_D$；八进制可计至 $(7777)_O = (4096)_D$；十进制可计至 $(9999)_D$；十六进制可计至 $(FFFF)_H = (65535)_D$，即 64K。

十进制数 0～15 与等值二进制、八进制、十六进制数的对照表如表 1.1 所示。

表 1.1 不同数制之间的对照

十 进 制	二 进 制	八 进 制	十六进制
00	0000	00	0
01	0001	01	1
02	0010	02	2
03	0011	03	3
04	0100	04	4
05	0101	05	5
06	0110	06	6
07	0111	07	7
08	1000	10	8
09	1001	11	9
10	1010	12	A
11	1011	13	B
12	1100	14	C
13	1101	15	D
14	1110	16	E
15	1111	17	F

1.2 数制之间的相互转换

同一个数能够用不同的计数体制来表示,根据实际需要在各种数制之间进行转换。例如,在数字计算机中,它的基本运算和操作可执行的代码都是以二进制为基础的,而日常使用时,人们更习惯于使用十进制,所以各种数据、操作命令等在进入计算机前必须转化成二进制代码,而处理完的结果一般使用十进制表示。同时为了书写方便,在一些资料中常采用十六进制或八进制表示。

任何一个 N 进制数都可以按式(1.1)转换成十进制数。先把 N 进制数按位权展开的方式写成多项式和的形式,若基数和位权已知,则多项式的和即为该 N 进制数所对应的十进制数,这种转换的方法称为多项式法,这种方法在前面已经介绍过,在此不再重复。

1.2.1 十进制数转换为二进制数

将十进制数转换为二进制数时,对整数部分和小数部分的处理方法不同,下面分别加以介绍。

假设十进制整数为 $(N)_D$,等值的二进制整数为 $(b_n b_{n-1} \cdots b_0)_B$,按照式(1.3)可写成

$$(N)_D = b_n 2^n + b_{n-1} 2^{n-1} + \cdots + b_1 2^1 + b_0 2^0$$
$$= 2(b_n 2^{n-1} + b_{n-1} 2^{n-2} + \cdots + b_1) + b_0 \tag{1.6}$$

上式表明,若将 $(N)_D$ 除以 2,则得到的商为 $b_n 2^{n-1} + b_{n-1} 2^{n-2} + \cdots + b_1$,而余数即为 b_0。

同理,将式(1.6)除以 2 得到的商写成

$$b_n 2^{n-1} + b_{n-1} 2^{n-2} + \cdots + b_1 = 2(b_n 2^{n-2} + b_{n-1} 2^{n-3} + \cdots + b_2) + b_1 \tag{1.7}$$

由式(1.7)不难看出,若将 $(N)_D$ 除以 2 所得的商再次除以 2,则所得余数即为 b_1。

以此类推,反复将每次得到的商再除以 2,就能得到所对应的二进制整数,这种方法被称为"辗转相除法",也就是将十进制整数连续不断地除以 2,直至商为 0,所得余数由低位到高位排列,即为所求的二进制整数。

【例 1.1】将十进制数 $(141)_D$ 转换为二进制数。

解 1: 辗转相除法

$$\begin{array}{r|l}
2 & 141 \quad \cdots\cdots 余1 \cdots\cdots b_0 \\
2 & 70 \quad \cdots\cdots 余0 \cdots\cdots b_1 \\
2 & 35 \quad \cdots\cdots 余1 \cdots\cdots b_2 \\
2 & 17 \quad \cdots\cdots 余1 \cdots\cdots b_3 \\
2 & 8 \quad \cdots\cdots 余0 \cdots\cdots b_4 \\
2 & 4 \quad \cdots\cdots 余0 \cdots\cdots b_5 \\
2 & 2 \quad \cdots\cdots 余0 \cdots\cdots b_6 \\
2 & 1 \quad \cdots\cdots 余1 \cdots\cdots b_7 \\
\end{array}$$

由上可得 $(141)_D = (10001101)_B$。

这种方法虽然简单,但当十进制整数很大时,计算比较麻烦。为了简化计算过程,可以先将十进制整数和 2 的乘幂项对比。

解 2: $2^7 = 128$,$141 - 128 = 13 = 2^3 + 2^2 + 2^0$,由此可以写出对应的二进制数 $b_7 = 1$,$b_3 = 1$,$b_2 = 1$,$b_0 = 1$,其余各位权系数为 0,因此

$$(141)_D = (10001101)_B$$

> **注意:** 在数字系统或计算机中只处理 4、8、16、32 或 64 位等二进制数据,因此数据的位数需配成规格化的位数。若要将二进制数 1100101 配成 8 位,则相应的高幂项补 0,其余不变,即
>
> $$1100101 = 01100101$$

下面介绍将十进制小数转换为二进制小数的方法。

假设 $(N)_D$ 是一个十进制数的小数部分,其对应的二进制小数为 $(0.b_{-1}b_{-2}\cdots b_{-m})_B$,则根据式(1.3)可知

$$(N)_D = b_{-1}2^{-1} + b_{-2}2^{-2} + \cdots + b_{-m}2^{-m}$$

将上式两边分别乘以 2,得

$$2 \times (N)_D = b_{-1} \times 2^0 + b_{-2} \times 2^{-1} + \cdots + b_{-m} \times 2^{-(m-1)} \tag{1.8}$$

将十进制小数乘以 2,所得乘积的整数即为 b_{-1}。因此,将十进制小数每次减去上一次所得积中的整数再乘以 2,直到满足误差要求为止,就可以完成由十进制小数到二进制小数的转换,这种方法称为"乘 2 取整法"。

> **注意:** 十进制小数不一定能完全准确地转换成二进制小数,在这种情况下,可以根据精度要求只转换到小数点后某一位为止。

【例 1.2】 将十进制数 $(11.718)_D$ 转换为二进制数,要求精度达到 0.1%。

解: 由于转换精度要求达到 0.1%,即误差 $\varepsilon < 0.001$,因此需要精确到二进制数小数点后 10 位,误差 $\varepsilon = \dfrac{1}{2^{10}} = \dfrac{1}{1024} < 0.001$。

先对整数部分进行转换,得到 $(11)_D = (1011)_B$。

再对小数部分进行转换,将 $(0.718)_D$ 转换为二进制小数,保留小数点后 10 位有效数字,即

$0.718 \times 2 = 1.436$	则 $b_{-1} = 1$
$0.436 \times 2 = 0.872$	则 $b_{-2} = 0$
$0.872 \times 2 = 1.744$	则 $b_{-3} = 1$
$0.744 \times 2 = 1.488$	则 $b_{-4} = 1$
$0.488 \times 2 = 0.976$	则 $b_{-5} = 0$
$0.976 \times 2 = 1.952$	则 $b_{-6} = 1$
$0.952 \times 2 = 1.904$	则 $b_{-7} = 1$
$0.904 \times 2 = 1.808$	则 $b_{-8} = 1$
$0.808 \times 2 = 1.616$	则 $b_{-9} = 1$
$0.616 \times 2 = 1.232$	则 $b_{-10} = 1$

所以,$(11.718)_D = (1011.1011011111)_B$,转换误差 $\varepsilon < 0.001$。

可以采用类似的方法，将十进制数转换为八进制数或十六进制数，在此不再赘述。

1.2.2 二进制数、十六进制数和八进制数之间的转换

使用二进制表示一个数所使用的位数要比十进制表示时所使用的位数长得多，书写不方便，不好读也不容易记忆。在计算机科学中，为了口读与书写方便，也经常采用十六进制或八进制表示，因为十六进制或八进制与二进制之间有着直接而方便的换算关系。

16 和 8 都是 2 的整数次幂，因此，每 4 位二进制数相当于 1 位十六进制数，每 3 位二进制数相当于 1 位八进制数。

1. 二进制数与十六进制数之间的转换

二进制数转换为十六进制数非常简单：以小数点为基准，将二进制数的整数部分从右到左每 4 位一组，不足 4 位的在高位补 0；小数部分从左到右每 4 位一组，不足 4 位的在低位补 0，然后写出每一组对应的 1 位十六进制数。

【例 1.3】 将 $(101011.01101)_B$ 转换为十六进制数。

解：将二进制数每 4 位分为一组，用相应的十六进制数代替，可得

$$(10\ 1011.0110\ 1000)_B = (2B.68)_H$$

【例 1.4】 将 $(C5.A)_H$ 转换为二进制数。

解：将每位十六进制用 4 位二进制数代替，可得

$$(C5.A)_H = (1100\ 0101.1010)_B$$

2. 二进制数与八进制数之间的转换

同理，二进制数转换为八进制数时，将二进制数每 3 位分为一组，每组对应 1 位八进制数即可。例 1.3 中的二进制数转换为八进制数为

$$(101\ 011.011\ 010)_B = (53.32)_O$$

将十进制数转换为十六进制数或八进制数时，也可以先将十进制数转换为二进制数，再进行相应的转换。

1.3 二进制数的算术运算

在数字电路中，0 和 1 既可以表示电路中两种对立的逻辑状态，也可以表示数量大小。在表示数量时，两个二进制数可以进行算术运算。二进制数的进位规则是"逢二进一"，其运算规则和十进制数的运算规则基本相同。

1.3.1 无符号二进制数的算术运算

二进制数的加、减、乘、除四种运算规则与十进制数类似，两者的区别在于进位或借位的规则不同。

1. 二进制加法

无符号二进制数的加法规则是

$$0+0=0, \quad 0+1=1, \quad 1+0=1, \quad 1+1=\boxed{1}0$$

式中，方框中的 1 是进位，表示向高位进 1。

【例 1.5】 计算两个二进制数 1001 和 0101 的和。

解：

$$\begin{array}{r} 1\,0\,0\,1 \\ +\ 0\,1\,0_1\,1 \\ \hline 1\,1\,1\,0 \end{array}$$

因此，1001+0101=1110。

2. 二进制减法

无符号二进制数的减法规则是

$$0-0=0, \quad 0-1=\boxed{1}1, \quad 1-0=1, \quad 1-1=0$$

式中，方框中的 1 是借位，表示 0 减 1 时不够减，向高位借 1。

【例 1.6】 计算两个二进制数 1001 和 0101 的差。

解：

$$\begin{array}{r} 1\,^10\,0\,1 \\ -\ 0\,1\,0\,1 \\ \hline 0\,1\,0\,0 \end{array}$$

因此，1001-0101=0100。

在无符号减法中无法表示负数，因此要求被减数一定要大于减数。

3. 二进制乘法

【例 1.7】 计算两个二进制数 1001 和 0101 的积。

解：

$$\begin{array}{r} 1\,0\,0\,1 \\ \times\ \ 0\,1\,0\,1 \\ \hline 1\,0\,0\,1 \\ 0\,0\,0\,0 \\ 1\,0\,0\,1 \\ 0\,0\,0\,0 \\ \hline 1\,0\,1\,1\,0\,1 \end{array}$$

因此，1001×0101=101101。

二进制数的乘法运算是由左移被乘数与加法运算组成的。

4. 二进制除法

【例 1.8】 计算两个二进制数 1010 和 100 的商。

解：

$$\begin{array}{r} 10.1 \\ 100{\overline{\smash{\big)}\,1010}} \\ \underline{100} \\ 010 \\ \underline{000} \\ 100 \\ \underline{100} \\ 0 \end{array}$$

因此，$1010 \div 100 = 10.1$。

二进制数的除法运算是由右移除数与减法运算组成的。

提示： 计算机进行数值计算时，往往把二进制数的减法运算操作转化为某种形式的加法运算操作，那么加、减、乘、除运算就全部可以用"移位"和"相加"两种操作来实现，从而使运算电路的结构大大简化。

1.3.2 带符号二进制数的减法运算

带符号数可以表示为：符号+数值。一个带符号二进制数的最高位就是符号位，其余部分为数值位。通常用"0"代表正数，用"1"代表负数。例如，$(+26)_D$ 的 8 位带符号二进制数为 $(00011010)_B$，而 $(-26)_D$ 的 8 位带符号二进制数为 $(10011010)_B$。在数字系统中，引入原码、反码、补码的概念，进行负数求补将减法运算变为加法运算，以达到简化电路的目的。

1. 带符号二进制数的原码、反码和补码表示

正数的原码、反码和补码三种形式完全相同。例如，$(+26)_D$ 的 8 位二进制原码为 $(00011010)_B$，其反码 $(N)_{INV}$ 为 00011010，补码 $(N)_{COMP}$ 为 00011010。

负数的反码 $(N)_{INV}$ 是通过将最高位符号位保留为 1，而其余所有数值位的原码逐位求反得到的，在电路中可以很容易地实现这一运算过程。

负数的补码 $(N)_{COMP}$ 为该负数的反码加 1，即

$$(N)_{COMP} = (N)_{INV} + 1 \tag{1.9}$$

例如，$(-26)_D$ 的 8 位二进制原码为 $(10011010)_B$，其反码 $(N)_{INV}$ 为 11100101，补码 $(N)_{COMP}$ 为 11100110。

注意： 在原码表示中，0 的原码有两种表达方式，即 00000000 和 10000000。也就是说，0 占用了两个编码。因此，8 位二进制数原码的表示范围为 $-127 \sim -0$ 和 $+0 \sim +127$，共 255 个数。

在反码表示中，0 的反码也有两种表达方式，即 00000000 和 11111111。因此，8 位带符号数反码的表示范围也为 $-127 \sim -0$ 和 $+0 \sim +127$，共 255 个数。

总之，在原码、反码中，n 位二进制数的表示范围为 $-2^{n-1}+1 \sim -0$ 和 $+0 \sim$

$2^{n-1}-1$。

在补码表示中，0 的补码只有一种表达方式，即 $(+0)_{COMP} = (-0)_{COMP} = 00000000$，而 10000000 表示 –128。因此，8 位带符号数补码的表示范围为 –128～127，共 256 个数。

2. 二进制补码的运算

在数字系统中，带符号数一律用补码进行存储和计算。

【例 1.9】 试用 4 位二进制补码计算 6 – 2。

解：
$$(6-2)_{COMP} = (6)_{COMP} + (-2)_{COMP}$$
$$= 0110 + 1110$$
$$= 0100$$

```
    0 1 1 0
+   1 1 1 0
─────────────
 [1] 0 1 0 0
```

💡 **注意：** 进行二进制补码运算时，被加数的补码和加数的补码的位数要相等。两个用补码表示的数相加时，如果最高位(符号位)有进位，则进位被舍弃。因此，上例方框中的 1 应该舍弃，得 6 – 2 = 4。

【例 1.10】 试用 4 位二进制补码计算 6 + 7。

解：
$$(6+7)_{COMP} = (6)_{COMP} + (7)_{COMP}$$
$$= 0110 + 0111$$
$$= 1101$$

例 1.10 的求解结果 1101 表示 –5，显然是错误的。这是因为，在 4 位二进制补码中，只有 3 位是数值位，它所表示的数值范围为 –8～+7，本例的正确结果 13 已经超出了其数值表示范围，因此产生了溢出。解决溢出的方法是进行位扩展。

3. 溢出的判别

下面通过一道例题来说明溢出的判别问题。

【例 1.11】 试用 4 位二进制补码分别计算 4 + 2、(–6) + (–2)、2 + 6、(–4) + (–5)。

解：

```
      +4              0 1 0 0
+)    +2            + 0 0 1 0
    ─────           ──────────
      +6             [0] 0 1 1 0
                       (a)

      -6              1 0 1 0
+)    -2            + 1 1 1 0
    ─────           ──────────
      -8             [1] 1 0 0 0
                       (b)

      +2              0 0 1 0
+)    +6            + 0 1 1 0
    ─────           ──────────
      +8             [0] 1 0 0 0
                       (c)

      -4              1 1 0 0
+)    -5            + 1 0 1 1
    ─────           ──────────
      -9             [1] 0 1 1 1
                       (d)
```

4 位二进制补码的表示范围为 –8 ～ +7，所以例 1.11 中，(a)、(b)无溢出；而(c)、(d)的运算结果应分别为 +8 和 –9，均超过了允许范围，产生溢出。

1.4　二进制代码

数字系统中的信息分为两类，一类是数值，另一类是文字符号(包括控制符)。因此，计算机中的二进制代码不仅可以表示数值的大小，还可以表示文字、符号(包括控制符)等信息。为了表示这些信息，往往用一定位数的二进制数码表示，此时这些数码并不代表数值的大小，而是用于区别不同的事务。这些特定的二进制数码称为代码。n 位二进制代码可以表示 2^n 个不同的信息。以一定的规则编制代码，用以表示十进制数值、字母、符号等不同信息的过程称为编码。将代码还原成所表示的十进制数值、字母、符号等的过程称为解码或者译码。

1.4.1　二-十进制码

用 4 位二进制代码表示 1 位十进制数中 0～9 这十个状态，简称 BCD(Binary-Coded Decimal)码。4 位二进制码共有 16 种代码，可以根据不同的规则，从中选出 10 种来表示 10 个十进制数码。下面介绍几种常用的 BCD 码，如表 1.2 所示。

表 1.2　几种常用的 BCD 码

十进制数	有 权 码			无 权 码	
	8421 码	2421 码	5421 码	余 3 码	余 3 循环码
0	0000	0000	0000	0011	0010
1	0001	0001	0001	0100	0110
2	0010	0010	0010	0101	0111
3	0011	0011	0011	0110	0101
4	0100	0100	0100	0111	0100
5	0101	1011	1000	1000	1100
6	0110	1100	1001	1001	1101
7	0111	1101	1010	1010	1111
8	1000	1110	1011	1011	1110
9	1001	1111	1100	1100	1010

8421BCD 码是最常用的一种 BCD 码，它使用 0～9 这十个数值的二进制码来表示相应的十进制数，其余 6 种组合是无效的。在这种编码方式中，每一位的值都是固定数，即每位都有位权。由于 b_3、b_2、b_1、b_0 的位权分别为 8、4、2、1，故称 8421BCD 码，它属于有权码。

2421 码也是有权码，对应 b_3、b_2、b_1、b_0 的位权分别为 2、4、2、1。它的特点是，将任意一个十进制数 D 的代码各位取反，所得代码正好表示 D 对 9 的补码。例如，4 的代码是 0100，各位取反为 1011，是 5 的代码，而 4 对 9 的补码就是 5。这种特性称为自补性，具有自补性的代码称为自补码。

5421码也是有权码，对应b_3、b_2、b_1、b_0的位权分别为5、4、2、1。

在一般情况下，有权码的十进制数与二进制数之间的关系可表示为

$$(N)_D = W_3 b_3 + W_2 b_2 + W_1 b_1 + W_0 b_0 \tag{1.10}$$

式中，$W_3 \sim W_0$为二进制码中各位的权。

余3码是自补码，与2421码有类似的自补性。而余3码是无权码，不能用式(1.10)来表示其编码关系，但其编码可以由8421码加3(0011)得出。

余3循环码也是一种无权码，其编码特点是具有相邻性，即任意两个相邻代码之间(包括最大数与最小数之间)仅有1位数码不同。例如，2和3两个代码0111和0101仅b_1位不同。余3循环码可以看成是将格雷码首尾各3种状态去掉得到的。

1.4.2 格雷码

格雷码也是一种常见的无权码，又叫循环二进制码。它的编码特点是具有相邻性，任意两个相邻代码之间(包括最大数与最小数之间)仅有1位取值不同，大大减少了由一个状态到下一个状态时逻辑的混淆。其编码如表1.3所示。例如，从3到4，格雷码的变化是从0010到0110，只有b_2位从0到1，其余3位保持不变。如果是自然二进制码，是从0011到0100，有3位发生变化，如果b_2位从0到1变化所需的时间比b_1和b_0位从1变化到0的时间长，则在转化过程中，会产生瞬间错误数码0000。而格雷码可以避免错误数码的出现。

表1.3 格雷码

二进制码				格雷码				二进制码				格雷码			
b_3	b_2	b_1	b_0	G_3	G_2	G_1	G_0	b_3	b_2	b_1	b_0	G_3	G_2	G_1	G_0
0	0	0	0	0	0	0	0	1	0	0	0	1	1	0	0
0	0	0	1	0	0	0	1	1	0	0	1	1	1	0	0
0	0	1	0	0	0	1	1	1	0	1	0	1	1	1	1
0	0	1	1	0	0	1	0	1	0	1	1	1	1	1	0
0	1	0	0	0	1	1	0	1	1	0	0	1	0	1	0
0	1	0	1	0	1	1	1	1	1	0	1	1	0	1	1
0	1	1	0	0	1	0	1	1	1	1	0	1	0	0	1
0	1	1	1	0	1	0	0	1	1	1	1	1	0	0	0

1.4.3 ASCII码

计算机不仅用于处理数字，还用于处理字母、符号等信息。人们通过键盘上的字母、符号、数值向计算机发送数据和指令，每一个键符可用一个二进制码来表示。ASCII码(美国信息交换标准代码)即是目前国际上最通用的一种字符码，它用7位二进制码来表示十进制数、英文大小写字母、控制符、运算符以及特殊符号等128个键符。

1.5　二值逻辑变量与基本逻辑运算

逻辑关系指的是事件产生的条件和结果之间的因果关系。在数字电路中往往是将事情的条件作为输入信号，而结果用输出信号表示。条件和结果的两种对立状态分别用逻辑"1"和"0"来表示。

逻辑运算和算术运算完全不同，它所使用的数学工具是逻辑代数(又称布尔代数)。逻辑代数表示的不是数的大小之间的关系，而是逻辑的关系。逻辑代数是分析和设计数字系统的数学基础。与普通代数一样，它由逻辑变量和逻辑运算组成，变量可以由任意字母组成。所不同的是，在普通代数中，变量的取值可以是任意的，而逻辑运算中的变量，即逻辑变量只有两个可取的值，即"0"和"1"，因而称为二值逻辑变量。这时，"0"和"1"并不表示数量的大小，而是用来表示完全对立的逻辑状态。

下面先介绍逻辑代数中与、或、非这三种基本的逻辑运算。

1. 与逻辑

只有决定事物结果的全部条件同时具备时，结果才发生，这种因果关系称为与逻辑，或称逻辑相乘。

图1.1(a)所示为一个简单的与逻辑电路，电压通过串联的开关A和B向灯泡供电。只有A和B同时闭合时，灯泡才亮。A和B中只要有一个断开或者两个均断开，灯泡就不亮。

如果用"0"表示开关的断开状态，用"1"表示开关的闭合状态；灯泡的状态取"0"表示灭，取"1"表示亮，则可列出与逻辑真值表，如表1.4所示。从表中可以看出，只有输入A、B均为"1"时，输出Y才为"1"，否则输出为"0"。于是可以将与逻辑关系总结为"有0出0，全1出1"。

能实现与逻辑的电路称为与门。与逻辑的关系还可以用表达式的形式表示为

$$Y = A \cdot B \tag{1.11}$$

式中的小圆点"·"表示A、B与运算，也称为逻辑乘。在不致引起混淆的前提下，乘号"·"可省略。与逻辑符号如图1.1(b)或图1.1(c)所示。其中，图1.1(b)为矩形符号，图1.1(c)为特异形符号。

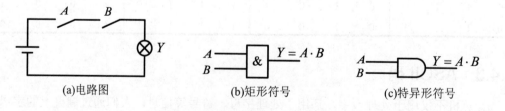

(a)电路图　　　　(b)矩形符号　　　　(c)特异形符号

图1.1　与逻辑电路和与逻辑符号

表 1.4 与逻辑真值表

A	B	Y=AB
0	0	0
0	1	0
1	0	0
1	1	1

2. 或逻辑

在决定事物结果的几个条件中，只要任何一个条件满足，结果就会发生，这种因果关系称为或逻辑。

图 1.2(a)所示为一个简单的或逻辑电路，电压通过并联的开关 A 和 B 向灯泡供电。只要开关 A 或 B 有任何一个闭合或两个开关同时闭合，灯泡就会亮；而当 A 和 B 均断开时，灯泡就不亮。由此可以得出用 0、1 表示的或逻辑真值表，如表 1.5 所示。从表中可以看出，只要输入 A、B 中有一个为"1"，输出 Y 就为"1"，否则为"0"。于是可以将或逻辑关系总结为"有 1 出 1，全 0 出 0"。

能实现或逻辑的电路称为或门。或逻辑的关系还可以用表达式的形式表示为

$$Y = A + B \tag{1.12}$$

式中的符号"＋"表示 A、B 或运算，也称为逻辑加。或逻辑符号如图 1.2(b)和图 1.2(c)所示。其中，图 1.2(b)为矩形符号，图 1.2(c)为特异形符号。

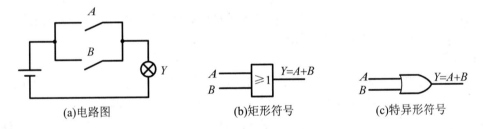

(a)电路图　　　　　　　(b)矩形符号　　　　　　　(c)特异形符号

图 1.2 或逻辑电路和或逻辑符号

表 1.5 或逻辑真值表

A	B	Y=A+B
0	0	0
0	1	1
1	0	1
1	1	1

3. 非逻辑

条件和结果相反的因果关系称为非逻辑，又常称为反相运算。

图 1.3(a)所示的电路实现的逻辑功能就是非逻辑，当开关 A 闭合时，灯泡反而不亮；

当开关 A 断开时，灯泡才会亮，故其输出 Y 的状态与输入 A 的状态正好相反。由此可以得出用 0、1 表示的非逻辑真值表，如表 1.6 所示。

非逻辑的逻辑表达式为

$$Y=\overline{A} \tag{1.13}$$

能实现非逻辑的电路称为非门或反相器。非逻辑符号如图 1.3(b)和图 1.3(c)所示。其中，图 1.3(b)为矩形符号，图 1.3(c)为特异形符号。

(a)电路图　(b)矩形符号　(c)特异形符号

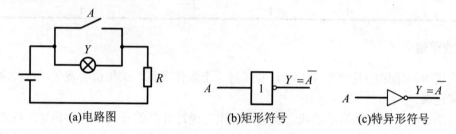

图 1.3　非逻辑电路和非逻辑符号

表 1.6　非逻辑真值表

A	$Y=\overline{A}$
0	1
1	0

4. 复合逻辑运算

在数字系统中，除了与、或、非三种基本逻辑运算外，还经常使用一些其他的逻辑运算，如与非、或非、与或非、异或和同或。

1) 与非逻辑

与非逻辑是由与逻辑和非逻辑组合而成的，其逻辑关系可描述为“有 0 出 1，全 1 出 0”。与非逻辑符号和与非逻辑真值表分别如图 1.4 和表 1.7 所示。其逻辑表达式为

$$Y=\overline{A\cdot B} \tag{1.14}$$

(a)矩形符号　(b)特异形符号

图 1.4　与非逻辑符号

表 1.7　与非逻辑真值表

A	B	$Y=\overline{A\cdot B}$
0	0	1
0	1	1
1	0	1
1	1	0

2) 或非逻辑

或非逻辑是由或逻辑和非逻辑组合而成的,其逻辑关系可描述为"有 1 出 0,全 0 出 1"。或非逻辑符号和或非逻辑真值表分别如图 1.5 和表 1.8 所示。其逻辑表达式为

$$Y = \overline{A + B} \tag{1.15}$$

(a)矩形符号　　　　　　　　　　　(b)特异形符号

图 1.5　或非逻辑符号

表 1.8　或非逻辑真值表

A	B	$Y = \overline{A \cdot B}$
0	0	1
0	1	0
1	0	0
1	1	0

3) 与或非逻辑

与或非的逻辑关系是:A、B 之间以及 C、D 之间都是与的关系,只要 A、B 或 C、D 任何一组同时为"1",输出 Y 就是"0";只有当每一组输入都不全是"1"时,输出 Y 才是"1"。与或非逻辑符号如图 1.6 所示,其对应的逻辑表达式为

$$Y = \overline{AB + CD} \tag{1.16}$$

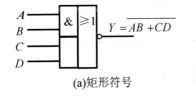　　　　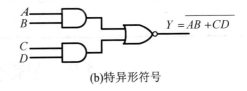

(a)矩形符号　　　　　　　　　　　(b)特异形符号

图 1.6　与或非逻辑符号

4) 异或逻辑

异或的逻辑关系是:当两个输入信号相同时,输出为"0";当两个输入信号不同时,输出为"1"。异或逻辑符号和异或逻辑真值表分别如图 1.7 和表 1.9 所示,其对应的逻辑表达式为

$$Y = \overline{A}B + A\overline{B} = A \oplus B \tag{1.17}$$

(a)矩形符号　　　　　　　　　　　(b)特异形符号

图 1.7　异或逻辑符号

表 1.9 异或逻辑真值表

A	B	$Y = A \oplus B$
0	0	0
0	1	1
1	0	1
1	1	0

5) 同或逻辑

同或和异或的逻辑关系刚好相反：当两个输入信号相同时，输出为"1"；当两个输入信号不同时，输出为"0"。同或逻辑符号和同或逻辑真值表分别如图 1.8 和表 1.10 所示，其对应的逻辑表达式为

$$Y = AB + \overline{AB} = A \odot B \tag{1.18}$$

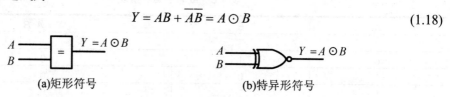

(a)矩形符号　　　　　　　　　　　(b)特异形符号

图 1.8 同或逻辑符号

表 1.10 同或逻辑真值表

A	B	$Y = A \odot B$
0	0	1
0	1	0
1	0	0
1	1	1

1.6 逻辑代数基础

逻辑代数的基本思想是英国数学家布尔于 1854 年提出的，1938 年香农把逻辑代数用于开关和继电器网络的分析和化简，率先将逻辑代数用于解决实际问题。目前，逻辑代数已成为分析和设计逻辑电路不可缺少的数学工具。下面介绍逻辑代数中的基本定律和规则。

1.6.1 逻辑代数的基本定律和公式

逻辑代数的基本定律如表 1.11 所示。

表 1.11 逻辑代数的基本定律

基本定律	原 等 式	对 偶 式
自等律	$A \cdot 1 = A$	$A + 0 = A$
0-1 律	$A \cdot 0 = 0$	$A + 1 = 1$
重叠律	$A \cdot A = A$	$A + A = A$
互补率	$A \cdot \overline{A} = 0$	$A + \overline{A} = 1$

续表

基本定律	原 等 式	对 偶 式
还原律	$\overline{\overline{A}} = A$	
交换律	$A \cdot B = B \cdot A$	$A + B = B + A$
结合律	$A(BC) = (AB)C$	$A + (B + C) = (A + B) + C$
分配率	$A(B + C) = AB + AC$	$A + BC = (A + B)(A + C)$
吸收率	$A + AB = A$	$A \cdot (A + B) = A$
反演律 (摩根定理)	$\overline{AB} = \overline{A} + \overline{B}$ $\overline{A \cdot B \cdot C \cdots} = \overline{A} + \overline{B} + \overline{C} + \cdots$	$\overline{A + B} = \overline{A} \cdot \overline{B}$ $\overline{A + B + C + \cdots} = \overline{A} \cdot \overline{B} \cdot \overline{C} \cdots$

除此之外，逻辑代数还有以下常用的恒等式：

$$A + \overline{A}B = A + B \tag{1.19}$$

$$AB + \overline{A}C + BC = AB + \overline{A}C \tag{1.20}$$

$$AB + \overline{A}C + BCD\cdots = AB + \overline{A}C \tag{1.21}$$

在以上所有定律和恒等式中，反演律具有特殊重要的意义。反演律又称摩根定理，经常用于求一个原函数的非函数或对逻辑函数进行变换。对逻辑代数中定律和恒等式的证明方法是：列出等式左边函数与右边函数的真值表，如果等式两边的真值表相同，说明等式成立；或者用其他的定律加以证明。

【例 1.12】 证明摩根定理 $\overline{AB} = \overline{A} + \overline{B}$ 和 $\overline{A + B} = \overline{A} \cdot \overline{B}$。

解：证明过程如表 1.12 所示。

表 1.12 摩根定理的证明(真值表法)

A	B	$\overline{A}$	$\overline{B}$	$\overline{A+B}$	$\overline{A} \cdot \overline{B}$	$\overline{AB}$	$\overline{A} + \overline{B}$
0	0	1	1	1	1	1	1
0	1	1	0	0	0	1	1
1	0	0	1	0	0	1	1
1	1	0	0	0	0	0	0

【例 1.13】 证明恒等式 $AB + \overline{A}C + BC = AB + \overline{A}C$。

证明：

$$AB + \overline{A}C + BC = AB + \overline{A}C + (A + \overline{A})BC$$
$$= AB + \overline{A}C + ABC + \overline{A}BC$$
$$= AB(1 + C) + \overline{A}C(1 + B)$$
$$= AB + \overline{A}C$$

这个恒等式说明，若两个乘积项中分别包含因子 A 和 $\overline{A}$，而这两个乘积项的其余因子组成第三个乘积项时，则第三个乘积项是多余的，可以消去。

1.6.2 逻辑代数的基本规则

1. 代入规则

在任何一个逻辑等式中，如果将等式两边出现的某变量 A，都用一个函数代替，则等式依然成立，这个规则称为代入规则。

代入规则可以扩展所有基本定律的应用范围，将其中的变量用某一逻辑函数来代替。例如，例 1.12 中用真值表法证明了用二变量表示的摩根定律 $\overline{AB} = \overline{A} + \overline{B}$，若用 $Y = CD$ 代替等式中的 A，则有

$$\overline{(CD)B} = \overline{CD} + \overline{B} = \overline{C} + \overline{D} + \overline{B} \tag{1.22}$$

以此类推，摩根定理对任意多个变量都成立。

2. 反演规则

根据摩根定律，由原函数 Y 的表达式，求它的非函数 $\overline{Y}$ 时，可以将 Y 中的与 "$\cdot$" 换成或 "$+$"，或 "$+$" 换成与 "$\cdot$"；将 0 换成 1，1 换成 0，原变量换成非变量，非变量换成原变量，所得的逻辑函数就是 $\overline{Y}$。这个规则称为反演规则。

在使用反演规则时，应注意以下两个规则。
(1) 仍需遵守"先括号，然后乘，最后加"的运算优先次序。
(2) 对于单个非变量以外的非号应保留不变。

【例 1.14】试求 $Y = A + B\overline{C} + \overline{D + \overline{E}}$ 的非函数 $\overline{Y}$。

解：按照反演规则，并保留单个非变量以外的非号，得

$$\overline{Y} = \overline{A} \cdot (\overline{B} + C) \cdot \overline{\overline{D}E}$$

3. 对偶规则

设 Y 是一个逻辑表达式，若把 Y 中的与 "$\cdot$" 换成或 "$+$"，或 "$+$" 换成与 "$\cdot$"；1 换成 0，0 换成 1，就会得到一个新的逻辑函数式，这就是 Y 的对偶式，记作 Y'。

💡 **注意**：变换时仍需注意保持原式中"先括号，然后与，最后或"的运算顺序。例如，$Y = A(B + C)$ 的对偶式为 $Y' = A + BC$。

若两逻辑式相等，则它们的对偶式也相等，这就是对偶规则。在表 1.11 中分别列出了原恒等式和其对偶恒等式。利用对偶规则，可从已知公式中得到更多的运算公式。

1.7 逻辑函数的表示方法

逻辑函数描述了输入逻辑变量和输出逻辑变量之间的因果关系，可写作

$$Y = F(A, B, C, \cdots) \tag{1.23}$$

式中，A、B、C 为输入逻辑变量；Y 是变量 A、B、C 的函数，也是输出逻辑变量；F 表示逻辑函数关系。由于逻辑变量只取 0 或 1 的二值逻辑变量，因此逻辑函数也是二值逻辑函数。

常用的逻辑函数表示方法有真值表、逻辑表达式、逻辑图、波形图、卡诺图和硬件描述语言等。下面通过一个实例介绍前四种逻辑函数表示方法，卡诺图和硬件描述语言将在后面作专门介绍。

图 1.9 所示为一个举重裁判电路：A、B、C 分别由三位裁判控制，其中 A 由主裁判控制，B、C 分别由两位副裁判控制。要求两名或两名以上的裁判通过，且主裁判必须裁

定通过才能够判定成功。举重成功，绿色灯亮；举重失败，绿色灯灭。

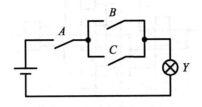

图 1.9　举重裁判电路

1. 真值表表示方法

由输入逻辑变量所有取值的组合与其所对应的输出逻辑函数值构成的表格，称为真值表。

设 Y 表示举重是否成功，也就是绿色灯的状态。用 $Y=1$ 表示绿色灯亮，举重成功；用 $Y=0$ 表示绿色灯不亮，举重失败。判定通过用 1 表示，判定不通过用 0 表示。A、B、C 为输入逻辑变量，共有 2^3 种取值组合，一般按照二进制代码递增顺序列出；Y 为输出逻辑变量。因此，Y 与 A、B、C 的逻辑关系的真值表如表 1.13 所示。

表 1.13　举重裁判电路的真值表

输　　入	输　出	输　　入	输　出
A　B　C	Y	A　B　C	Y
0　0　0	0	1　0　0	0
0　0　1	0	1　0　1	1
0　1　0	0	1　1　0	1
0　1　1	0	1　1　1	1

2. 逻辑表达式表示方法

逻辑表达式是用与、或、非等运算组合起来，表示逻辑函数与逻辑变量之间关系的逻辑代数式。

由真值表 1.13 可知，在 8 种组合中，只有后三种组合能够裁定举重成功，也就是使输出结果 $Y=1$，这三种组合之间是或的关系；在每一种组合中，各输入逻辑变量之间是与的关系。对于所有的输入、输出逻辑变量，取值为 1 的用原变量表示，取值为 0 的用反变量表示，可写出图 1.9 所示电路的逻辑表达式为

$$Y = A\overline{B}C + AB\overline{C} + ABC \tag{1.24}$$

3. 逻辑图表示方法

用与、或、非等逻辑符号表示逻辑函数中各变量之间的逻辑关系所得到的图形称为逻辑图。

将逻辑表达式(1.24)中所有的与、或、非运算符号用相应的逻辑符号代替，并按照逻辑运算的先后次序将这些符号连接起来，就得到图 1.9 所示电路对应的逻辑图，如图 1.10 所示。

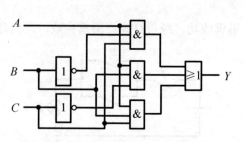

图1.10 举重裁判电路的逻辑图

4. 波形图表示方法

波形图表示方法是指用输入端在不同逻辑信号作用下所对应的输出信号的波形图表示电路的逻辑关系。在逻辑分析仪和一些计算机仿真工具中,经常以波形图的形式给出分析结果。此外,也可以通过实验观察这些波形图,以检验实际逻辑电路的功能是否正确。图1.9所示电路的波形图如图1.11所示。

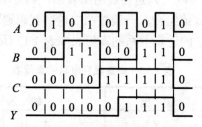

图1.11 举重裁判电路的波形图

上述四种不同的表示方法所描述的是同一逻辑关系,因此它们之间有着必然的联系,可以从一种表示方法得到其他表示方法。

1.8 逻辑函数的化简和变换

直接根据某种逻辑要求归纳出来的逻辑函数表达式往往不是最简形式,需要对逻辑函数表达式进行化简,逻辑表达式越简单,它所表示的逻辑关系就越明显,构成逻辑电路时,可以节省器件,降低成本,提高数字系统的可靠性。

例如,图1.9所示电路的逻辑表达式(1.24)和逻辑函数 $Y = AB + AC$ 的真值表相同,可见它们是同一逻辑函数,但显然后者比前者更简单。

化简逻辑函数的目的就是要消去多余的乘积项和每个乘积项中多余的因子,以得到逻辑表达式的最简形式。在与或逻辑表达式中,若其中包含的乘积项最少,且每个乘积项的因子最少,则称此逻辑表达式为最简形式。

常用的化简方法有公式化简法、卡诺图化简法、整体化简法和适用于计算机辅助分析的 Q-M 法。

1.8.1 逻辑函数的公式化简法

公式法化简的原理就是反复使用逻辑代数的基本定律和常用恒等式消去函数中多余的

乘积项和因子，以求得逻辑表达式的最简形式。公式化简法没有固定的步骤，常用的方法有以下几种。

1. 并项法

利用公式 $AB + A\bar{B} = A$，将两项合并为一项，消去一个变量。其中，B 可以是任意逻辑式。

【例1.15】用并项法化简逻辑函数 $Y = A\bar{B} + ACD + \overline{AB} + \overline{A}CD$。

解：
$$\begin{aligned} Y &= A\bar{B} + ACD + \overline{AB} + \overline{A}CD \\ &= A(\bar{B} + CD) + \bar{A}(\bar{B} + CD) \\ &= \bar{B} + CD \end{aligned}$$

2. 吸收法

利用公式 $A + AB = A$，消去多余项 AB。其中，A 和 B 可以是任意逻辑式。

【例1.16】用吸收法化简逻辑函数 $Y = AB + AB\bar{C} + ABD + AB(\bar{C} + \bar{D})$。

解：
$$\begin{aligned} Y &= AB + AB\bar{C} + ABD + AB(\bar{C} + \bar{D}) \\ &= AB(1 + \bar{C} + D + (\bar{C} + \bar{D})) \\ &= AB \end{aligned}$$

3. 消去法

利用公式 $A + \bar{A}B = A + B$ 将 $\bar{A}B$ 中的 $\bar{A}$ 消去，或利用公式 $AB + \bar{A}C + BC = AB + \bar{A}C$ 将 BC 消去。其中，A、B、C 可以是任意逻辑式。

【例1.17】用消去法化简逻辑函数 $Y = AC + \bar{A}D + \bar{C}D$。

解：
$$\begin{aligned} Y &= AC + \bar{A}D + \bar{C}D \\ &= AC + (\bar{A} + \bar{C})D \\ &= AC + \overline{AC}D \\ &= AC + D \end{aligned}$$

4. 配项法

先利用公式 $A + A = A$ 在逻辑表达式中重复写入某一项，获得更加简单的化简结果；或利用公式 $A = A(B + \bar{B})$，增加必要的乘积项，再用并项或吸收的办法使项数减少。

【例1.18】用配项法化简逻辑函数 $Y = \bar{A}BC + A\bar{B}C + AB\bar{C} + ABC$。

解：
$$\begin{aligned} Y &= \bar{A}BC + A\bar{B}C + AB\bar{C} + ABC \\ &= (\bar{A}BC + ABC) + (A\bar{B}C + ABC) + (AB\bar{C} + ABC) \\ &= (\bar{A} + A)BC + AC(\bar{B} + B) + AB(\bar{C} + C) \\ &= BC + AC + AB \end{aligned}$$

> **注意：** 使用配项法需要有一定的经验，否则会越来越烦琐。对逻辑函数进行化简时，往往要灵活、综合地使用以上技巧才能得到最后的化简结果。

【例 1.19】 用公式法化简下列逻辑函数：

$$Y_1 = A\bar{B}D + ACD + ABD + AC + A\bar{B}C\bar{D}$$
$$Y_2 = ABC + ABD + \bar{A}\bar{B}\bar{C} + CD + B\bar{D}$$

解：

$$Y_1 = A\bar{B}D + ACD + ABD + AC + A\bar{B}C\bar{D}$$
$$= AD(\bar{B} + B) + AC(D + 1 + \bar{B}\bar{D})$$
$$= AD + AC$$

$$Y_2 = ABC + ABD + \bar{A}\bar{B}\bar{C} + CD + B\bar{D}$$
$$= ABC + \bar{A}\bar{B}\bar{C} + CD + B(AD + \bar{D})$$
$$= ABC + \bar{A}\bar{B}\bar{C} + CD + AB + B\bar{D}$$
$$= AB + \bar{A}\bar{B}\bar{C} + CD + B\bar{D}$$
$$= AB + B\bar{C} + CD + B\bar{D}$$
$$= AB + CD + B(\bar{C} + \bar{D})$$
$$= AB + CD + B\overline{CD}$$
$$= AB + CD + B = B + CD$$

1.8.2 逻辑函数的卡诺图化简法

用公式法化简逻辑函数需要熟记逻辑代数的公式和一定的技巧，因此不太容易掌握，而且化简后得到的逻辑表达式是否为最简式不容易判断。用卡诺图化简法就可以很容易地得到最简的逻辑表达式。

1. 逻辑函数的最小项表达式

n 个变量 $X_1, X_2, \cdots, X_n$ 的最小项是 n 个因子的乘积，每个变量都以它的原变量或非变量的形式在乘积项中出现，且仅出现一次。

例如，A、B、C 三个逻辑变量的最小项有 $2^3 = 8$ 个，即 $\overline{ABC}$、$\overline{AB}C$、$\overline{A}B\overline{C}$、$\overline{A}BC$、$A\overline{BC}$、$A\overline{B}C$、$AB\overline{C}$、$ABC$；$n$ 变量的最小项应有 2^n 个。而 $A\bar{B}$、$ABC A$、$A(B+C)$ 等不是最小项。

输入变量的每一组取值都使一个对应的最小项的值等于 1。例如，在三变量 A、B、C 的最小项中，当 $A=0$、$B=1$、$C=1$ 时，最小项 $\bar{A}BC=1$。如果把 $\bar{A}BC$ 的取值 011 看作一个二进制数，那么它所表示的十进制数就是 3，因此将 $\bar{A}BC$ 这个最小项记作 m_3。按照这一约定，就得到所有三变量最小项的编号，如表 1.14 所示。同理，四个逻辑变量的最小项记作 $m_0 \sim m_{15}$。

表 1.14 三变量最小项的编号表

最小项	使最小项为 1 的变量的取值			对应十进制数	编号
	A	B	C		
$\overline{A}\,\overline{B}\,\overline{C}$	0	0	0	0	m_0
$\overline{A}\,\overline{B}C$	0	0	1	1	m_1
$\overline{A}B\overline{C}$	0	1	0	2	m_2
$\overline{A}BC$	0	1	1	3	m_3
$A\overline{B}\,\overline{C}$	1	0	0	4	m_4
$A\overline{B}C$	1	0	1	5	m_5
$AB\overline{C}$	1	1	0	6	m_6
ABC	1	1	1	7	m_7

最小项具有以下主要性质。

(1) 在输入变量的任何取值下必有一个最小项，而且仅有一个最小项的值为 1。

(2) 全体最小项之和为 1。

(3) 任意两个最小项的乘积为 0。

(4) 具有相邻性的两个最小项之和可以合并成一项并消去一对因子。

若两个最小项只有一个因子不同，则称这两个最小项具有相邻性。例如，$\overline{A}B\overline{C}$ 和 $\overline{A}BC$ 仅最后一个因子不同，所以它们具有相邻性。相加时，可以将一对不同的因子消去，即

$$\overline{A}B\overline{C} + \overline{A}BC = \overline{A}B(\overline{C}+C) = \overline{A}B$$

利用逻辑代数的基本公式，可以把任何一个逻辑函数化成若干个最小项之和的形式，称为最小项表达式。

例如，逻辑函数 $Y = AB + \overline{A}C$ 不是最小项表达式，利用公式 $A + \overline{A} = 1$，可以得到该逻辑函数的最小项表达式为

$$Y = AB + \overline{A}C = AB(C+\overline{C}) + \overline{A}(B+\overline{B})C$$
$$= ABC + AB\overline{C} + \overline{A}BC + \overline{A}\,\overline{B}C$$

将上式中的最小项用相应的编号 m_1、m_3、m_6、m_7 表示，可以写为

$$Y = m_1 + m_3 + m_6 + m_7$$

或

$$Y = \sum m(1,3,6,7)$$

2. 用卡诺图表示逻辑函数

将 n 变量的全部最小项各用一个小方块表示，并使逻辑相邻的最小项在几何位置上也相邻，就可以得到 n 变量最小项卡诺图。图 1.12 中画出了二到五变量最小项的卡诺图。图形两侧标注的 0 和 1 分别表示非变量和原变量，对应各个变量的不同取值，同时也和最小项的编号相对应。

A \ B	0	1
0	$\overline{A}\,\overline{B}$ m_0	$\overline{A}B$ m_1
1	$A\overline{B}$ m_2	AB m_3

(a)二变量最小项的卡诺图

A \ BC	00	01	11	10
0	m_0	m_1	m_3	m_2
1	m_4	m_5	m_7	m_6

(b)三变量最小项的卡诺图

AB \ CD	00	01	11	10
00	m_0	m_1	m_3	m_2
01	m_4	m_5	m_7	m_6
11	m_{12}	m_{13}	m_{15}	m_{14}
10	m_8	m_9	m_{11}	m_{10}

(c)四变量最小项的卡诺图

AB \ CDE	000	001	011	010	110	111	101	100
00	m_0	m_1	m_3	m_2	m_6	m_7	m_5	m_4
01	m_8	m_9	m_{11}	m_{10}	m_{14}	m_{15}	m_{13}	m_{12}
11	m_{24}	m_{25}	m_{27}	m_{26}	m_{30}	m_{31}	m_{29}	m_{28}
10	m_{16}	m_{17}	m_{19}	m_{18}	m_{22}	m_{23}	m_{21}	m_{20}

(d)五变量最小项的卡诺图

图 1.12　二到五变量最小项卡诺图

注意： 通常情况下，在卡诺图中逻辑函数的高位变量在纵向表示，低位变量在横向表示。为了保证图中几何位置相邻的最小项在逻辑上也相邻，这些数码不能按自然二进制数从小到大地顺序排列，而必须按图中的方式排列，以确保相邻的两个最小项仅有一个变量不同，这个主要的特点成为卡诺图化简逻辑函数的主要依据。

从卡诺图中还可以看到，任何一行或一列两端的最小项也仅有一个变量不同，具有逻辑相邻的特性。因此，应当将卡诺图看成是上下、左右闭合的图形。

在变量数大于等于五以后，仅仅用几何图形在两维空间的相邻性来表示逻辑相邻已经不够了。例如，图 1.12(d)所示的五变量最小项的卡诺图中，以双竖线为轴左右对称位置上的两个最小项也具有逻辑相邻性。

卡诺图可以表示任意一个逻辑函数，具体方法如下。

(1) 将逻辑函数化为最小项表达式。

(2) 按最小项表达式填写卡诺图，凡式中包含了的最小项，其对应方格填 1，其余方格填 0。

也就是说，任何一个逻辑函数都等于卡诺图中所有填 1 的最小项之和，其非函数等于卡诺图中所有填 0 的最小项之和。

【例 1.20】 用卡诺图表示逻辑函数 $Y=\overline{A}\,\overline{B}\,\overline{C}D+\overline{A}B\overline{D}+ACD+A\overline{B}$。

解： 首先将 Y 化为最小项之和的形式，有

$$\begin{aligned}Y&=\overline{A}\,\overline{B}\,\overline{C}D+\overline{A}B\overline{D}+ACD+A\overline{B}\\&=\overline{A}\,\overline{B}\,\overline{C}D+\overline{A}B(C+\overline{C})\overline{D}+A(B+\overline{B})CD+A\overline{B}(C+\overline{C})(D+\overline{D})\\&=\overline{A}\,\overline{B}\,\overline{C}D+\overline{A}BC\overline{D}+\overline{A}B\overline{C}\,\overline{D}+ABCD+A\overline{B}CD+A\overline{B}CD+A\overline{B}\,\overline{C}D+A\overline{B}C\overline{D}+A\overline{B}\,\overline{C}\,\overline{D}\\&=m_1+m_4+m_6+m_8+m_9+m_{10}+m_{11}+m_{15}\end{aligned}$$

画出四变量最小项的卡诺图，变量 AB 是高位，在纵向表示，有且仅有的四种组合为 00、01、11、10；变量 CD 是低位，在横向表示，同样有且仅有 00、01、11、10 这四种组合。将逻辑函数表达式中所包含的最小项填 1，其余的填 0，就得到函数 Y 的卡诺图，如图 1.13 所示。

Y \\ CD / AB	00	01	11	10
00	0	1	0	0
01	1	0	0	1
11	0	0	1	0
10	1	1	1	1

图 1.13　例 1.20 的卡诺图

【例 1.21】用卡诺图表示如下逻辑函数：
$$Y = (\overline{A}+\overline{B}+\overline{C}+\overline{D})(\overline{A}+\overline{B}+C+\overline{D})(\overline{A}+B+\overline{C}+D)(A+\overline{B}+\overline{C}+D)(A+B+C+D)$$

解：(1) 由反演规则可得
$$\overline{Y} = ABCD + AB\overline{C}D + \overline{A}B\overline{C}D + \overline{A}BC\overline{D} + \overline{A}\overline{B}\overline{C}\overline{D}$$
$$= \sum m(15,13,10,6,0)$$

(2) 变换后式中最小项之和为 $\overline{Y}$，应在卡诺图中相应的位置填 0，其余位置填 1，得到逻辑函数 Y 的卡诺图，如图 1.14 所示。

Y \\ CD / AB	00	01	11	10
00	0	1	1	1
01	1	1	1	0
11	1	0	0	1
10	1	1	1	0

图 1.14　例 1.21 的卡诺图

3. 用卡诺图化简逻辑函数

用卡诺图化简逻辑函数的基本原理就是相邻的最小项可以合并，消去不同的因子，保留相同的因子。由于卡诺图具有几何相邻逻辑也相邻的特性，因而从图上可以直观地找出具有相邻性的最小项并将其合并。

例如，图 1.12(c) 中的 m_8 和 m_{12}，其最小项之和为 $A\overline{B}\overline{C}\overline{D} + AB\overline{C}\overline{D} = A(\overline{B}+B)\overline{C}\overline{D} = A\overline{C}\overline{D}$，消去了变量 B，即消去了相邻两个方格中不相同的因子，保留了两个方格中相同的因子 $A\overline{C}\overline{D}$。若取图中 m_1、m_3、m_5、m_7 这四个相邻的方格，其最小项之和为

$$\overline{A}\overline{B}\overline{C}D + \overline{A}\overline{B}CD + \overline{A}B\overline{C}D + \overline{A}BCD$$
$$= \overline{A}\overline{B}(\overline{C}+C)D + \overline{A}B(\overline{C}+C)D$$
$$= \overline{A}\overline{B}D + \overline{A}BD = \overline{A}D$$

消去了两个变化的因子 B 和 C，保留了两个不变的因子 $\overline{A}$ 和 D。这样反复应用 $A+\overline{A}=1$，即可使逻辑表达式得到化简。

用卡诺图化简逻辑函数的步骤如下。

(1) 将逻辑表达式写成最小项之和的形式。

(2) 用卡诺图表示该逻辑函数。

(3) 合并最小项，将相邻为 1 的方格圈成一组(包围圈)，每一组必须含有 2^n 个方格，对应每个包围圈写成一个新的乘积项。

(4) 将所有包围圈所对应的乘积项相加。

有时可以根据真值表直接填写卡诺图。

注意：画包围圈时应遵循以下原则。

① 乘积项中应包含函数式中所有的最小项，应覆盖卡诺图中所有的 1。

② 包围圈中的方格数必须是 2^n 个，即 1、2、4、8、…个，每 2^n 个方格可以消去 n 个不同的因子。

③ 相邻的方格应包括上下底相邻、左右相邻和四角相邻。

④ 同一方格可以被不同的包围圈重复包围，但新增包围圈中一定要有新的方格，否则该包围圈为多余的包围圈。

⑤ 包围圈内的方格数要尽可能多，包围圈的数目要尽可能少。一个包围圈对应一个乘积项(与项)，包围圈越大，所得乘积项中的因子就越少。如果每个包围圈都尽可能大，圈的个数尽可能少，就可以获得逻辑函数的最简与或表达式。

【例 1.22】用卡诺图化简逻辑函数 $Y = \sum m(0,2,5,7,8,10,13,15)$。

解：(1) 画出函数 Y 的卡诺图，如图 1.15 所示。

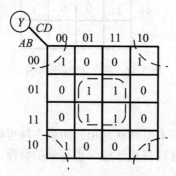

图 1.15 例 1.22 的卡诺图

(2) 画包围圈合并最小项，得到最简与或表达式为 $Y = BD + \overline{B}\overline{D}$。

【例 1.23】用卡诺图化简逻辑函数 $Y = A\overline{C} + \overline{A}C + B\overline{C} + \overline{B}C$。

解：首先画出函数 Y 的卡诺图。式中 $A\overline{C}$ 中包含了所有含有 $A\overline{C}$ 因子的最小项，另一个

因子 B 既可以是原变量 B 也可以是非变量 $\overline{B}$，换句话说，$A\overline{C}$ 可以看成是 $AB\overline{C}$ 和 $A\overline{B}\,\overline{C}$ 两个最小项相加合并的结果。因此，在填写 Y 的卡诺图时，并不一定要将 Y 化为最小项之和的形式，可以直接在卡诺图上所有对应 $A=1$、$C=0$ 的空格里填入 1。逻辑函数 $Y = A\overline{C} + \overline{A}C + B\overline{C} + \overline{B}C$ 的卡诺图如图 1.16 所示。

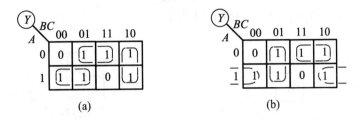

图 1.16　例 1.23 的卡诺图

其次，需要找出可以合并的最小项。将可能合并的最小项用线圈出。由图 1.16(a)和图 1.16(b)可见，有两种可取的方案，分别对应 $Y = A\overline{B} + \overline{A}C + B\overline{C}$ 和 $Y = A\overline{C} + \overline{A}B + \overline{B}C$。两个化简结果都符合最简与或式的标准，说明逻辑函数的化简结果不是唯一的。

【例 1.24】用卡诺图化简逻辑函数 $Y = ABC + ABD + \overline{A}CD + \overline{C}\,\overline{D} + A\overline{B}C + \overline{A}C\overline{D}$。

解： 直接由逻辑函数填写卡诺图，如图 1.17(a)所示，得到最后化简结果为

$$Y = A + \overline{D}$$

在图 1.17(a)中可以看出，0 的个数明显少于 1 的个数，这时可以采用包围 0 的方法进行化简，如图 1.17(b)所示。但此时求出的函数为原函数的非函数，即 $\overline{Y}$，需要应用反演规则求非，最终的结果是相同的。

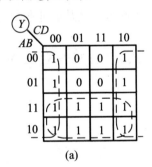 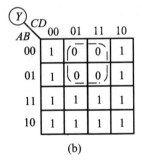

图 1.17　例 1.24 的卡诺图

根据图 1.17(b)有

$$\overline{Y} = \overline{A}D$$

利用反演规则求 $\overline{\overline{Y}}$ 也就是 Y，得到

$$Y = A + \overline{D}$$

在 1.7 节中，逻辑表达式(1.24)不是逻辑函数的最简形式，下面用卡诺图对该逻辑表达式进行化简。先填写该逻辑函数的卡诺图，如图 1.18 所示，得到原逻辑函数的最简与或表达式为

$$Y = AB + AC \tag{1.25}$$

若仅用与非门实现该逻辑函数，还需要对逻辑表达式进行变换，有

$$Y = AB + AC$$
$$= \overline{\overline{AB + AC}}$$
$$= \overline{\overline{AB} \cdot \overline{AC}}$$

最后画出相应的逻辑电路图，如图 1.19 所示。

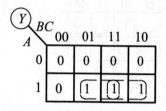

图 1.18 逻辑表达式(1.24)的卡诺图(1)

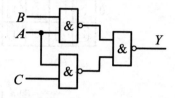

图 1.19 逻辑表达式(1.24)的逻辑图(2)

可见，对逻辑函数进行必要的化简和变换可以大大地简化电路，节约成本。

一般来说，逻辑函数可以有多种不同的逻辑表达式，先通过公式化简法或卡诺图化简法得到函数的最简与或表达式，再根据实际所使用的器件或具体要求对表达式进行相应的变换，得到逻辑函数的与非-与非表达式、或非-或非表达式以及与或非表达式。

将与或表达式变换成与非-与非表达式的方法是：对与或表达式取两次非，然后对下面的非运算应用摩根定理进行变换。

将与或表达式变换成或非-或非表达式的方法是：对与或表达式中每一个乘积项单独取两次非，然后分别对每个乘积项中下面的非运算应用摩根定理，最后对整个表达式取两次非。

将与或表达式变换成与或非表达式的方法是：将原逻辑函数的非函数化简成最简与或式，再取非。

例如，上面已给出了式(1.25)的与非-与非表达式，下面写出式(1.25)的其他函数表达形式。

(1) 或非-或非表达式：

$$Y = \overline{\overline{AB}} + \overline{\overline{AC}}$$
$$= \overline{\overline{A} + \overline{B}} + \overline{\overline{A} + \overline{C}}$$
$$= \overline{\overline{\overline{A} + \overline{B}} + \overline{\overline{A} + \overline{C}}}$$

(2) 与或非表达式：

$$Y = \overline{\overline{A} + \overline{BC}}$$

4. 特殊逻辑函数的卡诺图

一般情况下，用卡诺图化简逻辑函数只能合并相邻项。下面通过一道例题分析总结出一些特殊逻辑函数卡诺图的特点，用于化简和变换。

【例 1.25】已知三变量异或函数 $Y = \overline{A}\overline{B}C + \overline{A}B\overline{C} + A\overline{B}\overline{C} + ABC$，试用公式化简法进行化简，再用卡诺图表示该逻辑函数。

解：(1) 先用公式化简法化简该函数，有

$$Y = \overline{A}\overline{B}C + \overline{A}B\overline{C} + A\overline{B}\overline{C} + ABC$$
$$= \overline{A}(\overline{B}C + B\overline{C}) + A(\overline{B}\overline{C} + BC)$$
$$= \overline{A}(B \oplus C) + A\overline{(B \oplus C)}$$
$$= A \oplus B \oplus C$$

(2) 填写卡诺图,如图 1.20(a)所示。该逻辑函数的最小项两两各不相邻,从图形分析中可以看出该函数的卡诺图具有斜角对称的特点。

分别填写两变量和四变量异或函数的卡诺图如图 1.20(b)和图 1.20(c)所示,可以看到异或函数的卡诺图都具有斜角对称的特点。今后可以直接由卡诺图得到相应的逻辑函数表达式。

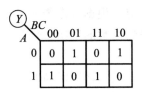
(a)三变量异或函数的卡诺图

(b)两变量异或函数的卡诺图

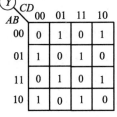
(c)四变量异或函数的卡诺图

图 1.20 例 1.25 的卡诺图

5. 具有无关项的化简

实际中经常会遇到这样的问题,在真值表内对应于变量的某些取值下,函数的值可以是任意的,或者这些变量的取值根本不会出现,这些变量取值所对应的最小项称为无关项,用 d 表示。无关项的值可以取 1 也可以取 0,具体取什么值,可以根据使函数尽量得到简化而定。

【例 1.26】设计一个逻辑电路,判断 1 位十进制数是奇数还是偶数。当十进制数为奇数时,电路输出 1;当十进制数为偶数时,输出 0。

解:(1) 先列真值表。用 8421BCD 码表示 1 位十进制数,即输入变量是 4 位二进制代码,对应十进制数为奇数时,输出变量 Y 为 1;为偶数时,输出 Y 为 0,如表 1.15 所示。

表 1.15 例 1.26 的真值表

对应十进制数	输入变量				输出	对应十进制数	输入变量				输出
	A	B	C	D	Y		A	B	C	D	Y
0	0	0	0	0	0	8	1	0	0	0	0
1	0	0	0	1	1	9	1	0	0	1	1
2	0	0	1	0	0		1	0	1	0	×
3	0	0	1	1	1		1	0	1	1	×
4	0	1	0	0	0	无关项	1	1	0	0	×
5	0	1	0	1	1		1	1	0	1	×
6	0	1	1	0	0		1	1	1	0	×
7	0	1	1	1	1		1	1	1	1	×

8421BCD 码只有 10 个，表中 4 位二进制码的后 6 种组合是无关项。

(2) 填写卡诺图，如图 1.21 所示。

(3) 将最小项 m_{10}、m_{12}、m_{14} 对应的方格视为 0，最小项 m_{11}、m_{13}、m_{15} 对应的方格视为 1，可以得到最大的包围圈，从而得到最终的化简结果为 $Y = D$。

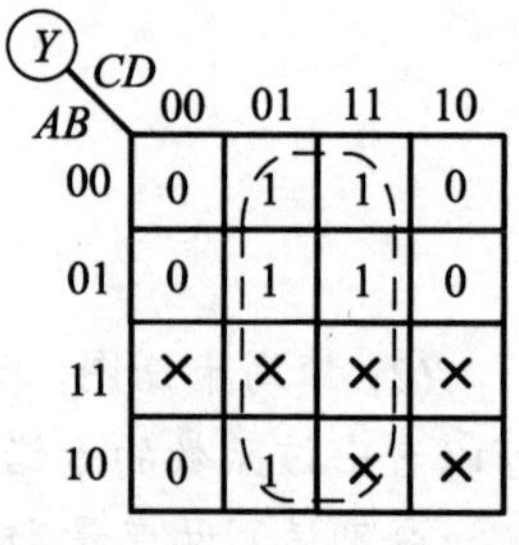

图 1.21 例 1.26 的卡诺图

6. 利用卡诺图进行逻辑运算

一般情况下，已知两个或多个逻辑函数，求它们的与、或、非、异或、同或等逻辑运算时，会先将逻辑函数化简为最简与或式，再进行相应的逻辑运算。而利用卡诺图不仅可以化简单个逻辑函数，还可以对多个逻辑函数直接进行逻辑运算。根据卡诺图和最小项的对应关系，将逻辑函数的运算转换成最小项的运算，从而使逻辑函数的证明、化简及变换变得十分方便。

例如，求逻辑函数的非函数，即对逻辑函数进行取非运算，只需将逻辑函数卡诺图中所有的 1 换成 0；所有的 0 换成 1；无关项仍为无关项，且位置不变即可。

💡 **注意**： 利用卡诺图进行逻辑函数运算时，首先应特别注意逻辑函数中变量的个数是否相同，若不同，先将变量个数少的逻辑函数扩展成与其他逻辑函数相同的变量数。再分别画出各逻辑函数的卡诺图，将对应编号方格中的值进行相应的逻辑运算，就可以得到运算结果的最简与或表达式。

【例 1.27】已知如下逻辑函数：

$$Y_1 = \overline{B}CD + B\overline{C} + \overline{CD}$$
$$Y_2 = \overline{ABC} + \overline{AD} + CD$$

试分别求 $\overline{Y_1}$、$\overline{Y_2}$、$Y_1 \cdot Y_2$、$Y_1 + Y_2$、$Y_1 \oplus Y_2$、$Y_1 \odot Y_2$ 的最简与或表达式。

解：Y_2 为四变量逻辑函数，而 Y_1 为三变量逻辑函数，因此将 Y_1 扩展为四变量逻辑函数，并画出 Y_1 和 Y_2 的卡诺图，如图 1.22(a) 和图 1.22(b) 所示。

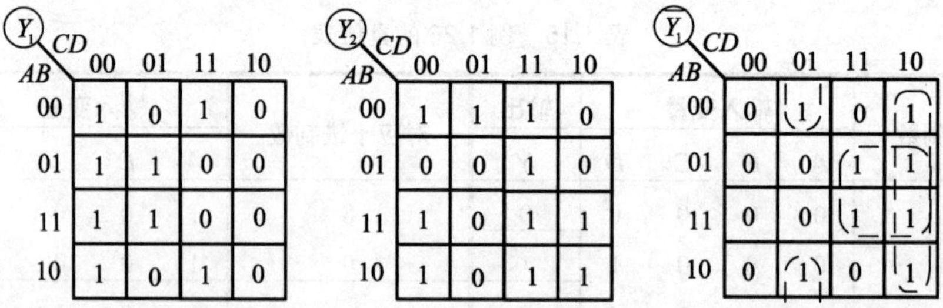

(a) Y_1 的卡诺图　　(b) Y_2 的卡诺图　　(c) $\overline{Y_1}$ 的卡诺图

图 1.22 例 1.27 的卡诺图

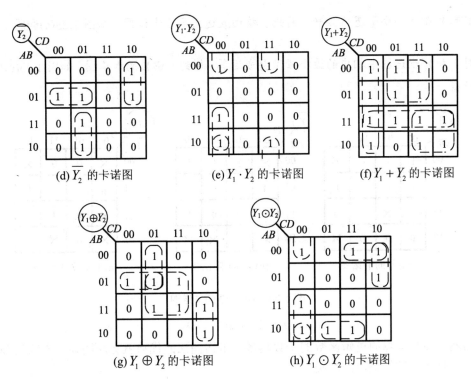

(d) $\overline{Y_2}$ 的卡诺图　　(e) $Y_1 \cdot Y_2$ 的卡诺图　　(f) $Y_1 + Y_2$ 的卡诺图

(g) $Y_1 \oplus Y_2$ 的卡诺图　　(h) $Y_1 \odot Y_2$ 的卡诺图

图 1.22 （续）

分别将 Y_1 和 Y_2 卡诺图中所有的 1 换成 0，所有的 0 换成 1，就得到 $\overline{Y_1}$ 和 $\overline{Y_2}$ 的卡诺图，如图 1.22(c) 和图 1.22(d) 所示。由此可得

$$\overline{Y_1} = \overline{B}CD + BC + C\overline{D}$$
$$\overline{Y_2} = \overline{AB}\overline{C} + \overline{A}C\overline{D} + \overline{A}CD$$

对 Y_1 和 Y_2 卡诺图中相应的最小项做与、或、异或、同或运算，分别得到 $Y_1 \cdot Y_2$、$Y_1 + Y_2$、$Y_1 \oplus Y_2$、$Y_1 \odot Y_2$ 的卡诺图，如图 1.22(e)～图 1.22(h) 所示。化简后得

$$Y_1 \cdot Y_2 = A\overline{CD} + \overline{B}CD + \overline{B}C\overline{D}$$
$$Y_1 + Y_2 = \overline{CD} + \overline{A}D + AB + AC$$
$$Y_1 \oplus Y_2 = \overline{AB}\overline{C} + \overline{A}CD + BD + AC\overline{D}$$
$$Y_1 \odot Y_2 = A\overline{CD} + \overline{B}CD + A\overline{B}D + \overline{AB}C + AC\overline{D}$$

由此可见，利用卡诺图进行逻辑函数运算可以使运算过程变得简单、直观、准确。

【例 1.28】 已知如下逻辑函数：

$$Y_1(A,B,C,D) = \sum m(0,1,3,4,6,7,15) + d(2,10,12,13)$$
$$Y_2(A,B,C,D) = \sum m(1,2,3,4,5,6,14) + d(0,8,10,11)$$

试求 $Y_1 \oplus Y_2$ 的最简与或表达式。

解： 这道例题涉及无关项的卡诺图运算，无关项的逻辑运算规则如下所示，其中 Φ 表示无关项。

$$0 \cdot \Phi = 0,\ 1 \cdot \Phi = \Phi,\ 0 + \Phi = \Phi,\ 1 + \Phi = 1$$
$$0 \odot \Phi = 1 \odot \Phi = \Phi,\ 0 \oplus \Phi = 1 \oplus \Phi = \Phi,\ \Phi \odot \Phi = \Phi,\ \Phi \oplus \Phi = \Phi$$

Y_1和Y_2都是四变量逻辑函数，因此直接由表达式画出卡诺图，如图1.23(a)和图1.23(b)所示。

对Y_1和Y_2卡诺图中相应的最小项做异或运算，得到$Y_1 \oplus Y_2$的卡诺图，如图1.23(c)所示。化简后得

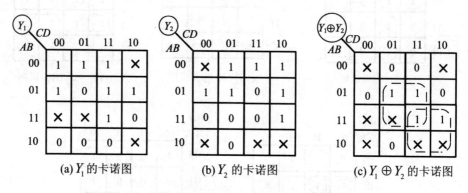

图 1.23　例 1.28 的卡诺图

$$Y_1 \oplus Y_2 = AC + BD$$

当然，参与运算的逻辑函数的个数越多，卡诺图法的优势就会越明显，不仅运算规则简单，而且运算过程快速而准确。

1.8.3　多个逻辑函数的整体化简法

在实际的工程应用中，电路的逻辑功能往往需要多个逻辑函数来描述。利用前面介绍的公式化简法或卡诺图化简法虽然可以将单个逻辑函数化为最简形式，但是从逻辑函数的总体上来看，未必一定是最简的。其原因在于，单独化简每一个逻辑函数可能会忽略或丧失逻辑函数之间的隐含关系。因此，在化简时应尽可能利用逻辑函数之间的隐含关系，达到整体最优的结果。

【例 1.29】已知如下逻辑函数：

$$Y_1 = \overline{A}\overline{B}C + \overline{A}B\overline{C} + A\overline{B}\overline{C} + ABC$$
$$Y_2 = \overline{A}BC + A\overline{B}C + AB\overline{C} + ABC$$

试用最少的逻辑门实现这两个逻辑函数。

解： 先用卡诺图法单独对两个逻辑函数进行化简，如图1.24(a)和图1.24(b)所示。根据特殊函数卡诺图可知

$$Y_1 = A \oplus B \oplus C$$

Y_2化简后得

$$Y_2 = AB + AC + BC$$

若用与非门实现逻辑函数Y_2，需要对Y_2进行变换，有

$$Y_2 = \overline{\overline{AB + AC + BC}}$$
$$= \overline{\overline{AB} \cdot \overline{AC} \cdot \overline{BC}}$$

由函数的表达式可以看出要实现这两个逻辑函数需要两个异或门、三个二输入与非门和一个三输入与非门。

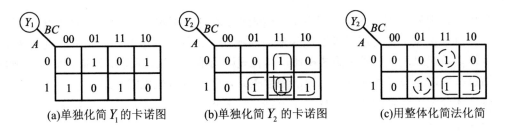

(a)单独化简 Y_1 的卡诺图 (b)单独化简 Y_2 的卡诺图 (c)用整体化简法化简

图 1.24 例 1.29 的卡诺图

但如果按照图 1.24(c)所示画圈化简 Y_2 的卡诺图，可以利用 Y_1 和 Y_2 中隐含的公共项 $A \oplus B$，得到如下表达式：

$$Y_2 = AB + \overline{A}BC + A\overline{B}C$$
$$= AB + (A \oplus B)C$$
$$= \overline{\overline{AB + (A \oplus B)C}}$$
$$= \overline{\overline{AB} \cdot \overline{(A \oplus B)C}}$$

这使得逻辑函数更加简化，电路图如图 1.25 所示。

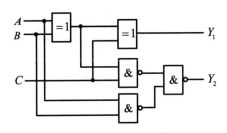

图 1.25 例 1.29 的电路图

本 章 小 结

在数字系统中常采用二进制数 0 和 1 表示数量的大小，或表示对立的两种逻辑状态。在用数码表示数量的大小时，采用的各种计数进位制规则称为数制。常用的数制除了十进制和二进制外，还有八进制和十六进制等。各种进制所表示的数值可以按照本章介绍的方法互相转换。

在数字系统中，为了简化电路，引入原码、反码和补码来表示二进制数。一般带符号的二进制数在计算机中采用补码表示，并利用补码进行相关计算。二进制数也有加、减、乘、除四种运算，其中加法是各种运算的基础。

在用数码表示不同事务时，这些数码已没有数量大小的含义，所以将它们称为代码。本章中列举了几种常用的通用代码，如各种十进制码、格雷码、ASCII 码等。

与、或、非是三种基本的逻辑运算，其他的逻辑运算可以由这三种基本运算构成。逻辑函数描述了输入逻辑变量和输出逻辑变量之间的因果关系。

逻辑函数的化简方法有：公式化简法、卡诺图化简法和整体化简法。逻辑代数是分析和设计逻辑电路不可缺少的数学工具。运用逻辑代数中的基本定律和常用恒等式可以使逻辑函数得到简化，但这种方法没有固定的步骤，需要一定的技巧和经验。卡诺图化简法是一种简单、直观的方法。在卡诺图中所有逻辑相邻的最小项具有几何相邻的特点，根据这一原理，可以按照步骤将逻辑函数化为最简与或式。此外，利用卡诺图还可以进行两个或多个逻辑函数运算，和公式化简法相比，具有规则简单、快速、直观、准确的特点。同时，在化简过程中，还应尽可能利用函数的隐含关系，达到整体最优的结果。

本章还介绍了逻辑函数的几种表示方法，即真值表、逻辑表达式、逻辑图、波形图和卡诺图，这几种方法可以任意互相转换。

习　题

一、选择题

1. 二进制数$(101010)_B$可转换为十进制数(　　)。

   A. $(42)_D$　　　　　　　B. $(84)_D$　　　　　　　C. $(52)_D$

2. 十进制数$(123)_D$可转换为十六进制数(　　)。

   A. $(F6)_H$　　　　　　　B. $(7B)_H$　　　　　　　C. $(6F)_H$

3. 在图1.26所示电路中，Y恒为0的是(　　)。

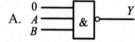

图1.26　选择题3的电路图

4. 图1.27所示门电路的输出为(　　)。

   A. $Y = \overline{A}$　　　　　　　B. $Y = 1$　　　　　　　C. $Y = 0$

5. 图1.28所示门电路的逻辑表达式为(　　)。

   A. $Y = \overline{AB + C}$　　　　　B. $Y = \overline{AB \cdot C \cdot 0}$　　　　　C. $Y = \overline{AB}$

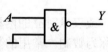

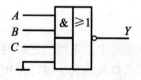

图1.27　选择题4的电路图　　　　图1.28　选择题5的电路图

6. 与$\overline{A + B + C}$相等的为(　　)。

   A. $\overline{A} \cdot \overline{B} \cdot \overline{C}$　　　　　　　B. $\overline{\overline{A} \cdot \overline{B} \cdot \overline{C}}$　　　　　　　C. $\overline{A} + \overline{B} + \overline{C}$

7. 与$\overline{A \cdot B \cdot C \cdot D}$相等的为(　　)。

   A. $\overline{A} \cdot \overline{B} \cdot \overline{C} \cdot \overline{D}$　　　　　B. $(\overline{A} + \overline{B}) \cdot (\overline{C} + \overline{D})$　　　　　C. $\overline{A} + \overline{B} + \overline{C} + \overline{D}$

8. 与$\overline{A} + ABC$相等的为(　　)。

   A. $A + BC$　　　　　　　B. $\overline{A} + BC$　　　　　　　C. $A + \overline{BC}$

9. 若$Y = A\overline{B} + AC = 1$，则(　　)。

   A. $ABC = 001$　　　　　B. $ABC = 110$　　　　　C. $ABC = 100$

10. 若输入变量A、B和输出变量Y的波形如图1.29所示，则逻辑表达式为(　　)。

    A. $Y = \overline{A}B + A\overline{B}$　　　　B. $Y = AB + \overline{AB}$　　　　C. $Y = A + \overline{B}$

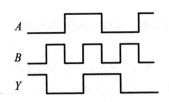

图 1.29　选择题 10 的波形图

11. 将 $Y = AB + \overline{A}C + \overline{B}C$ 化简后得(　　)。

　　A. $Y = \overline{AB} + C$　　　　B. $Y = AB + \overline{C}$　　　　C. $Y = AB + C$

12. 将 $Y = \overline{AB} + \overline{A}C + \overline{B}D$ 化简后所得下列三式中(　　)是错误的。

　　A. $Y = \overline{AB}$　　　　B. $Y = \overline{AB}$　　　　C. $Y = \overline{A} + \overline{B}$

13. 不是逻辑式 $A \oplus B \oplus C$ 的对偶式是(　　)。

　　A. $\overline{A \oplus B \oplus C}$　　　　B. $\overline{A \odot B \odot C}$　　　　C. $A \odot B \odot C$

二、填空题

1. 1 位十六进制数可以用＿＿＿＿位二进制数来表示。
2. 当逻辑函数有 n 个变量时，共有＿＿＿＿个变量取值组合。
3. 逻辑函数的常用表示方法有＿＿＿＿、＿＿＿＿、逻辑图等。
4. 逻辑函数 $Y = \overline{A} + B + \overline{C}D$ 的非函数为＿＿＿＿，对偶式为＿＿＿＿。
5. 已知函数的对偶式为 $A\overline{B} + \overline{C}D + BC$，则它的原函数为＿＿＿＿。
6. 逻辑函数的化简方法有＿＿＿＿和＿＿＿＿。
7. 化简逻辑函数 $Y = \overline{ABCD} + A + B + C + D = $＿＿＿＿。

三、思考题

1. 将下列二进制数转换为等值的十进制数。

(1) $(101.011)_B$　　(2) $(110.101)_B$　　(3) $(1111.1111)_B$　　(4) $(1001.0101)_B$

2. 将下列二进制数转换为等值的八进制数和十六进制数。

(1) $(1110.0111)_B$　　(2) $(1001.1101)_B$　　(3) $(0110.1001)_B$　　(4) $(101100.110011)_B$

3. 将下列十六进制数转换为等值的二进制数。

(1) $(8C)_H$　　(2) $(3D.BE)_H$　　(3) $(8F.FF)_H$　　(4) $(10.00)_H$

4. 将下列十进制数转换为等值的二进制数和十六进制数。要求二进制数保留小数点后 4 位有效数字。

(1) $(25.7)_D$　　(2) $(188.875)_D$　　(3) $(107.39)_D$　　(4) $(174.06)_D$

5. 写出下列二进制数的原码、反码和补码。

(1) $(+1011)_B$　　(2) $(+00110)_B$　　(3) $(-1101)_B$　　(4) $(-00101)_B$

6. 写出下列带符号二进制数(最高位为符号位)的反码和补码。

(1) $(011011)_B$　　(2) $(001010)_B$　　(3) $(111011)_B$　　(4) $(101010)_B$

7. 将下列十进制数用 8421BCD 码表示。

(1) $(85.59)_D$　　(2) $(513.36)_D$　　(3) $(163.24)_D$　　(4) $(721.76)_D$

8. 将下列数码作为自然二进制数或 8421BCD 码时，分别求出相应的十进制数。

(1) 10010111　　(2) 100010010011　　(3) 000101001001　　(4) 10000100.10010001

9. 用真值表证明下列等式。

(1) $A \odot 0 = \bar{A}$　　(2) $A \oplus 0 = A$　　(3) $A \odot 1 = A$　　(4) $A \oplus 1 = \bar{A}$

(5) $A \oplus A = 0$　　(6) $A \oplus \bar{A} = 1$　　(7) $A \odot A = 1$　　(8) $A \odot \bar{A} = 0$

(9) $(A \oplus B)C = (AC) \oplus (BC)$　　(10) $\bar{A} + (B \odot C) = (AB) \odot (AC)$

10. 证明下列逻辑恒等式。

(1) $A(A \oplus B) = A\bar{B}$　　　　　　　　(2) $\bar{A}C + B\bar{C} + A\bar{B} = (A+B+C)(\bar{A}+\bar{B}+\bar{C})$

(3) $A \oplus B \oplus AB = A + B$　　　　　(4) $A(B \oplus C) = (AB) \oplus (AC)$

(5) $A \odot B \odot (A+B) = AB$　　　　　(6) $A + (B \odot C) = (A+B) \odot (A+C)$

(7) $A \oplus B \oplus C = A \odot B \odot C$　　　　(8) $B\bar{C} \oplus ABC = \overline{AB}C$

(9) $B \oplus AB \oplus BC \oplus ABC = B\bar{C}(1 \oplus A)$　　(10) $B \oplus BC = B\bar{C}$

11. 利用逻辑代数的基本公式、定律和恒等式化简下列逻辑表达式。

(1) $Y = (\bar{A}B + C\bar{D})(AB + \bar{C}D)$　　　　(2) $Y = (\bar{A}B + CD)(\bar{A}B + CD)$

(3) $Y = (ABD + AC)(AB + AC)$　　　　(4) $Y = A\bar{B}D + ACD + ABD + AC + \bar{A}\bar{B}C\bar{D}$

(5) $Y = A\bar{B}D + ACD + ABD$　　　　　(6) $Y = \bar{A}B + A + \bar{A}C + \bar{B}D$

(7) $Y = A\bar{B}D + A + \bar{A}CD + \bar{A}C + \bar{A}BC(\bar{D}+C)$　　(8) $Y = B\bar{C} \cdot \bar{D} + BCD + C\bar{D} + \bar{C}D$

(9) $Y = \bar{A}B + A + \bar{A}C + BC(A + \bar{D} + \bar{C})$

12. 写出图 1.30 所示逻辑函数的逻辑表达式。

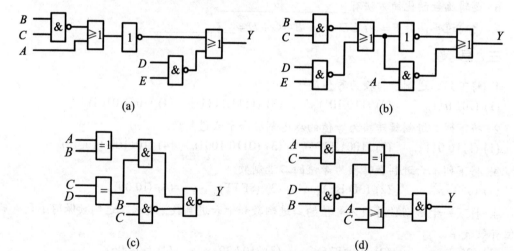

(a)　　　　　　　　　　　　　　　(b)

(c)　　　　　　　　　　　　　　　(d)

图 1.30　思考题 12 的逻辑图

13. 化简下列逻辑表达式。

(1) $Y = ABD + \bar{B}C + \bar{A}C + B\bar{D}$

(2) $Y = \bar{B}C\bar{D} + BD + \bar{C}D + \bar{A}CD + \bar{A}C\bar{D}$

(3) $Y = A\bar{B} + \bar{A}BD + C\bar{D} + A\bar{D} + \bar{C}D + B\bar{C}\bar{D}$

(4) $Y = AB + \bar{A}BD + CD + \bar{A}B\bar{D} + \bar{C}D$

(5) $Y = (A + B + \bar{C})(\bar{A} + B + D)(B + \bar{C} + D)$

(6) $Y = (A + \overline{\overline{B} + \overline{C}})(A + B + D)(B + \overline{C} + D)$

(7) $Y = (\overline{A} + B + C)(B + \overline{C} + D)(\overline{A} + B + D)$

(8) $Y = (\overline{A}B + A\overline{B} + D)(A\overline{B} + \overline{C} + D)(\overline{AB} + C)$

(9) $Y = \overline{A}D + BD + AC + \overline{C}D$

(10) $Y = A\overline{B} + AC + CD + B\overline{D} + \overline{A} \cdot \overline{C} + \overline{A} \cdot \overline{D}$

14. 采用基本运算公式、定律和恒等式化简下列逻辑表达式。

(1) $Y = (A + B)(A + C)(A + \overline{D})(BC\overline{D} + E)$

(2) $Y = (\overline{A} + \overline{B} + C)(A + \overline{B} + \overline{D})(A + \overline{D})$

(3) $Y = \overline{AB} + CD + \overline{AB} + C\overline{D}$

(4) $Y = \overline{AB} + CD + \overline{BC} + A\overline{D} + \overline{AB} + B\overline{D}$

(5) $Y = (A + \overline{D})(B + \overline{C})(\overline{A} + C)(\overline{B} + D)$

(6) $Y = (A\overline{C} + B\overline{D})(A\overline{C} + BC)(\overline{A}D + BC)$

15. 将下列逻辑表达式化为与非-与非表达式。

(1) $Y = AB + BC + AC$

(2) $Y = (\overline{A} + B)(A + \overline{B})C + \overline{BC}$

(3) $Y = \overline{A\overline{B}C + \overline{A}BC + \overline{A}BC}$

(4) $Y = \overline{ABC} + \overline{\overline{AB}} + \overline{AB} + BC$

16. 将下列逻辑表达式化为或非-或非表达式。

(1) $Y = A\overline{B}C + B\overline{C}$

(2) $Y = (A + C)(\overline{A} + B + \overline{C})(\overline{A} + \overline{B} + C)$

(3) $Y = \overline{\overline{CD} \cdot \overline{BC} \cdot \overline{ABC} \cdot \overline{D}}$

17. 用卡诺图表示下列逻辑函数，并化简成最简与或式。

(1) $Y = \overline{BC} + AD + \overline{A}CB + AC\overline{D}$

(2) $Y = A\overline{B}C + \overline{C}D + \overline{A}CD + \overline{B}C\overline{D} + \overline{A}B$

(3) $Y = A\overline{B} + \overline{C}D + AD + \overline{B}CD + \overline{B}C\overline{D}$

(4) $Y = \overline{A}BCD + AB\overline{C}D + \overline{AB} + \overline{AD} + A\overline{B}C$

(5) $Y = \overline{AB} + \overline{AC} + \overline{ABD} + \overline{BCD}$

(6) $Y = \overline{ABD} + B\overline{CD} + \overline{A}CB + AC\overline{D}$

(7) $Y(A,B,C,D) = \sum m(0,1,4,6,9,10,13,14)$

(8) $Y(A,B,C,D) = \sum m(0,2,5,7,8,10,14,15)$

(9) $Y(A,B,C,D) = \sum m(0,1,3,5,7,8,12)$

(10) $Y(A,B,C,D) = \sum m(0,1,4,5,7,8,14)$

18. 化简下列具有约束项的逻辑函数。

(1) $Y(A,B,C,D) = \sum m(0,1,3,5,8) + \sum d(10,11,12,13,14,15)$

(2) $Y(A,B,C,D) = \sum m(0,1,2,4,7,8,9) + \sum d(10,11,12,13,14,15)$

(3) $Y(A,B,C,D) = \sum m(2,3,4,7,12,13,14) + \sum d(5,6,8,9,10,11)$

(4) $Y(A,B,C) = \sum m(3,5,6,7) + \sum d(2,4)$

(5) $Y(A,B,C,D) = \sum m(0,2,7,8,13,15) + \sum d(1,5,6,9,10,11,12)$

(6) $Y(A,B,C,D) = \sum m(0,4,6,8,13) + \sum d(1,2,3,9,10,11)$

(7) $Y(A,B,C,D) = \sum m(0,1,8,10) + \sum d(2,3,4,5,11)$

(8) $Y(A,B,C,D) = \sum m(0,2,6,8,10,14) + \sum d(5,7,13,15)$

(9) $Y(A,B,C,D) = \sum m(1,4,5,6,7,9) + \sum d(10,11,12,13,14,15)$

第 2 章 逻辑门电路

本章要点

- 在数字系统中,二极管、晶体管、场效应管都工作在怎样的状态下?
- 集成门电路的主要特性参数有哪些?
- 集电极开路门、三态门和普通的逻辑门相比有哪些特点?
- CMOS 门电路与 TTL 门电路相比有哪些特点?
- TTL 门电路和 CMOS 门电路之间可以直接互连吗?

门电路是构成各种复杂数字电路的基本元件,为了正确有效地使用各种逻辑门,掌握各种门电路的逻辑功能和外部特性是十分必要的。本章将在介绍分立元件组成的基本逻辑门的基础上,系统地分析 TTL 门电路和 CMOS 门电路的工作原理和逻辑功能,并着重介绍它们的电气特性,最后简单介绍不同工艺的逻辑门电路之间的接口方法。

2.1 概 述

2.1.1 数字集成电路简介

在数字电路中,门电路是最基本的逻辑单元,所谓"门"就是一种开关。门电路的输入信号与输出信号之间存在一定的逻辑关系,所以门电路又称为逻辑门电路。基本的逻辑关系有与逻辑、或逻辑、非逻辑三种,与此相对应的基本门电路有与门、或门和非门。此外,常见的逻辑门还有与非门、或非门、与或非门、异或门等几种。

门电路可由分立元件组成,也可由集成电路组成。在最初的数字逻辑电路中,门电路是由若干分立的半导体器件和电阻、电容连接而成。随着集成电路技术的发展及大规模集成电路工艺水平的不断提高,现在已经能把大量的门电路集成在一块很小的半导体芯片上,既降低了成本也提高了性能。从数字集成电路的制造工艺来分类,数字集成电路可以分为由双极型晶体管组成的门电路、由单极型场效应管组成的门电路和混合型三种。双极型集成电路又可分为 TTL(Transistor-Transistor Logic,晶体管-晶体管逻辑)电路、DTL(Diode-Transistor Logic,二极管-晶体管逻辑)电路、ECL(Emitter Coupled Logic,发射极耦合逻辑)电路、HTL(High Threshold Logic,高阈值逻辑)电路和 I^2L(Integrated Injection Logic,集成注入逻辑)电路等几种。单极型集成电路又可分为 PMOS、NMOS、CMOS 等类型。本章将着重介绍 TTL 集成电路和 CMOS 集成电路。

TTL 集成电路是应用最早、技术比较成熟的集成电路。20 世纪 80 年代之前,TTL 集成电路一直是数字集成电路的主流产品。TTL 逻辑门电路有 54 系列和 74 系列两大类。74 系列主要应用于民用电子产品的设计和生产,可在 0~70℃的环境温度下工作。54 系列的引脚编号和逻辑功能与 74 系列基本相同,但其主要应用于军用电子产品的设计和生产,适用的温度更宽,可在-55℃～+125℃的恶劣环境下工作,测试和筛选的标准也更加严格。根据工作速度和功耗的不同,TTL电路主要分为54/74系列(标准通用系列)、54/74L系列(低功耗系列)、54/74S系列(肖特基系列)、54/74LS系列(低功耗肖特基系列)、54/74AS系列(先进肖特基系列)和54/74ALS系列(先进低功耗肖特基系列)等,其中74LS系列广泛应用于中、小规模集成电路,在过去相当长的一段时间内曾是TTL的主流系列。74ALS系列是为了获得更小的延迟-功耗积而设计的改进系列,它的延迟-功耗积是TTL电路所有系列中最小的一种,有人预测在不久的将来74ALS系列将取代74LS系列成为TTL的主流系列。TTL集成电路的特点是速度快、负载能力强,但功耗较大,结构较复杂,不利于大规模集成电路发展的要求,因此逐渐被CMOS电路取代,退出了主导地位。不过在现有的中、小规模集成电路中仍使用TTL电路,所以掌握TTL电路的基本工作原理和外部特性仍是必要的。

  CMOS集成电路出现于20世纪60年代后期,是继TTL电路之后开发出来的以金属-氧化物-半导体(Metal-Oxide-Semiconductor)场效应管作为开关器件的集成电路。CMOS集成电路的特点是结构简单、集成度高、功耗低,但速度比双极型集成电路稍慢,非常适用于制作大规模集成电路。随着CMOS制造工艺的不断进步,CMOS集成电路的工作速度和驱动能力有了明显的提高,其工作速度已经赶上甚至超过TTL电路,其功耗和抗干扰能力则远优于TTL,因此CMOS电路便逐渐取代TTL电路,已经成为当前数字集成电路的主流产品,广泛应用于大规模和超大规模集成电路中。

  早期生产的CMOS门电路为4000系列,具有功耗低、电压工作范围宽、抗干扰能力强等特点,但存在工作速度慢、带负载能力差、与TTL不兼容等缺陷。后来发展的高速CMOS电路都按照与TTL54/74系列兼容的思路来安排产品的序号。目前常用的CMOS集成电路有HC/HCT系列、AHC/AHCT系列、LVC系列、ALVC系列等。HC/HCT系列是高速CMOS逻辑系列的简称,T表示与TTL直接兼容,其工作速度和负载能力得到了很大的改善。74HC系列的工作电压为2～6V,其输入、输出电平不能和TTL电路完全兼容;74HCT系列的工作电压一般为5V,其输入、输出电平和TTL电路完全兼容,可应用于HCT与TTL混合的系统。AHC/AHCT系列是改进的高速CMOS逻辑系列的简称,其工作速度比HC系列快3倍,带负载能力提高了近1倍,是目前比较受欢迎、应用最广的CMOS器件。AHC与AHCT的区别同HC/HCT系列一样,主要表现在工作电压范围和输入、输出电平的要求不同上。LVC和ALVC是低压CMOS逻辑系列和改进的低压CMOS逻辑系列的简称,不仅能工作在1.65～3.3V的低压下,还能提供更大的负载电流。此外,LVC和ALVC系列还可以接收高达5V的高电平输入信号,很容易实现5V系统与3.3V系统之间的转换和连接,是目前CMOS电路中性能最好的两个系列,可以满足高性能数字系统设计的需要,尤其在便携式电子设备(如移动电话、数码相机、笔记本电脑等)中的优势更加明显。

【知识拓展】

  砷化镓是继硅和锗之后发展起来的新一代半导体材料。由于砷化镓器件中载流子的迁移率非常高,其工作速度比硅器件快得多,并具有功耗低和抗辐射等特点,已经成为光纤通信、移动通信及全球定位系统等应用的首选电路。

2.1.2 正逻辑与负逻辑

在数字电路中，电位的高、低可以采用两种不同的逻辑体制来表示：通常规定高电平表示逻辑 1，低电平表示逻辑 0，称为正逻辑(Positive Logic)；如果规定高电平表示逻辑 0，低电平表示逻辑 1，称为负逻辑(Negative Logic)。

对于同一个逻辑电路，可以采用正逻辑表述，也可以采用负逻辑表述，两种体制不牵扯电路本身，但根据所选的正、负逻辑不同，同一电路的逻辑功能也会不同。在本书的各个章节中，如无特殊说明，均采用正逻辑，即高电平为逻辑 1，低电平为逻辑 0。

在工程实践中，电路描述也一般采用正逻辑体制，负逻辑用得较少。如果需要，可按以下方式进行两种逻辑体制的转换：

与 ↔ 或

非 ↔ 非

与非 ↔ 或非

通过列真值表的方式可得出上述正、负逻辑的对应关系。

2.1.3 标准高低电平的规定

在数字电路中，对电源电压的稳定度和元器件参数精度的要求比在模拟电路中低，此外，由于电路所处的环境温度变化、负载的大小及干扰等因素的影响，实际的高低电平都不是一个固定的值，允许在一定的范围内变化。但高电平过低，或低电平过高，会使逻辑状态区分不清，从而破坏原来确定的逻辑关系，因此规定了高电平的下限值和低电平的上限值。图 2.1 所示为高低电平允许范围的示意图。

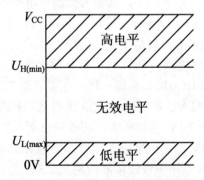

图 2.1 高低电平允许范围示意图

不同系列的集成电路，输入、输出为逻辑 0 或 1 所对应的电压范围也不同，对于典型工作电压为 5V 的 74LS 系列，在 2.2～5V 范围内的电压都为高电平，标准高电平 U_{SH} 通常取 3.4V；在 0～0.8V 范围内的电压都为低电平，标准低电平 U_{SL} 通常取 0.3V。

2.2 分立元件基本逻辑门电路

2.2.1 二极管的开关特性

在模拟电子技术课程中，对二极管的特性已经进行了详细的分析。二极管最主要的一个特性就是具有单向导电性，即外加正向电压导通，外加反向电压截止，所以它相当于一个受外加电压控制的开关。在数字电路中，二极管就是工作在开关状态，它的开关特性包括静态开关特性和动态开关特性。

1. 二极管静态开关特性

二极管静态开关特性是指二极管稳定地处于导通(开关闭合)或截止(开关断开)时的特性。图 2.2 给出了数字电路中二极管两种近似的伏安特性曲线和对应的等效电路。

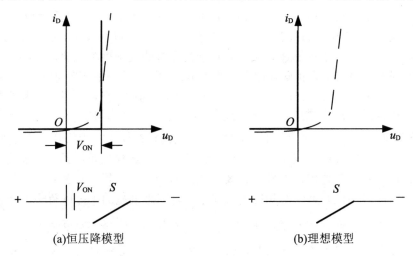

图 2.2 二极管伏安特性的两种近似方法

图 2.2(a)所示为恒压降模型。对于硅二极管，导通时正向压降为 0.7V，因此在硅二极管导通时，可以看作是带有 0.7V 电压的闭合开关。截止时，相当于开关断开，电阻趋于无穷大。

图 2.2(b)所示为理想模型。当二极管导通时，相当于闭合开关。截止时，相当于开关断开，电阻趋于无穷大。

2. 二极管动态开关特性

二极管动态开关特性是指二极管在导通、截止两种状态转换过程中的特性。在动态情况下，当加到二极管两端的电压突然反向时，电流的变化过程如图 2.3 所示。

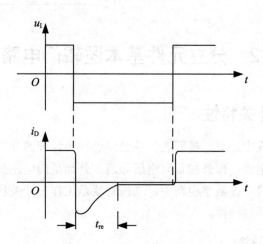

图 2.3　二极管动态电流波形

由图 2.3 可知,当外加电压由正向突然变为反向时,理想情况下,二极管应该立即截止,电路中只有很小的反向电流。但实际情况是,二极管并不立即截止,而是先产生一个很大的反向电流,并维持一段时间后才逐渐减少进入到截止状态。这是因为当外加电压突然由正向变为反向时,PN 结内尚有一定数量的存储电荷,所以有较大的瞬态反向电流,随着存储电荷的消散,反向电流迅速衰减,并趋于稳态时的反向饱和电流。瞬态反向电流的大小和持续时间的长短取决于正向导通电流的大小、反向电压和外电路的电阻值,并且与二极管的本身特性有关。通常把二极管从正向导通转换为反向截止所经历的过程称为反向恢复过程,用反向恢复时间 t_{re} 来描述。t_{re} 是指反向电流从它的峰值衰减到十分之一所经过的时间。一般二极管的反向恢复时间在纳秒(ns)数量级,它的存在使二极管的开关速度受到限制。

当外加电压由反向突然变成正向时,要等到 PN 结内部建立足够的电荷梯度后才开始有扩散电流,因此正向导通电流的建立也要稍微滞后一点。二极管从截止转为导通所需的时间称为开通时间,不过开通时间相比于反向恢复时间是很短的,可以忽略不计。

💡 **注意:**　二极管的动态开关特性决定了电路所允许的输入信号的最高频率,在今后的电路分析中如不特殊说明,我们一般运用二极管的静态开关特性分析电路。

2.2.2　二极管与门电路

图 2.4(a)所示为有两个输入端的与门电路,其中 A、B 为输入变量,Y 为输出变量。图 2.4(b)和图 2.4(c)所示分别为与门电路的逻辑符号和波形图。

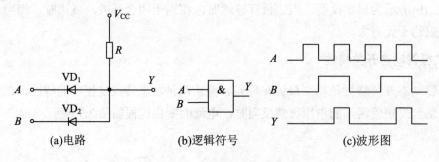

图 2.4　二极管与门电路、逻辑符号和波形图

设 $V_{CC}=5\text{V}$，A、B 输入端的高、低电平分别为 $U_{IH}=3\text{V}$、$U_{IL}=0\text{V}$，二极管 VD_1 和 VD_2 的导通压降为 0.7V。

当 $U_A=0\text{V}$、$U_B=0\text{V}$ 时，二极管 VD_1 和 VD_2 均导通，输出电压 $U_Y=0.7\text{V}$。

当 $U_A=0\text{V}$、$U_B=3\text{V}$ 时，二极管 VD_1 优先导通，输出电压被钳位在 0.7V，二极管 VD_2 反偏截止，输出电压 $U_Y=0.7\text{V}$。

当 $U_A=3\text{V}$、$U_B=0\text{V}$ 时，同理，二极管 VD_2 优先导通，二极管 VD_1 反偏截止，输出电压 $U_Y=0.7\text{V}$。

当 $U_A=3\text{V}$、$U_B=3\text{V}$ 时，二极管 VD_1 和 VD_2 均导通，输出电压 $U_Y=3.7\text{V}$。

如果规定 3V 以上为高电平，用逻辑 1 表示，0.7V 以下为低电平，用逻辑 0 表示，可得到表 2.1 所示的二极管与门电路真值表。显然，Y 与 A、B 是与逻辑关系，表示为 $Y=A\cdot B$。

表 2.1 二极管与门电路真值表

A	B	Y
0	0	0
0	1	0
1	0	0
1	1	1

2.2.3 二极管或门电路

图 2.5(a)所示为有两个输入端的或门电路，其中 A、B 为输入变量，Y 为输出变量。图 2.5(b)和图 2.5(c)所示分别为或门电路的逻辑符号和波形图。

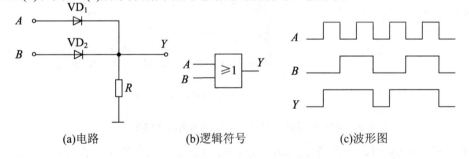

(a)电路　　　　(b)逻辑符号　　　　(c)波形图

图 2.5 二极管或门电路、逻辑符号和波形图

设 A、B 输入端的高、低电平分别为 $U_{IH}=3\text{V}$、$U_{IL}=0\text{V}$，二极管 VD_1 和 VD_2 的导通压降为 0.7V。

当 $U_A=0\text{V}$、$U_B=0\text{V}$ 时，二极管 VD_1 和 VD_2 均截止，输出电压 $U_Y=0\text{V}$。

当 $U_A=0\text{V}$、$U_B=3\text{V}$ 时，二极管 VD_2 导通，二极管 VD_1 截止，输出电压 $U_Y=2.3\text{V}$。

当 $U_A=3\text{V}$、$U_B=0\text{V}$ 时，二极管 VD_1 导通，二极管 VD_2 截止，输出电压 $U_Y=2.3\text{V}$。

当 $U_A=3\text{V}$、$U_B=3\text{V}$ 时，二极管 VD_1 和 VD_2 均导通，输出电压 $U_Y=2.3\text{V}$。

如果规定 2.3V 以上为高电平，用逻辑 1 表示，0V 为低电平，用逻辑 0 表示，可得到表 2.2 所示的二极管或门电路真值表。显然 Y 与 A、B 是或逻辑关系，表示为 $Y=A+B$。

表 2.2 二极管或门电路真值表

A	B	Y
0	0	0
0	1	1
1	0	1
1	1	1

2.2.4 晶体管的开关特性

1. 晶体管静态开关特性

在模拟电子技术课程中，已经知道晶体管有放大、饱和和截止三个工作状态。在模拟电路中晶体管主要工作在放大状态，在数字电路中晶体管主要工作在饱和状态和截止状态。晶体管静态开关特性是指当晶体管稳定地处于饱和或截止状态时，晶体管所呈现出的特点。图 2.6 所示为 NPN 型晶体管的开关电路和输出特性曲线。

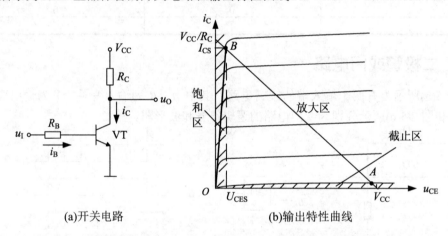

图 2.6 NPN 型晶体管的开关电路和输出特性曲线

当输入电压 $u_I = 0$V 时，晶体管 $u_{BE} = 0$，$i_B \approx 0$，$i_C \approx 0$，晶体管工作在截止状态，对应于图 2.6(b)中的 A 点。此时集电极与发射极相当于开关断开的状态，电路的输出 $u_O \approx V_{CC}$ 为高电平。实际中为了使晶体管可靠截止，应保证 $u_{BE} \leq 0$，使发射结处于反向偏置。

增大输入电压 u_I，使其大于晶体管的开启电压(硅管约为 0.5V)时，晶体管发射结正偏，集电结反偏，进入到放大工作状态。此时有

$$I_B = \frac{u_I - U_{BE}}{R_B} = \frac{u_I - 0.7}{R_B} \tag{2.1}$$

$$I_C = \beta I_B \tag{2.2}$$

$$U_{CE} = V_{CC} - I_C R_C \tag{2.3}$$

继续增大输入电压，i_B 增大，i_C 增大，u_{CE} 减小。当输入电压 $u_I = 5$V 时，集电极 i_C 已经达到最大值，不再随 i_B 的增大而增大，集电极电压 $u_{CE} = U_{CES} \approx 0.2 \sim 0.3$V，晶体管的集

电结也正偏，进入到饱和状态，对应于图 2.6(b)中的 B 点。此时，集电极回路中的 c、e 之间近似于短路，相当于开关闭合一样，电路的输出 $u_O \approx U_{CES}$ 为低电平。

综上所述，只要合理地选择电路参数，保证 u_I 为低电平时晶体管工作在截止状态，u_I 为高电平时晶体管工作在饱和状态，则晶体管的 c、e 之间就相当于一个受 u_I 控制的开关。晶体管截止时，开关断开；晶体管饱和时，开关闭合。

2. 晶体管动态开关特性

晶体管动态开关特性是指晶体管在导通、截止两种状态转换过程中的特性。晶体管的开关特性同二极管一样，也是内部电荷建立和消散的过程，因此晶体管的饱和、截止两种工作状态的转换也需要一定的时间完成。图 2.7 所示为晶体管动态开关特性。

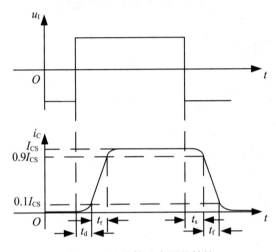

图 2.7 晶体管动态开关特性

晶体管动态开关特性中各时间的含义如下。

(1) 延迟时间 t_d：从输入信号 u_I 正跳变的瞬间开始，到集电极电流 i_C 上升到 $0.1I_{CS}$(集电极饱和电流)时所需的时间。

(2) 上升时间 t_r：集电极电流 i_C 从 $0.1I_{CS}$ 上升到 $0.9I_{CS}$ 所需的时间。

(3) 存储时间 t_s：从输入信号 u_I 负跳变的瞬间开始，到集电极电流 i_C 下降到 $0.9I_{CS}$ 时所需的时间。

(4) 下降时间 t_f：集电极电流 i_C 从 $0.9I_{CS}$ 下降到 $0.1I_{CS}$ 时所需的时间。

(5) 开通时间 t_{on}：$t_{on} = t_d + t_r$，反映了晶体管从截止到饱和所需的时间。

(6) 关闭时间 t_{off}：$t_{off} = t_s + t_f$，反映了晶体管从饱和到截止所需的时间。

开通时间和关闭时间总称为晶体管的开关时间，它随晶体管的类型不同而有很大的差别，一般在几十至几百纳秒之间。

提示：开关时间限制了晶体管的开关速度，因此可以通过改进管子内部构造和外电路的方法来提高晶体管的开关速度。

抗饱和晶体管是在晶体管的基极和集电极之间并接了一个肖特基二极管(SBD)。SBD 的正向压降小，约为 0.4V，容易导通，它分流了晶体管的基极电流，使集电极正向偏压钳制在 0.3～0.4V，晶体管不进入深度饱和而是工作在浅饱和状态(或称抗饱和状态)，从而缩短了晶体管的开关时间，提高了开关速度。抗饱和晶体管的结构和符号如图 2.8 所示。

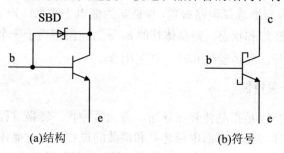

图 2.8　抗饱和晶体管的结构和符号

2.2.5　晶体管非门电路

图 2.9(a)所示为晶体管非门电路，非门电路只有一个输入端 A，Y 为输出变量。图 2.9(b)和图 2.9(c)所示分别为非门电路的逻辑符号和波形图。

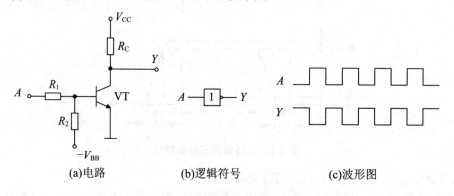

图 2.9　晶体管非门电路、逻辑符号和波形图

当输入 A 为低电平时，晶体管截止，$i_C \approx 0$，输出高电平，$u_Y \approx V_{CC}$。为了提高电路的抗干扰能力，在电路中接入电阻 R_2 和负电源 $-V_{BB}$，以保证在输入 $u_A > 0$ 时晶体管仍能可靠截止。

当输入 A 为高电平时，若 R_1、R_2、R_C、$-V_{BB}$ 等电路参数选择合适，保证晶体管基极电流大于基极饱和电流，晶体管饱和，输出低电平，$u_Y \approx 0.3V$。表 2.3 所示为晶体管非门电路真值表，显然 $Y = \overline{A}$。

表 2.3　晶体管非门电路真值表

A	Y
0	1
1	0

以上所讨论的是由分立元件构成的基本的与、或、非门，但它们的输出电阻比较大，带负载能力差，开关性能也不理想。

2.3 TTL 逻辑门电路

TTL 是 Transistor-Transistor Logic(晶体管-晶体管逻辑)的缩写，是以双极型晶体管作为基本元件的集成电路。它问世于 20 世纪 60 年代，是应用最早、技术比较成熟的集成电路，至今仍广泛应用于各种数字电路或系统中。TTL 非门电路，又称为反相器，是最简单的集成 TTL 门电路。下面先讨论 TTL 非门电路的基本结构和工作原理。

2.3.1 TTL 非门的基本电路

1. 电路结构

图 2.10 所示为 TTL 非门的基本电路，它是针对图 2.9 所示的晶体管非门电路存在的问题而提出的改进电路。该电路由三部分组成，即 VT_1、R_1、VD_1 组成电路的输入级，VT_2、R_2、R_3 组成电路的中间级，R_4、VT_3、VT_4、VD_2 组成电路的输出级。其中，中间级 VT_2 将单端输入信号转换为互补的双端输出信号，以驱动输出级的 VT_3、VT_4。

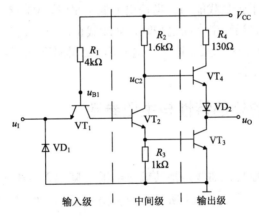

图 2.10 TTL 非门基本电路

2. 工作原理

设电源电压 V_{CC} = 5V，输入信号 u_I 的高、低电平分别为 U_{IH} = 3.6V、U_{IL} = 0.2V；二极管 VD_1 和 VD_2 的导通压降为 0.7V；晶体管 $VT_1 \sim VT_4$ 的发射极开启电压为 U_{ON} = 0.7V，深度饱和导通压降 U_{CES} = 0.2V。

> 提示：晶体管 VT_1 可以看作是两个背靠背的二极管，并且主要工作在饱和或截止两种状态下。

当输入 u_I 为低电平，如 $u_I = U_{IL}$ = 0.2V 时，VT_1 的发射结导通，VT_1 的基极电位被钳制在 u_{B1} = 0.2V + 0.7V = 0.9V。该电压作用于 VT_1 的集电结和 VT_2、VT_3 的发射结上，所以 VT_2、VT_3 都截止，VT_4、VD_2 导通，输出为高电平，$u_O \approx V_{CC} - U_{BE4} - U_{D2}$ = 5V - 0.7V - 0.7V = 3.6V。

当输入 u_I 为高电平，如 $u_I = U_{IH} = 3.6V$ 时，V_{CC} 通过 R_1 和 VT_1 的集电结向 VT_2、VT_3 提供基极电流，使 VT_2、VT_3 饱和导通，此时 VT_1 的基极电位被钳制在 $u_{B1} = U_{BC1} + U_{BE2} + U_{BE3} = 0.7V + 0.7V + 0.7V = 2.1V$。该电压使 VT_1 的发射结反偏、集电结正偏，处于倒置的放大状态。由于 VT_2、VT_3 饱和导通，VT_2 的集电极电位 $u_{C2} = U_{CES2} + U_{BE3} = 0.2V + 0.7V = 0.9V$，该电压作用于 VT_4、VD_2，显然 VT_4、VD_2 都截止，输出为低电平，$u_O \approx U_{CES3} = 0.2V$。

上述电路实现了非的逻辑关系。

输入级是用来提高工作速度的。当电路的输入电压由高变化到低的瞬间，$u_{B1} = 0.2V + 0.7V = 0.9V$，但 VT_2、VT_3 原来是饱和的，仍处于正向偏置，VT_1 的集电极电压为 $u_{C1} = U_{BE2} + U_{BE3} = 1.4V$，此时 VT_1 发射结正偏、集电结反偏，由倒置的放大状态转换为放大状态，使 VT_2 的电流加快，抽走多余的存储电荷而达到截止。VT_2 的迅速截止一方面使 VT_4 的导通加快，另一方面使 VT_3 的截止加快，从而加快了状态转换。VD_1 是输入端钳位二极管，它既可以抑制输入端可能出现的负极性干扰脉冲，又可以防止输入电压为负时 VT_1 的发射极电流过大，起到保护作用。

输出级的特点是：在稳定的状态下，VT_3、VT_4 总有一个导通、一个截止，这就有效地降低了静态功耗并提高了带负载能力。当输出为低电平时，VT_4 截止、VT_3 饱和，其饱和电流全部用来驱动负载。当输出为高电平时，VT_3 截止，由 VT_4 组成的电压跟随器的输出电阻很小，因此带负载能力也较强。通常将这种形式的电路称为推拉式(Push-Pull)电路或图腾柱(Totem-Pole)输出电路。

2.3.2 TTL 非门的外部特性与主要参数

1. 电压传输特性

TTL 非门的电压传输特性曲线是指其输出电压 u_O 随输入电压 u_I 变化所得到的曲线，反映了输入与输出的逻辑关系。图 2.11 所示为图 2.10 所示的 TTL 非门的电压传输特性曲线。

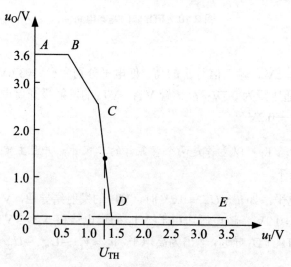

图 2.11 TTL 非门的电压传输特性曲线

由图可见，传输特性曲线由 AB、BC、CD、DE 四条线段组成。

AB 段：此时输入电压 u_I 很低（$u_I < 0.6V$），VT_1 的发射结导通，VT_1 的基极电位 $u_{B1} < 1.3V$。该电压使 VT_2、VT_3 截止，VT_4、VD_2 导通，输出 $u_O \approx 3.6V$ 为高电平。AB 段称为截止区。

BC 段：当输入电压 $0.6V \leqslant u_I < 1.3V$ 时，$u_{B1} \geqslant 1.3V$，VT_2 开始导通，进入放大区。此时 VT_3 仍然截止，VT_2 的集电极电流 i_{C2} 随 u_I 的增加而增加，R_2 上压降增大，u_{C2} 和 u_O 线性下降，所以 BC 段称为线性区。

CD 段：当输入电压 $1.3V \leqslant u_I < 1.4V$ 时，$u_{B1} \geqslant 2V$，VT_3 开始导通，此时 VT_2、VT_3 工作在放大区，u_I 的微小增加会引起 u_O 的急剧下降，并迅速变为低电平。因此 CD 段称为转折区。转折区的中点对应的输入电压称为阈值电压或门槛电压，用 U_{TH} 表示。

DE 段：当输入电压 $u_I \geqslant 1.4V$ 时，$u_{B1} = 2.1V$，此时 VT_2、VT_3 工作在饱和区，输出 u_O 保持低电平，$u_O \approx U_{CES3} = 0.2V$。DE 段称为饱和区。

从电压传输特性曲线上可以得出 TTL 逻辑门的主要参数如下。

1) 输出高电平 U_{OH}

U_{OH} 是指输入为低电平时的输出高电平值。图 2.11 所示的 U_{OH} 为 3.6V。实际上 U_{OH} 是一个电压范围，根据不同种类的 TTL 器件，其特性各不相同。性能较好的器件空载时为 4V 左右，手册中给出的是在最坏的测试条件下，不影响正常的逻辑关系的输出高电平的最小值，用 $U_{OH(min)}$ 表示。74LS04 的 $U_{OH(min)} \approx 2.7V$。

2) 输出低电平 U_{OL}

U_{OL} 是指输入为高电平时的输出低电平值。图 2.11 所示的 U_{OL} 为 0.2V，同理，U_{OL} 也是一个电压范围，手册中给出的是不影响正常的逻辑关系的输出低电平的最大值，用 $U_{OL(max)}$ 表示。74LS04 的 $U_{OL(max)} \approx 0.5V$。

3) 输入高电平 U_{IH}

输入高电平 U_{IH} 是一个电压范围，手册中给出的是输入高电平的最小值 $U_{IH(min)}$，当输入电压大于 $U_{IH(min)}$ 时，输出的逻辑电平即为低电平。74LS04 的 $U_{IH(min)} \approx 2.0V$。

4) 输入低电平 U_{IL}

输入低电平 U_{IL} 也是一个电压范围，手册中给出的是输入低电平的最大值 $U_{IL(max)}$，当输入电压小于 $U_{IL(max)}$ 时，输出的逻辑电平即为高电平。74LS04 的 $U_{IL(max)} \approx 0.8V$。

5) 噪声容限

噪声容限是指在保证输出信号的高、低电平不变时，输入信号允许一定的容差，它反映了门电路的抗干扰能力。从电压传输特性曲线上可以看出，当输入信号偏离低电平而上升时，输出高电平并不立即下降；当输入信号偏离高电平而下降时，输出低电平也并不立即上升。因此，只要噪声电压的幅度不超过允许的界限，就不会影响电路的输出状态。

以 TTL 门的 74LS04 为例，图 2.12 给出了噪声容限的计算方法。因为在许多门电路相互连接组成系统时，前一级驱动门的输出就是后一级负载门的输入。由于输入低电平和高电平的抗干扰能力不同，因此有低电平噪声容限 U_{NL} 和高电平噪声容限 U_{NH} 之分。

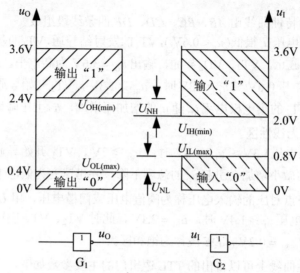

图 2.12 TTL 门 74LS04 的噪声容限示意图

(1) 高电平噪声容限 U_{NH}。由图 2.12 可知,当前一级输出高电平的最小值仍能满足后级输入高电平的最小值时,输入高电平噪声容限为

$$U_{NH} = U_{OH(min)} - U_{IH(min)} \tag{2.4}$$

(2) 低电平噪声容限 U_{NL}。由图 2.12 可知,当前一级输出低电平的最大值仍能满足后一级输入低电平的最大值时,输入低电平噪声容限为

$$U_{NL} = U_{IL(max)} - U_{OL(max)} \tag{2.5}$$

U_{NH} 越大,表示 TTL 门输入高电平时抗负向干扰能力越强;U_{NL} 越大,表示 TTL 门输入低电平时抗正向干扰能力越强。74LS04 的 $U_{NH} = 2.7V - 2.0V = 0.7V$,$U_{NL} = 0.8V - 0.5V = 0.3V$。

2. 输入特性

TTL 非门的输入特性是指输入电压 u_I 与输入电流 i_I 之间的关系。图 2.13 所示为 TTL 非门的输入特性曲线。在此,仅分析输入信号是高电平或低电平的情况,不考虑中间值的情况。

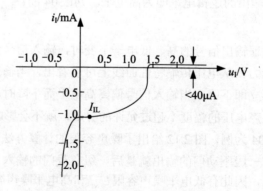

图 2.13 TTL 非门的输入特性曲线

1) 输入低电平电流 I_{IL}

输入低电平电流 I_{IL} 是指当门电路的输入端接低电平时,从门电路输入端流出的电流。I_{IL} 数值比较大,一般是毫安的数量级。假设流入输入端的电流为正,由于实际的输入低电平电流是流出非门的,在曲线上认为是负值。$u_I = 0V$ 时的输入电流称为短路电流 I_{IS}。显然,I_{IS} 比 I_{IL} 略大一些,在做近似计算时经常用手册上的 I_{IS} 近似代替 I_{IL} 使用。

对于图 2.10 所示电路,当输入为低电平 $u_I = U_{IL} = 0.2V$ 时,设流入输入端的电流为正,用 i_I 表示。由前面的分析可知,VT_2、VT_3 截止,此时的输入电流为

$$i_I = I_{IL} = -\frac{V_{CC} - u_{BE1} - U_{IL}}{R_1} = -\frac{5 - 0.7 - 0.2}{4} \approx -1(\text{mA}) \tag{2.6}$$

2) 输入高电平电流 I_{IH}

输入高电平电流 I_{IH} 是指当门电路的输入端接高电平时流入输入端的电流。当输入为高电平 $u_I = U_{IL} = 3.6V$ 时,VT_1 处于倒置的放大状态,晶体管的电流放大系数 β 极小(在 0.01 以下),如果近似认为 $\beta = 0$,此时的输入电流只是 VT_1 发射结的反偏电流,所以输入高电平电流 I_{IH} 很小,一般只有几十微安。74 系列门电路的每个输入端的 I_{IH} 都在 40μA 以下。

3. 输出特性

TTL 非门的输出特性是指输出电压 u_O 与输出电流 i_L 之间的关系。图 2.14 所示为 TTL 非门的输出特性曲线。

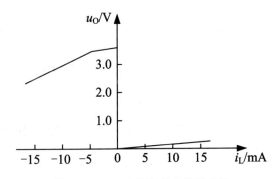

图 2.14 TTL 非门的输出特性曲线

1) 输出低电平电流 I_{OL}

设流入输出端的电流为正,当输出为低电平时,VT_4 截止,VT_3 饱和导通,c-e 间的饱和导通内阻很小,输出低电平电流 I_{OL} 实际上是负载流向非门的灌电流。由图 2.14 可以看出,随着灌电流负载的增加,VT_3 的饱和度会逐渐降低,输出电平也会缓慢提高。输出低电平电流的最大值 $I_{OL(max)}$ 就是非门带灌电流负载的能力。

2) 输出高电平电流 I_{OH}

输出高电平电流 I_{OH} 又称为拉电流,是指从 TTL 非门流向负载的电流。当输出为高电平时,VT_3 截止,VT_4 工作在射极输出状态,电路的输出电阻很小。在负载电流较小的范围内,负载电流的变化对 U_{OH} 影响很小,随着负载电流 i_L 的增加,VT_4 上的压降随之增大,使 VT_4 的集电结变为正偏,进入饱和状态,此时,VT_4 将失去射极跟随的功能,U_{OH} 随 i_L 绝对值的增加几乎线性下降。输出高电平电流的最大值 $I_{OH(max)}$ 就是非门带拉电流负载的能力。

4. 输入负载特性

输入负载特性是指输入电压 u_I 与输入端对地外接电阻 R 之间的变化关系。在实际应用中，有时需要在门电路的输入端与信号的低电平之间接入电阻 R，如图 2.15(a) 所示。

由图可知

$$u_I = \frac{R}{R_1 + R}(V_{CC} - u_{BE1}) \tag{2.7}$$

当 $R=0$ 时，$u_I = 0$，输出为高电平；当 $R = \infty$ 时，输入端为悬空状态，相当于高电平，输出为低电平；当 $R \ll R_1$ 时，u_I 几乎与 R 成正比；但当 u_I 上升到 1.4V 以后，VT_2、VT_3 的发射结同时导通，u_{B1} 钳位在 2.1V 左右，即使 R 再增大，u_I 也不再升高，特性曲线趋近于一条水平线，如图 2.15(b) 所示。

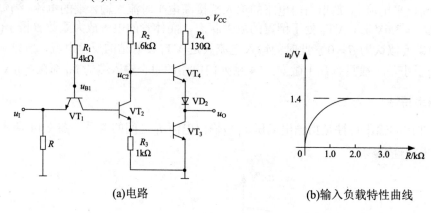

(a) 电路   (b) 输入负载特性曲线

图 2.15 TTL 非门的输入负载特性曲线

5. 输出负载特性

输出负载特性是指 TTL 非门在输出高、低电平驱动同类型门电路时，拉电流、灌电流以及外接负载门的数量。

1) 拉电流工作情况

拉电流即 I_{OH} 是指驱动门输出高电平时，驱动拉电流负载，流向外接负载门的电流，如图 2.16 所示。

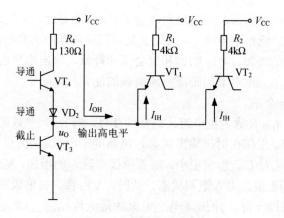

图 2.16 拉电流示意图

当驱动门输出为高电平时,将有电流 I_{OH} 从驱动门拉出,流向各个负载门,故称为拉电流。当外接负载门的数量增多时,拉电流随之增大,R_4 上压降增大,必将引起输出高电压的降低,只要 U_{OH} 不低于允许的高电平最小值 $U_{OH(min)}$,驱动门的正常逻辑功能就不会被破坏。设驱动门输出高电平的最大允许电流为 $I_{OH(max)}$,每个负载门的输入高电平电流为 I_{IH},则驱动门能够驱动的负载门的个数为

$$N_{OH} = \frac{|I_{OH(max)}|}{I_{IH}} \tag{2.8}$$

N_{OH} 又称为输出高电平扇出系数。

2) 灌电流工作情况

灌电流即 I_{OL} 是指驱动门输出低电平时,从负载门流向驱动门的电流,好像向驱动门灌入电流一样,故称为灌电流,如图 2.17 所示。

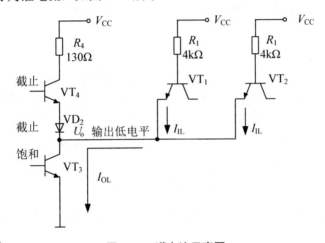

图 2.17 灌电流示意图

当外接负载门的数量增多时,流入 VT_3 的 I_{OL} 随之增大,输出低电平 U_{OL} 会稍有上升,但只要 U_{OL} 不超过允许的低电平最大值 $U_{OL(max)}$,驱动门的正常逻辑功能就不会被破坏。设驱动门输出低电平的最大允许电流为 $I_{OL(max)}$,每个负载门的输入低电平电流为 I_{IL},则驱动门能够驱动的负载门的个数为

$$N_{OL} = \frac{I_{OL(max)}}{|I_{IL}|} \tag{2.9}$$

N_{OL} 又称为输出低电平扇出系数。

注意: 一般情况下,取 N_{OH}、N_{OL} 两者中的较小值作为门电路的扇出系数,用 N_O 表示。对于通常的 TTL 门电路,N_O 约为 10,性能更好的门电路的 N_O 可达 30~50。

6. 动态特性

TTL 非门的动态特性也称为动态传输特性,反映了信号通过逻辑门后产生的传输延迟,用平均传输延迟时间 t_{PD} 描述。t_{PD} 是指输出信号 u_O 的波形相对于输入信号 u_I 的波形在时间上的滞后和延迟,其含义可以通过图 2.18 说明。

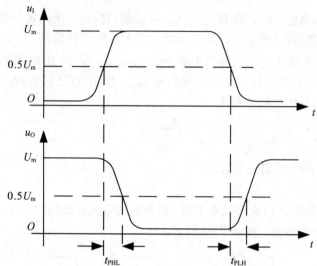

图 2.18　TTL 非门的传输延迟时间

通常把输入信号上升到最大值的 50%到输出信号下降到最大值的 50%之间的时间称为输出由高到低的传输延迟时间，也称为截止延迟时间，用 t_{PHL} 表示；把输入信号下降到最大值的 50%到输出信号上升到最大值的 50%之间的时间称为输出由低到高的传输延迟时间，也称为导通延迟时间，用 t_{PLH} 表示。这两个传输延迟时间的算术平均值就是平均传输延迟时间，即

$$t_{PD} = \frac{t_{PHL} + t_{PLH}}{2} \tag{2.10}$$

t_{PD} 越小，TTL 器件的速度就越高，一般 TTL 逻辑门的平均传输延迟时间在 10ns 左右。

7. 功耗

功耗 P_D 是门电路的重要参数之一，有静态功耗和动态功耗之分。静态功耗是指电路没有发生状态转换时的功耗，即门电路空载时电源总电流 I_{CC} 与电源电压 V_{CC} 的乘积。输出低电平时的功耗为导通功耗 P_{ON}，输出高电平时的功耗为截止功耗 P_{OFF}。动态功耗是指电路发生转换时的功耗，只发生在状态转换的瞬间或电路中有容性负载时。对于 TTL 门电路而言，静态功耗是主要的。

8. 功耗-延时积

理想的数字电路或系统，要求它既具有高速度，又具有低功耗。实际中同时满足这两点并不容易，高速数字电路往往会产生较大的功耗，为此采用一种综合性的指标——功耗-延时积来全面评价门电路的性能。功耗-延时积用 DP 表示，单位为焦耳。DP 越小，电路的综合性能越好。其表达式为

$$DP = t_{PD} \cdot P_D \tag{2.11}$$

TTL 集成电路的规格、品种非常多，各种 TTL 集成电路的具体参数可以通过集成电路手册查询，一些常见的 TTL 电路的性能参数如表 2.4 所示。

表2.4 常见TTL电路的性能参数

参数名称 \ TTL电路型号	74系列	74LS系列	74ALS系列
电源电压/V		4.75~5.25	
输出高电平最小值 $U_{OH(min)}$/V	2.4	2.7	2.7
输出低电平最大值 $U_{OL(max)}$/V	0.4	0.5	0.5
输入高电平最小值 $U_{IH(min)}$/V	2.0	2.0	2.0
输入低电平最大值 $U_{IL(max)}$/V	0.8	0.8	0.8
低电平噪声容限 U_{NL}/V	0.4	0.3	0.3
高电平噪声容限 U_{NH}/V	0.4	0.7	0.7
输入低电平电流最大值 $I_{IL(max)}$/mA	−1.6	−0.4	−0.2
输入高电平电流最大值 $I_{IH(max)}$/mA	0.04	0.02	0.02
输出低电平电流最大值 $I_{OL(max)}$/mA	16	8	8
输出高电平电流最大值 $I_{OH(max)}$/mA	−0.4	−0.4	−0.4
平均传输延迟时间 t_{PD}/ns	10	9	4
功耗 P_D/mW	10	2	1.2
最高工作频率/MHz	35	45	80

【例2.1】试计算74LS系列TTL门带同类门时的扇出系数。

解：由表2.4查得74LS系列的参数为 $I_{OL(max)} = 8\text{mA}$，$I_{OH(max)} = -0.4\text{mA}$，$I_{IL(max)} = -0.4\text{mA}$，$I_{IH(max)} = 0.02\text{mA}$。数据前的负号表示电流的流向，对于灌电流取负号，计算时只取绝对值。

输出高电平扇出系数为

$$N_{OH} = \frac{|I_{OH(max)}|}{I_{IH}} = \frac{0.4}{0.02} = 20$$

输出低电平扇出系数为

$$N_{OL} = \frac{I_{OL(max)}}{|I_{IL}|} = \frac{8}{0.4} = 20$$

由以上两种情况可知，74LS系列可以驱动同类型反相器的最大数量是20个。

2.3.3 其他类型的TTL门电路

1. 其他逻辑功能的TTL门电路

TTL门电路除非门外，还有与非门、或非门、与或非门、异或门等多种类型。

1) TTL与非门电路

与非门是应用最广泛的逻辑门电路之一，TTL与非门的典型电路与逻辑符号如图2.19所示。它跟非门电路的主要区别在于晶体管VT₁采用的是多发射极晶体管。输入A、B只要有一个接低电平 U_{IL}(0.2V)，VT₁的基极电位便被钳制在0.9V，使VT₂、VT₃截止，输出Y为高电平；只有A、B同时为高电平时，才使VT₂、VT₃饱和导通，VT₄可靠截止，输出Y为低电平。因此，输入与输出满足与非的逻辑关系，即 $Y = \overline{A \cdot B}$。

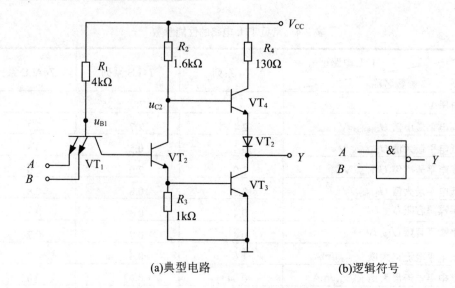

(a)典型电路　　　　　　　　(b)逻辑符号

图 2.19　TTL 与非门的典型电路与逻辑符号

图 2.20 所示为两种 TTL 与非门芯片的外引脚排列图。其中，CT74LS00 是二输入的与非门，CT74LS20 是四输入的与非门，一片集成电路内的各个逻辑门之间相互独立，可以单独使用，但共用一根电源线和一根地线。

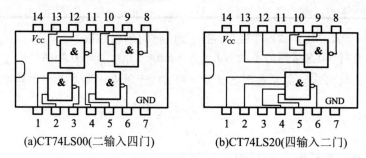

(a)CT74LS00(二输入四门)　　　　(b)CT74LS20(四输入二门)

图 2.20　TTL 与非门芯片的外引脚排列图

在不同子系列的 TTL 数字集成电路器件中，如果芯片型号后几位数字相同，则通常它们的逻辑功能、外形尺寸、引脚排列都相同。如 CT7400、CT74LS00、CT74ALS00 等都是四-二输入的与非门，外引脚排列相同，都为 14 根，只不过它们的平均传输延迟时间和平均功耗不同。虽然各种电路的逻辑功能各不相同，但它们的外部电气特性与前面分析的非门电路基本相同，这里不再赘述。

2) TTL 或非门电路

TTL 或非门的典型电路与逻辑符号如图 2.21 所示。图中，VT_1'、R_1'、VT_2' 组成的电路与 VT_1、R_1、VT_2 的连接方式一样，且 VT_2' 和 VT_2 的集电极和发射极分别相连。

当输入 A 为高电平时，VT_2、VT_3 饱和导通，VT_4 截止，输出 Y 为低电平；当输入 B 为高电平时，VT_2'、VT_3 饱和导通，VT_4 截止，输出 Y 为低电平；只有 A、B 同时为低电平时，才使 VT_2、VT_2' 同时截止，VT_3 截止而 VT_4 导通，输出 Y 为高电平。因此，输入与输出满足或非的逻辑关系，即 $Y = \overline{A+B}$。

第 2 章 逻辑门电路

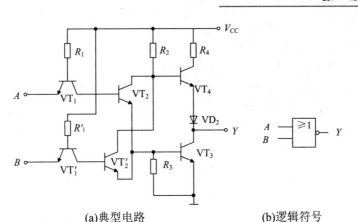

(a)典型电路　　　　　　　(b)逻辑符号

图 2.21　TTL 或非门的典型电路与逻辑符号

3) TTL 与或非门电路

将图 2.21(a)所示电路中的 VT_1、VT_1' 改为多发射极晶体管，便得到了 TTL 与或非门的典型电路，如图 2.22(a)所示。其逻辑符号如图 2.22(b)所示。

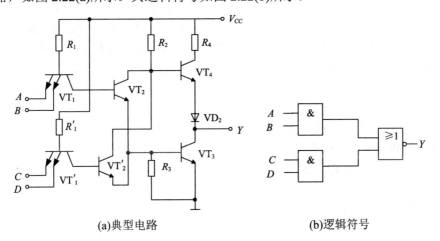

(a)典型电路　　　　　　　(b)逻辑符号

图 2.22　TTL 与或非门的典型电路与逻辑符号

由图 2.22(a)可见，当 A、B 同时为高电平时，VT_2、VT_3 饱和导通，VT_4 截止，输出 Y 为低电平；当输入 C、D 同时为高电平时，VT_2'、VT_3 饱和导通，VT_4 截止，输出 Y 为低电平；只有 A、B 和 C、D 两组的输入都不同时为高电平时，才使 VT_2、VT_2' 同时截止，VT_3 截止而 VT_4 导通，输出 Y 为高电平。因此，输入与输出满足与或非的逻辑关系，即 $Y = \overline{AB + CD}$。

4) TTL 异或门电路

TTL 异或门的典型电路与逻辑符号如图 2.23 所示。当 A、B 同时为高电平时，VT_6、VT_9 饱和导通，VT_8 截止，输出 Y 为低电平；当 A、B 同时为低电平时，VT_4、VT_5 同时截止，VT_7、VT_9 饱和导通，输出 Y 也为低电平。当 A、B 的状态不一样时，A、B 中必有一个低电平使 VT_1 导通，VT_6 截止；A、B 中必有一个高电平使 VT_4、VT_5 中有一个导通，VT_7 截止，VT_6、VT_7 截止进而使 VT_8 导通，输出 Y 为高电平。因此，输入与输出满足异或的逻辑关系，即 $Y = A \oplus B$。

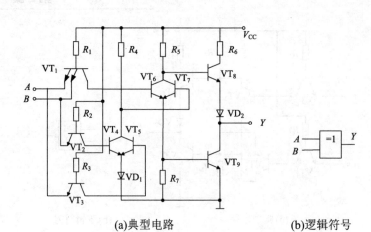

(a)典型电路　　　　　(b)逻辑符号

图 2.23　TTL 异或门的典型电路与逻辑符号

2. 集电极开路的门电路(OC 门)

前面讨论的 TTL 门电路都采用了推拉式输出的电路结构，该结构虽然具有低输出电阻的优点，但在实际应用中有一定的局限性。首先，不能把它们的输出端并联接成"线与"结构。由图 2.24 可见，若是把两个输出端连接在一起，一旦一个门的输出是高电平而另一个门的输出是低电平，两个门各自的 VT_4、VT_3 就形成了低阻通路，输出端必然有很大的负载电流同时流过这两个门的输出级。这个电流数值远大于正常工作电流，可能使门电路损坏。其次，在推拉式输出级的门电路中，电源 V_{CC} 一旦确定，输出高电平便随之固定了，不能满足驱动较大电流及较高电压负载的要求。

如果将输出级改成集电极开路的晶体管结构，就可以克服上述门电路的局限性。集电极开路输出的门电路，简称 OC 门。图 2.25 所示为 OC 与非门的典型电路与逻辑符号，用门电路符号内的菱形记号表示 OC 输出结构，菱形下方的横线表示输出低电平时为低输出电阻。

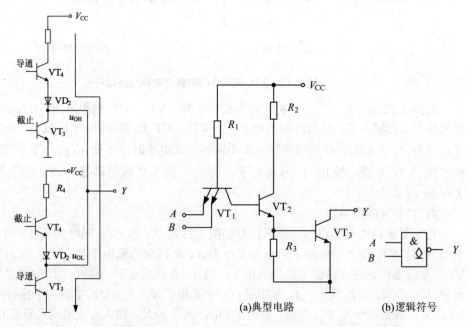

(a)典型电路　　　　　(b)逻辑符号

图 2.24　输出端直接并联的 TTL 门电路内部结构　　图 2.25　OC 与非门的典型电路与逻辑符号

1) OC 门并联后的逻辑功能

图 2.26 所示为两个 OC 与非门的并联。

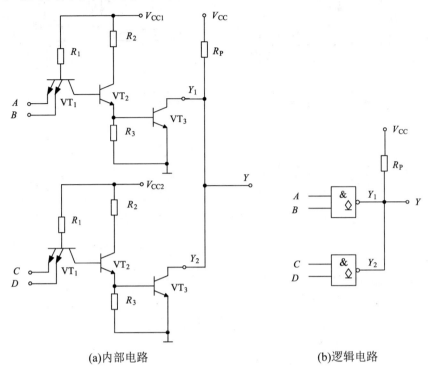

(a) 内部电路　　　　　　　　(b) 逻辑电路

图 2.26　两个 OC 与非门的并联

当 Y_1、Y_2 都是低电平时，输出 Y 也是低电平；当 Y_1、Y_2 一个是低电平，另一个是高电平时，两个并联的 VT_3 晶体管一个饱和导通，另一个截止，输出仍然是低电平；只有当 Y_1、Y_2 都是高电平时，两个并联的 VT_3 晶体管都截止，输出才是高电平。因此，输出 Y 和 Y_1 及 Y_2 是"与"的逻辑关系，即 $Y = Y_1 \cdot Y_2$。

这种与逻辑是通过输出端直接相连获得的，一般称为"线与"逻辑。线与逻辑是 OC 门的一个重要应用。并且，由于

$$Y = Y_1 \cdot Y_2 = \overline{AB} \cdot \overline{CD} = \overline{AB + CD}$$

所以两个 OC 与非门并联后的输入、输出逻辑关系是"与或非"关系，两个 OC 与非门并联后得到一个与或非门电路。

2) 上拉电阻的计算

OC 门在工作时必须将输出端经过上拉电阻 R_P 接到电源上，R_P 的选择要考虑多种因素，既要保证输出的高电平不低于规定的 $U_{OH(min)}$，又要保证输出的低电平不高于规定的 $U_{OL(max)}$，还要考虑 OC 门的开关速度、功耗等原则，上拉电阻的阻值一般在 1～10kΩ 之间。

下面讨论一下当 n 个 OC 门的输出端直接并联，并接有 m 个其他门电路作为负载时上拉电阻的计算，如图 2.27 所示。

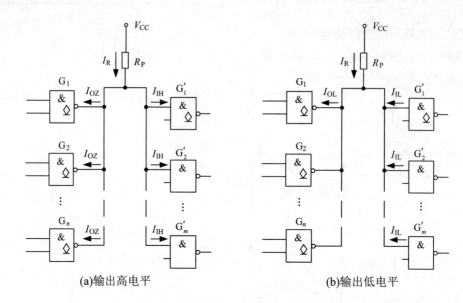

(a)输出高电平　　　　　　　　　(b)输出低电平

图 2.27　OC 门上拉电阻的计算

当 n 个 OC 门的输出均为高电平时,如图 2.27(a)所示,上拉电阻 R_P 的选择应保证输出高电平不低于 $U_{OH(min)}$,即

$$V_{CC} - I_R R_P \geqslant U_{OH(min)} \tag{2.12}$$

电阻 R_P 上的电流 I_R 由两部分构成:流入负载门的高电平输入电流 I_{IH} 和流入 OC 门的漏电流 I_{OZ},即

$$I_R = n \times I_{OZ} + m I_{IH} \tag{2.13}$$

💡 **注意:** 这里的 I_{OZ} 不是一般意义下的高电平输出电流,而是在集电极开路条件下输出高电平时流过晶体管 VT_3 的漏电流 I_{OZ}。m 为负载非门的个数或其他负载门的输入支路数。

将式(2.13)代入式(2.12)可以求得 R_P 允许的最大值 $R_{P(max)}$ 为

$$R_{P(max)} = \frac{V_{CC} - U_{OH(min)}}{n I_{OZ} + m I_{IH}} \tag{2.14}$$

在输出低电平的情况下,最坏的情况是只有一个 OC 门处于导通状态而其他 OC 门都截止,如图 2.27(b)所示,所有的负载电流都流向一个 OC 门。上拉电阻的选择应保证输出的低电平不高于 $U_{OL(max)}$,即

$$V_{CC} - I_R R_P \leqslant U_{OL(max)} \tag{2.15}$$

此时的 I_R 为

$$I_R = I_{OL} - m|I_{IL}| \tag{2.16}$$

将式(2.16)代入式(2.15)可以求得 R_P 允许的最小值 $R_{P(min)}$,即

$$R_{P(min)} = \frac{V_{CC} - U_{OL(max)}}{I_{OL} - m|I_{IL}|} \tag{2.17}$$

根据 $R_{P(min)}$ 和 $R_{P(max)}$ 选取上拉电阻 R_P,即 $R_{P(min)} \leqslant R_P \leqslant R_{P(max)}$,其中 R_P 应符合电阻阻值标准。

【例 2.2】设 TTL 与非门 74LS01(OC)驱动 8 个 74LS04(反相器)，已知 $V_{CC} = 5V$，OC 门输出管截止时的漏电流 $I_{OZ} = 0.2mA$，试确定一合适大小的上拉电阻 R_P。

解： 由表 2.4 查得 74LS 系列的参数为：$U_{OL(max)} = 0.5V$，$I_{OL(max)} = 8mA$，$I_{IL(max)} = -0.4mA$，$I_{IH(max)} = 0.02mA$，$U_{OH(min)} = 2.7V$，则由式(2.14)和式(2.17)可得

$$R_{P(min)} = \frac{V_{CC} - U_{OL(max)}}{I_{OL} - m|I_{IL}|} = \frac{5 - 0.5}{8 - 8 \times 0.4} \approx 938(\Omega)$$

$$R_{P(max)} = \frac{V_{CC} - U_{OH(min)}}{I_{OZ} + mI_{IH}} = \frac{5 - 2.7}{0.2 + 8 \times 0.02} \approx 6.39(k\Omega)$$

根据上述计算，R_P 的值可在 938Ω 和 6.39kΩ 之间选择。为使电路有较快的开关速度，可选用 1kΩ 的电阻。

3) OC 的主要应用

(1) 实现"线与"功能。一般的 TTL 门电路不允许输出端直接接在一起，若将几个 OC 门的输出端连接一个上拉电阻 R_P，再接到电源 V_{CC}，则可实现"线与"功能，如图 2.26 所示。

(2) 实现电平转换。在数字系统的接口部分需要电平转换时，常常使用 OC 门实现。如图 2.28 所示，如果要把电路的输出高电平转换为 12V，则可将外接的上拉电阻接到 12V 的电源上，这样 OC 门输入端电平与普通 TTL 门电路一致，而输出高电平为 12V，实现了电平转换。

(3) 用作驱动器。可以用 OC 门直接驱动发光二极管、指示灯、继电器等器件。图 2.29 所示为用 OC 门驱动发光二极管的电路。设 $V_{DD} = 5V$，当 OC 门输出为高电平时，发光二极管截止，不亮；当 OC 门输出为低电平时，发光二极管导通，发光。

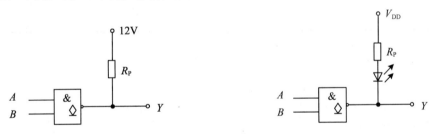

图 2.28 电平转换电路　　　　图 2.29 用 OC 门驱动发光二极管

3. 三态门电路

输出端可以线与连接的集成电路除了 OC 门外，还有一种三态门(Tristate Logic，TSL)。它的输出除了一般门的两种状态，即高、低电平外，还具有高输出阻抗的第三状态，称为高阻态。

1) 三态门的工作原理

图 2.30 所示为使能端高电平有效的三态与非门电路与逻辑符号。与非门除了逻辑输入 A、B 外，还有一个输入端 EN。EN 一般称为使能端。

当输入 EN 为高电平时，二极管 VD_1 处于截止状态，其余电路正常工作，与一般的 TTL 与非门一样，输出 $Y = \overline{A \cdot B}$。当输入 EN 为低电平(0.2V)时，VT_1 的基极电位被钳制在 0.9V，使 VT_2、VT_3 截止。同时，二极管 VD_1 导通，使得晶体管 VT_2 集电极的电位钳制到 0.9V，

该电位不能使 VT_4、VD_2 导通。此时，与输出端连接的 VT_3 和 VT_4 都处于截止状态，门的输出端 Y 出现开路，既不是高电平，又不是低电平，处于高阻状态，这就是第三个状态。其真值表如表 2.5 所示。

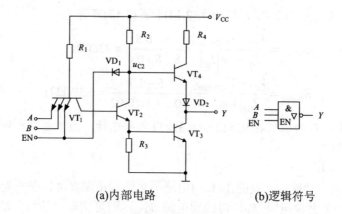

(a)内部电路　　　　　　(b)逻辑符号

图 2.30　使能端高电平有效的三态与非门

表 2.5　图 2.30 所示的三态门的真值表

使能端	输入端		输出端
EN	A	B	Y
1	0	0	1
	0	1	1
	1	0	1
	1	1	0
0	×	×	高阻

【知识拓展】

使能端有两种选择：高电平使能 EN 和低电平使能 $\overline{\text{EN}}$，在实际电路中都经常使用。图 2.31 所示为使能端低电平有效的三态与非门电路与逻辑符号，其真值表如表 2.6 所示。工作原理类似，不再赘述。

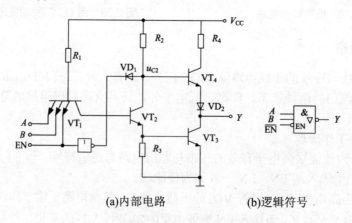

(a)内部电路　　　　　　(b)逻辑符号

图 2.31　使能端低电平有效的三态与非门

表 2.6　图 2.31 所示的三态门的真值表

使能端	输入端		输出端
$\overline{EN}$	A	B	Y
0	0	0	1
0	0	1	1
0	1	0	1
0	1	1	0
1	×	×	高阻

2) 三态门的应用

三态门最重要的一个应用就是可以用一根导线轮流传送几个不同的数据或控制信号，普遍使用在计算机总线系统中。图 2.32(a)所示为单向总线数据传输示意图，只要使得三态门的各个控制端 EN_1、EN_2、EN_3 轮流处于高电平，即任何时刻只有一个三态门处于工作状态，其余三态门均处于高阻状态，总线就会轮流接受各三态门的输出，从而保证了输出信号不会相互产生干扰。

图 2.32(b)所示为双向数据传输示意图，当 EN＝1 时，三态门 G_1 工作，G_2 输出为高阻，数据 D_0 经 G_1 反相传送到总线上；当 EN＝0 时，G_1 输出为高阻，G_2 工作，总线上的数据 D_1 经 G_2 反相输出。

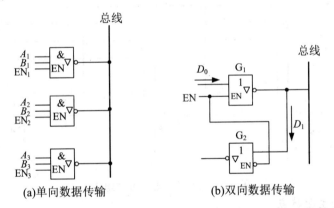

图 2.32　三态门的应用

【知识拓展】

I^2L 门电路

I^2L 电路又称集成注入逻辑门电路，是 20 世纪 70 年代研制成功的一种电路，它具备电路结构简单、功耗低等特点，特别适用于制成大规模集成电路。

1. I^2L 电路的结构和工作原理

图 2.33 所示为 I^2L 电路的基本逻辑单元，它是由一只多集电极 NPN 晶体管构成的反相器，反相器的偏置电流由一只 PNP 型的晶体管提供。VT_1 为共基极接法，工作在恒流状态，电源 V_{EE} 通过 VT_1 的集电极向 VT_2 的基极注入电流，故称为注入逻辑电路。

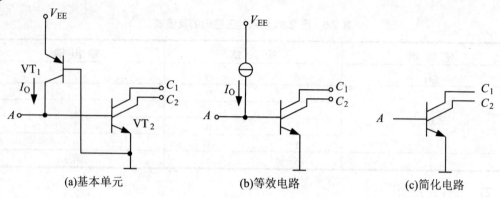

(a)基本单元　　　　　(b)等效电路　　　　　(c)简化电路

图 2.33　I^2L 电路的基本逻辑单元

当输入 A 为低电平时，VT_2 截止，电流 I_O 从输入端 A 流出，输出 C_1、C_2 为高电平；当输入 A 为高电平时，电流 I_O 流入 VT_2 的基极，VT_2 饱和导通，输出 C_1、C_2 为低电平。可见，任何一个输出端与输入端之间都是反相的逻辑关系。

I^2L 电路的这种多集电极输出的结构在构成复杂的逻辑电路时十分方便，可以通过"线与"方式把几个门的输出端并联，以获得所需要的逻辑功能。图 2.34 给出了 I^2L 电路的或、非、或非逻辑功能。

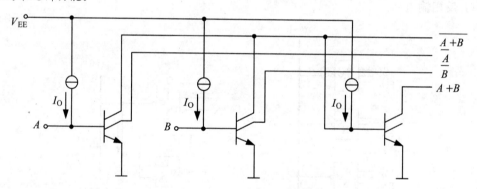

图 2.34　I^2L 或、非、或非电路

2. I^2L 电路的主要特点

(1) 电路结构简单。I^2L 电路的基本单元仅包含一个 NPN 晶体管和 PNP 晶体管，没有电阻元件，各逻辑单元之间无须设置隔离，这样既节省了芯片的面积，又降低了功耗，它的集成度可达 500 门/mm² 以上。

(2) 工作电压低、工作电流小。由图 2.33(a)可知，只要输入电压大于 VT_1 的饱和导通压降 U_{CES} 和 VT_2 的发射结导通压降 U_{BE} 之和(0.1V + 0.7V)，电路就可以正常工作，并且每个逻辑单元可在微电流下工作，工作电流可小于 1nA，因此电路的功耗极低。

(3) 抗干扰能力弱。I^2L 电路的输出信号幅度比较小，通常在 0.6V 左右，所以噪声容限低，抗干扰能力差。

(4) 开关速度较慢。I^2L 电路属于饱和型逻辑电路，这限制了它的开关速度，I^2L 门电路的平均延迟时间 t_{PD} 为 20～50ns。

I^2L 电路目前主要用于制作大规模集成电路的内部逻辑电路，很少用来制作中、小规模集成电路产品。

2.4 CMOS 逻辑门电路

MOS 集成电路是继 TTL 电路之后开发出来的数字集成电路，其功耗和抗干扰能力远优于 TTL，因此 MOS 电路便逐渐取代 TTL 电路广泛应用于大规模和超大规模集成电路中。MOS 集成电路按照器件结构的不同形式，可以分为 NMOS、PMOS 和 CMOS 三种逻辑门电路。随着制造工艺的不断改进，CMOS 集成电路已经成为占主导地位的逻辑器件，得到越来越广泛的应用。

2.4.1 MOS 管的开关特性

在模拟电子技术课程中，我们知道绝缘栅型场效应管又称为金属-氧化物-半导体场效应管，简称为 MOS 管，按照结构不同有 N 沟道和 P 沟道两种类型，每种类型又有增强型和耗尽型之分。因此 MOS 管可以分为四种类型：N 沟道增强型 MOS 管、P 沟道增强型 MOS 管、N 沟道耗尽型 MOS 管、P 沟道耗尽型 MOS 管。在数字电路中多采用增强型 MOS 管，下面以 N 沟道增强型 MOS 管为例分析 MOS 管的开关特性。

1. MOS 管静态开关特性

图 2.35 所示为 N 沟道增强型 MOS 管构成的开关电路和输出特性曲线，其中斜线为直流负载线，$U_{GS(th)}$ 为开启电压。

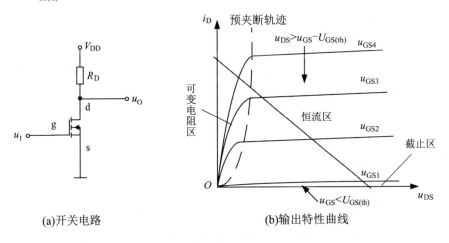

(a) 开关电路　　　　　　　　(b) 输出特性曲线

图 2.35　MOS 管的开关电路和输出特性曲线

当输入电压 $u_I < U_{GS(th)}$ 时，MOS 管处于截止状态，$i_D = 0$，输出电压 $u_O = V_{DD}$ 为高电平。此时器件不损耗功率。

当 $u_I > U_{GS(th)}$ 且 u_{DS} 较高，使 $u_{DS} > u_{GS} - U_{GS(th)}$ 时，MOS 管工作在恒流区。随着 u_I 的增大，i_D 增大，u_{DS} 即 u_O 随之下降。当 u_I 继续升高，使 MOS 管进入到可变电阻区时，由输出特性曲线可以看到，d、s 之间可近似等效为受 u_{GS} 控制的可变电阻 R_{ON}。u_{GS} 越大，输出特性曲线越倾斜，等效电阻越小(通常在 1kΩ 以内，有的甚至可以小于 10Ω)，只要 $R_D \gg R_{ON}$，则开关电路的输出端将为低电平，且 $u_O \approx 0$。图 2.36 所示为 MOS 管的开关等效电路。

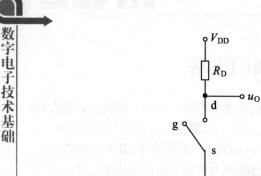
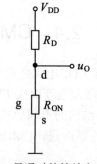

(a)截止时的等效电路　　(b)导通时的等效电路

图 2.36　MOS 管的开关等效电路

综上所述，只要电路参数选择合理，就可以做到输入为低电平时 MOS 管截止，开关电路输出为高电平；输入为高电平时 MOS 管导通，开关电路输出为低电平。

2．MOS 管动态开关特性

在动态情况下，当 MOS 管的输入端加入一个理想的脉冲波形，使其在导通和闭合两种状态之间转换时，如图 2.37 所示，MOS 管不可避免地受到栅漏电容 C_{gd}、栅极和衬底间的电容 C_{gb}、漏极和衬底间的电容 C_{db} 等充、放电过程的影响，输出电压的上升沿和下降沿都变得缓慢，并且输出电压的变化滞后于输入电压的变化。

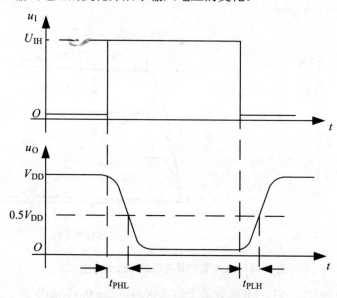

图 2.37　MOS 管动态开关特性

2.4.2　CMOS 非门的基本电路

由 N 沟道和 P 沟道两种 MOS 管组成的电路称为互补 MOS 电路或 CMOS 电路。CMOS 反相器是构成 CMOS 集成门电路的基本单元，下面着重分析 CMOS 非门的电路结构和工作原理。

1. 电路结构

CMOS 非门的基本电路结构如图 2.38 所示，它由一个 N 沟道增强型 MOS 管 VT_N 和一个 P 沟道增强型 MOS 管 VT_P 串联组成，两管的电气特性完全对称。两管的栅极连在一起作为输入端，两管的漏极连在一起作为输出端，其中 VT_N 为驱动管，VT_P 为负载管。为了使电路正常工作，要求电源电压 V_{DD} 大于两只 MOS 管开启电压的绝对值之和，即 $V_{DD} > |U_{GS(th)P}| + |U_{GS(th)N}|$。

2. 工作原理

当输入为低电平 $u_I = 0$ 时，VT_N 截止，内阻很高，VT_P 导通，工作在可变电阻区，导通内阻很低(通常在 $1k\Omega$ 以内)，因此输出为高电平，$u_O \approx V_{DD}$；当输入为高电平 $u_I = U_{OH} = V_{DD}$ 时，VT_N 导通，VT_P 截止，输出为低电平，$u_O \approx 0$。可见，无论输入是高电平还是低电平，

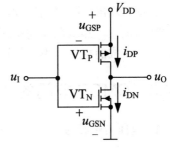

图 2.38 CMOS 非门的基本电路结构

MOS 管总有一个导通，另一个截止，即处于互补状态，所以把这种电路结构称为互补对称式金属-氧化物-半导体电路(Complementary-Symmetry Metal-Oxide-Semiconductor Circuit)，简称 CMOS 电路。

在静态条件下，无论输入是高电平还是低电平，VT_N、VT_P 管总有一个导通，另一个截止，并且截止内阻极高，流过管子的静态电流极小，因而 CMOS 非门的静态功耗极小，在常温下只有几个微瓦，这是 CMOS 电路与 TTL 电路相比最突出的一个优点。在状态转换过程中，CMOS 非门的瞬时电流会很大，产生动态功耗，动态功耗的大小与工作电压、输入电压变化的频率、负载电容的大小等因素有关。

3. 输入保护电路

CMOS 门电路的输入端是 MOS 管的栅极，在栅极与衬底之间存在着以 SiO_2 为介质的绝缘层，绝缘层很薄(小于 $0.1\mu m$)，极易被击穿(耐压约 100V)。CMOS 集成电路在存储、运输、组装和调试过程中，难免会接触到某些带高压静电的物体，所以必须采取保护措施。图 2.39 所示为 CMOS 反相器输入保护电路。

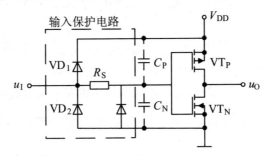

图 2.39 CMOS 反相器输入保护电路

图中，C_N、C_P 分别表示 VT_N、VT_P 的栅极等效电容；VD_1 和 VD_2 都是双极型二极管，其正向导通压降 $U_{DF}=0.5\sim 0.7V$。其中，VD_2 是在输入端的 N 型扩散电阻区和 P 型衬底间自然形成的，是分布式二极管结构。这种分布式二极管结构可以通过较大的电流，使输入

引脚上的静电荷得以释放,从而保护 MOS 管的栅极绝缘层。

在输入信号的正常范围内($0 \leqslant u_I \leqslant V_{DD}$),保护电路不起作用。当 $u_I > V_{DD} + U_{DF}$ 时,VD_1 导通,将 VT_N、VT_P 的栅极电位 u_G 钳制在 $V_{DD} + U_{DF}$;当 $u_I < -0.7V$ 时,VD_2 导通,将 VT_N、VT_P 的栅极电位 u_G 钳制在 $-U_{DF}$,从而保证了加到栅极上的电压在 $-U_{DF} \sim V_{DD} + U_{DF}$ 之间,不超过允许的耐压极限。

在输入端出现瞬时的过冲电压,使 VD_1、VD_2 击穿的情况下,只要击穿电流不过大且持续时间很短,那么在反向击穿电压消失后 VD_1、VD_2 仍能正常工作。另外,为了防止由静电电压造成的损坏,不用的输入端不应悬空。

2.4.3 CMOS 非门的外部特性与主要参数

1. 电压传输特性

CMOS 非门的电压传输特性曲线是指其输出电压 u_O 随输入电压 u_I 变化所得到的曲线,如图 2.40 所示。

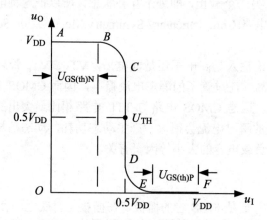

图 2.40 CMOS 非门的电压传输特性曲线

由图可见,电压传输特性曲线由 AB、BC、CD、DE、EF 五条线段组成。

AB 段:$u_I < U_{GS(th)N}$,VT_N 截止,$|u_{GSP}| = V_{DD} - u_I > |U_{GS(th)P}|$,$VT_P$ 导通,输出为高电平,$u_O \approx V_{DD}$。

BC 段:$u_I > U_{GS(th)N}$,VT_N 导通,$|u_{GSP}| = V_{DD} - u_I > |U_{GS(th)P}|$,$VT_P$ 也导通。由于 u_I 不够大,VT_N 的沟道电阻远大于 VT_P 的沟道电阻,输出电压开始下降。

CD 段:u_I 继续增大,VT_N、VT_P 的沟道电阻的比值发生显著变化,引起输出电压急剧下降。当 $u_I = \frac{1}{2}V_{DD}$ 时,如果 VT_N、VT_P 的参数完全对称,VT_N、VT_P 的沟道电阻相等,$u_O = \frac{1}{2}V_{DD}$,即工作于电压传输特性转折区的中点。此时对应的输入电压称为非门的阈值电压,用 U_{TH} 表示。

DE 段:由于 u_I 比较大,VT_N 的沟道电阻远小于 VT_P 的沟道电阻,输出电压进一步下降。

EF 段：$u_I > U_{GS(th)N}$，VT_N 导通，$|u_{GSP}| = V_{DD} - u_I < |U_{GS(th)P}|$，$VT_P$ 截止，输出为低电平，$u_O \approx 0$。

从电压传输特性曲线上可以看出，CMOS 反相器在转折区的变化率很大，更接近于理想的开关特性，并且其阈值电压 $U_{TH} = \frac{1}{2}V_{DD}$ 较高，抗干扰能力很强。

2. 电流传输特性

CMOS 非门的电流传输特性曲线是指漏极电流 i_D 随输入电压 u_I 变化所得到的曲线，如图 2.41 所示。

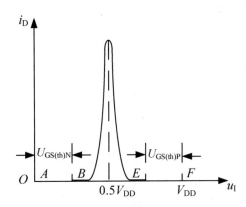

图 2.41 CMOS 非门的电流传输特性曲线

由图可见，电流传输特性曲线可以分成三个工作区：在 AB 段和 EF 段，由于 VT_N、VT_P 管总有一个导通，另一个截止，并且截止内阻极高，漏极电流 i_D 几乎为零；在 BE 段，由于两管 VT_N、VT_P 同时导通，有电流 i_D 流过 VT_N 和 VT_P，并且在 $u_I = U_{TH} = \frac{1}{2}V_{DD}$ 时两管沟道电阻之和最小，漏极电流达到最大值。因此，使用时应避免使两管长时间工作在此区域（$U_{GS(th)N} < u_I < V_{DD} - |U_{GS(th)P}|$），以防止器件因功耗过大而损坏。

3. 输入端噪声容限

从电压传输特性曲线上可以看出，当输入信号偏离低电平而上升时，输出高电平并不立即下降；当输入信号偏离高电平而下降时，输出低电平也并不立即上升。因此，和 TTL 反相器类似，CMOS 反相器也存在一个允许的噪声容限，即在保证输入信号的高、低电平不变的条件下，允许输入信号的高、低电平在一定的范围内波动。

CMOS 反相器噪声容限的计算方法也和 TTL 反相器一样。由式(2.4)和式(2.5)可知：
输入高电平噪声容限为
$$U_{NH} = U_{OH(min)} - U_{IH(min)}$$
输入低电平噪声容限为
$$U_{NL} = U_{IL(max)} - U_{OL(max)}$$

74HC 系列 CMOS 集成电路在 5V 的典型电压下工作时的参数为 $U_{OH(min)} = 4.9V$，$U_{IH(min)} = 3.5V$，$U_{IL(max)} = 1.5V$，$U_{OL(max)} = 0.1V$，故得到 $U_{NH} = 4.9V - 3.5V = 1.4V$，$U_{NL} =$

$1.5\text{V} - 0.1\text{V} = 1.4\text{V}$。

提示： 可通过计算 TTL 系列和 CMOS 系列的噪声容限值来体会两者的抗干扰能力。

4. 输入特性

CMOS 非门的输入特性是指输入电压 u_I 与输入电流 i_I 之间的关系。由模拟电路的知识可知，MOS 管的栅极和其他电极采用 SiO_2 绝缘，因此，在输入信号电压的正常工作范围内（$0 \leqslant u_I \leqslant V_{DD}$），输入端几乎没有电流，即 $i_I \approx 0$。但 MOS 管的绝缘层很薄，极易被击穿（耐压约 100V），实际使用时必须采取一些附加的保护措施，并注意器件的使用方法。

5. 输出特性

CMOS 非门的输出特性是指输出电压 u_O 与输出电流 i_L 之间的关系。图 2.42 所示为 CMOS 非门的输出特性曲线。

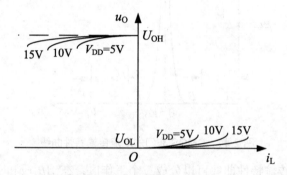

图 2.42 CMOS 非门的输出特性曲线

(1) 输出低电平电流 I_{OL}。设流入输出端的电流为正，当输出为低电平时，VT_P 截止，VT_N 导通，输出低电平电流 I_{OL} 实际上是负载流向 VT_N 的灌电流。输出电平随着 I_{OL} 的增加而提高，如图 2.42 所示。此时的 U_{OL} 就是 u_{DSN}，I_{OL} 就是 i_{DN}，所以低电平输出特性曲线实际上就是 VT_N 的漏极特性曲线。从曲线上还可以看到，VT_N 的导通内阻与 u_{GSN} 有关，u_{GSN} 越大，导通内阻越小。所以，同样的 I_{OL} 值下，$u_{GSN} = u_I = V_{DD}$ 越高，U_{OL} 也越低。

(2) 输出高电平电流 I_{OH}。输出高电平电流 I_{OH} 又称为拉电流，是指从 CMOS 非门流向负载的电流，与规定的负载电流正方向相反。当输出为高电平时，VT_N 截止，VT_P 导通，U_{OH} 等于 V_{DD} 减去 VT_P 的导通压降。显然，U_{OH} 随着 I_{OH} 数值的增加而降低。并且在同样的 I_{OH} 值下，V_{DD} 越高，U_{OH} 下降得也越少。

6. 功耗

CMOS 非门的静态功耗非常低，几乎为零，是电路中的漏电流所产生的损耗。

当 CMOS 非门输入电压信号的状态改变时，有一段短暂的过渡时间使 VT_P 和 VT_N 同时导通，有较大的电流流过反相器，由此产生的动态功耗比较大。此外，动态功耗还和反相器的工作频率有关，其频率越高，状态转换越频繁，动态功耗也越大。动态功耗可用下式计算：

$$P_D = (C_{PD} + C_L) \cdot V_{DD}^2 \cdot f_i \tag{2.18}$$

式中，f_i 为工作频率；C_{PD} 为功耗电容，其具体数值由器件制造商给出；C_L 为负载电容。

7. CMOS 非门的其他参数

CMOS 非门的其他参数和 TTL 的性能参数很相似。表 2.7 给出了几种 CMOS 电路的性能参数。

表 2.7 CMOS 电路的性能参数

CMOS 电路型号 参数名称	74HC 系列	74HCT 系列	74AHCT 系列
电源电压/V	2～6	4.5～5.5	4.5～5.5
输出高电平最小值 $U_{OH(min)}$/V	4.4	4.4	4.4
输出低电平最大值 $U_{OL(max)}$/V	0.1	0.1	0.44
输入高电平最小值 $U_{IH(min)}$/V	3.5	2.0	2.0
输入低电平最大值 $U_{IL(max)}$/V	1.5	0.8	0.8
低电平噪声容限 U_{NL}/V	1.4	0.7	0.36
高电平噪声容限 U_{NH}/V	0.9	2.4	2.4
输入低电平电流最大值 $I_{IL(max)}$/mA	−0.001	−0.001	−0.001
输入高电平电流最大值 $I_{IH(max)}$/mA	0.001	0.001	0.001
输出低电平电流最大值 $I_{OL(max)}$/mA	4	4	8
输出高电平电流最大值 $I_{OH(max)}$/mA	−4	−4	−8
平均传输延迟时间 t_{PD}/ns	10	13	5.5
功耗 P_D/mW	0.56	0.39	0.45

【例 2.3】已知 CMOS 门电路的电源电压 $V_{DD} = 5\text{V}$，静态电流 $I_{DD} = 1\mu\text{A}$，输入信号为 200kHz 的近似理想方波，负载电容 $C_L = 200\text{pF}$，功耗电容 $C_{PD} = 20\text{pF}$，试计算它的静态功耗、动态功耗、总功耗和电源平均电流。

解：静态功耗为 $P_{D(S)} = V_{DD} \cdot I_{DD} = 5 \times 1 \times 10^{-6} = 5 \times 10^{-6}(\text{W}) = 0.005(\text{mW})$

动态功耗为 $P_{D(D)} = (C_{PD} + C_L) \cdot V_{DD}^2 \cdot f_i = (200 + 20) \times 10^{-12} \times 5^2 \times 200 \times 10^3$
$= 1.1 \times 10^{-3}(\text{W}) = 1.1(\text{mW})$

总功耗为 $P_{D(T)} = P_{D(S)} + P_{D(D)} = 0.005 + 1.1 = 1.105(\text{mW})$

电源平均电流为 $\bar{I}_{DD} = \dfrac{P_{D(T)}}{V_{DD}} = \dfrac{1.105}{5} = 0.221(\text{mA})$

2.4.4 其他类型的 CMOS 门电路

1. 其他逻辑功能的 CMOS 门电路

CMOS 门电路除非门外，还有与非门、或非门、与或非门、异或门等多种类型。
1) CMOS 与非门电路
图 2.43 所示为二输入 CMOS 与非门电路的基本结构形式，它由两个串联的 N 沟道增

强型 MOS 管和两个并联的 P 沟道增强型 MOS 管组成。其中，VT_{N1}、VT_{N2} 为驱动管，VT_{P1}、VT_{P2} 为负载管。

当输入 A、B 中有一个接低电平时，会使与它相连的 NMOS 管截止，与它相连的 PMOS 管导通，输出 Y 为高电平；只有 A、B 同时为高电平时，才使 VT_{N1}、VT_{N2} 都导通，VT_{P1}、VT_{P2} 都截止，输出 Y 为低电平。因此，输入与输出满足与非的逻辑关系，即 $Y = \overline{A \cdot B}$。

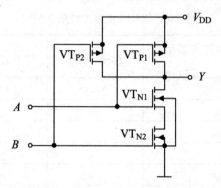

图 2.43　二输入 CMOS 与非门电路

2) CMOS 或非门电路

图 2.44 所示为二输入 CMOS 或非门电路的基本结构形式，它由两个并联的 N 沟道增强型 MOS 管和两个串联的 P 沟道增强型 MOS 管组成。

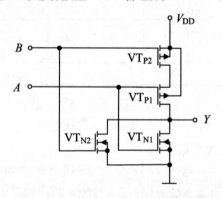

图 2.44　二输入 CMOS 或非门电路

当输入 A、B 中有一个接高电平时，会使与它相连的 NMOS 管导通，与它相连的 PMOS 管截止，输出 Y 为低电平；只有 A、B 同时为低电平时，才使 VT_{N1}、VT_{N2} 都截止，VT_{P1}、VT_{P2} 都导通，输出 Y 为高电平。因此，输入与输出满足或非的逻辑关系，即 $Y = \overline{A + B}$。

由以上电路可知，n 输入的与非门电路必须有 n 个 NMOS 管串联和 n 个 PMOS 管并联；n 输入的或非门电路必须有 n 个 NMOS 管并联和 n 个 PMOS 管串联。若串联的管子全部导通，则其总的导通电阻会增加，进而影响到输出电平，使与非门的低电平升高，使或非门的高电平降低。因此，CMOS 逻辑门电路的输入端不宜过多，并且要在 CMOS 电路的输入、输出端增加缓冲电路即 CMOS 反相器，以规范电路的输入、输出电平。

3) CMOS 与或非门电路

图 2.45 所示为 CMOS 与或非门的典型电路。当 A、B 同时为高电平时，VT_{N1}、VT_{N2}

都导通,VT_{P1}、VT_{P2} 都截止,输出 Y 为低电平;当 C 为高电平时,VT_{N3} 导通,VT_{P3} 截止,输出 Y 为低电平;只有当 C 为低电平,并且 A、B 的输入不同时为高电平时,输出 Y 才为高电平。因此,输入与输出满足与或非的逻辑关系,即 $Y = \overline{AB+C}$。

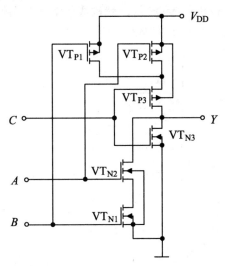

图 2.45 CMOS 与或非门的典型电路

4) CMOS 异或门电路

CMOS 异或门的典型电路如图 2.46 所示。它由一级或非门和一级与或非门组成。或非门的输出 $L = \overline{A+B}$,则 $Y = \overline{A \cdot B + L} = \overline{A \cdot B + \overline{A+B}} = \overline{A \cdot B} + \overline{\overline{A} \cdot \overline{B}} = A \oplus B$。因此,输入与输出满足异或的逻辑关系。

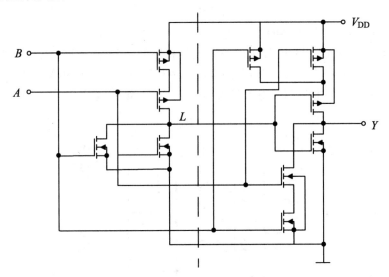

图 2.46 CMOS 异或门的典型电路

2. 漏极开路的门电路(OD 门)

在工程实践中,有时会把两个 CMOS 非门的输出端并联接成"线与"结构,如图 2.47

所示。若 G_1 门输出高电平，VT_{P1} 导通，G_2 门输出低电平，VT_{N2} 导通，VT_{P1}、VT_{N2} 就形成了低阻通路，输出端必然有很大的负载电流同时流过这两个门的输出级，可能使门电路损坏。因此，为了满足输出电平转换、吸收大负载电流及实现"线与"等需要，可将输出级电路结构改为一个漏极开路输出的 MOS 管，就构成了漏极开路输出(Open-Drain Output)门电路，简称 OD 门。OD 非门电路如图 2.48 所示。

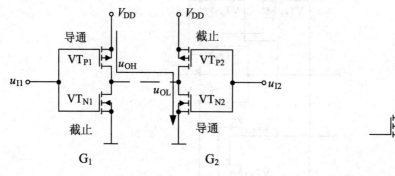

图 2.47 输出端直接并联的 CMOS 门电路内部结构　　　图 2.48 OD 非门电路

OD 门的使用方法和前面讲到的 OC 门类似，它的逻辑符号也和 OC 门相同。OD 门在工作时同样需要外接上拉电阻和电源，上拉电阻的计算与 OC 门类似，此处不再赘述。当 n 个 OD 门的输出端直接并联，并接有 m 个其他门电路作为负载时，上拉电阻取值如下：

$$R_{P(max)} = \frac{V_{DD} - U_{OH(min)}}{nI_{OZ} + mI_{IH(max)}} \tag{2.19}$$

$$R_{P(min)} = \frac{V_{DD} - U_{OL(max)}}{I_{OL(max)} - m|I_{IL(max)}|} \tag{2.20}$$

式中，I_{OZ} 为输出高电平时的漏电流。

【例 2.4】设 3 个 OD 与非门 74HC03 线与连接驱动 3 个与非门 74HC00，电路如图 2.49 所示。已知 $V_{DD} = 5V$，$U_{OH(min)} = 4.4V$，$U_{OL(max)} = 0.1V$，$I_{IH(max)} = 1\mu A$，$I_{IL(max)} = -1\mu A$，$I_{OL(max)} = 4mA$，输出高电平时的漏电流最大值 $I_{OZ} = 5\mu A$，试确定一合适大小的上拉电阻 R_P。

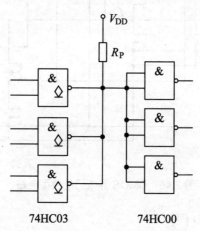

图 2.49 例 2.4 的电路

解： $R_{P(min)} = \dfrac{V_{DD} - U_{OL(max)}}{I_{OL(max)} - 6|I_{IL(max)}|} = \dfrac{5 - 0.1}{4 - 6 \times 0.001} \approx 1.23 (\text{k}\Omega)$

$R_{P(max)} = \dfrac{V_{DD} - U_{OH(min)}}{3I_{OZ} + 6I_{IH(max)}} = \dfrac{5 - 4.4}{3 \times 0.005 + 6 \times 0.001} \approx 28.57 (\text{k}\Omega)$

根据上述计算，R_P 的值可在 1.23 kΩ 和 28.57 kΩ 之间选择。

3. CMOS 三态门电路

与 TTL 三态门一样，CMOS 三态门也是在普通门电路的基础上，增加控制电路构成。图 2.50 所示为使能端高电平有效的三态输出反相器。

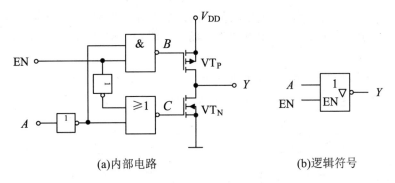

图 2.50　使能端高电平有效的三态输出反相器

当输入 EN=1 时，若 A=0，则 B、C 输出同时为低电平，使 VT$_N$ 截止，VT$_P$ 导通，输出端 Y=1；若 A=1，则 B、C 输出同时为高电平，使 VT$_N$ 导通，VT$_P$ 截止，输出端 Y=0。因此，反相器处于正常工作状态。

当输入 EN=0 时，无论 A 取值如何，都使 B=1、C=0，VT$_N$、VT$_P$ 都截止，输出端 Y 出现开路，既不是高电平，又不是低电平，即处于高阻状态。

三态门的应用在 TTL 三态门中已经介绍，这里不再赘述。

4. CMOS 传输门电路

CMOS 传输门也称模拟开关，既可以传输数字信号，又可以传输模拟信号，在信号的传输、选择和分配中有广泛的应用。图 2.51 所示为 CMOS 传输门的电路结构和逻辑符号。

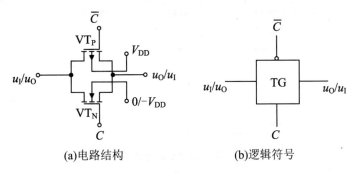

图 2.51　CMOS 传输门的电路结构和逻辑符号

CMOS 传输门由一个 N 沟道增强型 MOS 管和一个 P 沟道增强型 MOS 管并联构成，两管的源极和漏极分别并联接在一起，构成传输门的输入和输出端，两管的栅极则分别接互补的控制信号 C 和 $\bar{C}$。VT_N、VT_P 两管参数对称，并且漏极和源极可以互换，因此传输门的输入和输出端可以互换使用，即为双向器件。

1) CMOS 传输门

当 CMOS 传输门用于传输数字信号时，VT_N、VT_P 的衬底分别接 0V 和 5V，假设它们的开启电压 $\left|U_{GS(th)}\right|=2V$，输入信号的变化范围为 0～5V。

当 $C=0$、$\bar{C}=1$ 时，VT_N、VT_P 同时截止，输入、输出之间呈现高阻状态，传输门是断开的。当 $C=1$、$\bar{C}=0$ 时，输入 u_I 在 0～3V 的范围内，VT_N 导通；输入 u_I 在 3～5V 的范围内，VT_P 导通。可见，在整个输入电压的范围内，至少有一个 MOS 管导通，使漏极和源极之间呈现低阻状态(小于1kΩ)，输出近似等于输入，即 $C=1$ 时传输门打开，$u_I=u_O$。

2) CMOS 双向模拟开关

利用传输门和反相器可构成双向模拟开关，其电路结构和逻辑符号如图 2.52 所示。此时，VT_N、VT_P 的衬底分别接-5V 和 5V，输入信号的变化范围为-5～5V。

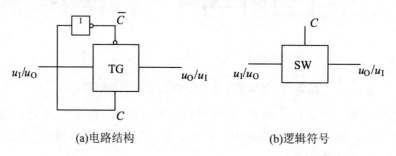

(a)电路结构　　　　　　　　(b)逻辑符号

图 2.52　CMOS 双向模拟开关的电路结构和逻辑符号

正常工作时，模拟开关的导通电阻和输出端的负载构成分压器，导通电阻的稳定可以使输出电压随输入电压的变化成线性关系。模拟开关的导通电阻非常小(小于1kΩ)，当它与输入阻抗为兆欧级的运放或输入电阻为 $10^{10}\Omega$ 以上的 MOS 电路串接时，可以忽略不计。

【例 2.5】分析图 2.53 所示的电路，说明该电路的功能。

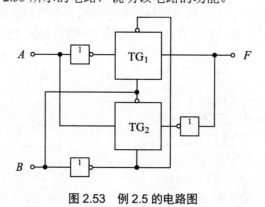

图 2.53　例 2.5 的电路图

解：$B=1$ 时，TG_1 导通，TG_2 关闭，输入 A 反相后由 F 输出；$B=0$ 时，TG_1 关闭，TG_2 导通，输入 F 反相后由 A 输出。因此，这是一个可控双向数据传输电路。当 $B=0$ 时，$A=\overline{F}$；当 $B=1$ 时，$F=\overline{A}$。

2.5 砷化镓逻辑门电路

砷化镓(GaAs)是继硅和锗之后发展起来的新一代半导体材料。GaAs 与 Si 相比有两个最明显的特点，即电子漂移速度更快(几乎为 Si 的 7 倍)和抗辐射损伤能力更强。此外，GaAs 的工作温度范围宽，不易受电磁辐射损伤，适于在核爆炸、宇宙等恶劣环境中工作。近年来，GaAs 大规模集成电路得到了迅速的发展，广泛应用在通信、信号处理、雷达等领域。

目前应用最为广泛的 GaAs 半导体器件主要有金属半导体场效应晶体管(MESFET)、AlGaAs/GaAs 高电子迁移率晶体管(HEMT)和 AlGaAs/GaAs 异质结双极型晶体管(HBT)等几大类。其中，GaAs MESFET 集成电路是最早研究、技术成熟、应用广泛、成本最低的电子产品。

1. MESFET 反相器的电路结构

GaAs MESFET 也称肖特基势垒场效应管，它的栅极金属与沟道表面接触形成肖特基势垒区，与 JFET 中栅极与沟道间的 PN 结类似，工作原理也类似，这里不再赘述。在 MESFET 构成的逻辑电路中，应用较多的有直接耦合 FET 逻辑门电路、耗尽型 FET 逻辑门电路及肖特基二极管 FET 逻辑门电路。图 2.54 所示为耗尽型 MESFET 反相器的电路结构。

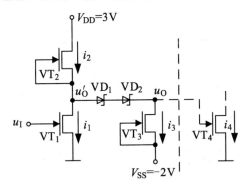

图 2.54 耗尽型 MESFET 反相器

图中，VT_1 为驱动管，VT_2 为负载管，下级门电路的输入 VT_4 作为负载。VD_1、VD_2 是砷化镓材料制成的肖特基二极管，起电平转换作用，使得输出端的高、低电平与输入端的高、低电平匹配。VT_3 的作用是给 VD_1、VD_2 提供固定的偏置电流，为使 VT_3 始终工作在饱和区，将其源极接在负电源 V_{SS} 上，且 $|V_{SS}| \geq U_{OL} + |U_{GS(off)}|$。这里设所有耗尽型场效应管的夹断电压 $U_{GS(off)} = -0.9V$，二极管的导通压降 $U_D = 0.7V$，输入信号的高、低电平分别为 $U_{IH} = -0.16V$、$U_{IL} = -0.26V$，输出信号的高、低电平分别为 $U_{OH} = 0.7V$、$U_{OL} = -1.27V$。

2. MESFET 反相器的工作原理

当输入为低电平且 $u_I < U_{GS(off)}$ 时，VT_1 截止，VT_2 工作在饱和区。忽略 VT_2 的饱和导通

电阻，则 u'_O 的高电平输出电压接近 3V，该电压使 VT$_4$ 导通。由于栅极和沟道间存在肖特基势垒二极管，使得 MESFET 管导通时的栅源电压 $u_{GS} = 0.7V$。所以 $u_O = 0.7V$，输出为高电平。此时 u'_O 被钳位在 $u'_O = 2U_D + u_{GS4} = 2.1V$，为高电平。

增大输入信号，当 $u_1 \geq U_{GS(off)}$ 时，VT$_1$ 导通，此时 u'_O 仍为 2.1V，因此 VT$_1$ 工作在饱和区，并产生漏电流 i_1。随着 i_1 的增大，流入 VT$_4$ 的电流 i_4 减少，只要 VT$_4$ 还导通，输出端的电压 u_O 仍接近 0.7V。当 u_1 增大至 $-0.26V$ 时，$i_1 + i_3 = i_2$，使 $i_4 = 0$，VT$_4$ 截止，u'_O 开始随着 u_1 的增大而减小。

继续增大输入信号，当 $u_1 > |U_{GS(off)}| + u'_O$ 时，VT$_1$ 进入到可变电阻区，u'_O 的输出电压约为 0.17V。此时 VT$_2$、VT$_3$ 仍工作在饱和区，VD$_1$、VD$_2$ 仍保持导通，$u_O = u'_O - 2U_D = -1.23V$。当 u_1 达到高电平电压 $-0.16V$ 后，输出电压 u_O 下降到 $-1.27V$ 的低电平。

GaAs 器件同 Si 器件门电路相比，虽然功耗较大、逻辑摆幅较小、噪声容限较低、抗干扰性能较差，但 GaAs 器件最突出的优点是工作速度快，尤其在高速、高频应用方面，在恶劣环境工作，包括高、低温工作和高能辐照方面，都具有优良性能。CMOS 的工作频率上限大约为 150MHz，而采用 GaAs 技术的逻辑门电路，其工作频率可达到 5～10GHz 以上，并且 MESFET 技术已相当成熟，GaAs 数字电路的集成水平已达到每个芯片集成 100 万只 FET 以上，为超高速电路的发展带来了新的机遇和挑战。

2.6 各种门电路之间的接口问题

2.6.1 TTL 与 CMOS 器件之间的接口

在数字集成电路系统中，常常会遇到 TTL 门与 CMOS 门电路的连接问题，它们的输入、输出电平，带负载能力等性能参数有很大的差别，如何正确处理它们之间的连接是个很重要的问题，涉及驱动门能否使负载门正常工作。

无论是 TTL 电路驱动 CMOS 电路还是 CMOS 电路驱动 TTL 等其他电路，驱动门必须要给负载门电路提供一个符合要求的高、低电平和足够大的驱动电流，即必须满足以下条件：

$$\begin{aligned} &\text{驱动门} \quad \text{负载门} \\ &U_{OH(min)} \geq U_{IH(min)} \\ &U_{OL(max)} \leq U_{IL(max)} \\ &|I_{OH(max)}| \geq nI_{IH(max)} \\ &I_{OL(max)} \geq m|I_{IL(max)}| \end{aligned}$$

式中，n 和 m 分别为负载电流中 $I_{IH(max)}$ 和 $I_{IL(max)}$ 的个数。

为了便于比较，表 2.8 给出了各个系列的 TTL 和 CMOS 电路的部分性能参数。

第 2 章 逻辑门电路

表 2.8 TTL 和 CMOS 电路的部分性能参数

电路型号 参数名称	TTL 系列		CMOS 系列		
	74	74LS	CD4000	74HC	74HCT
电源电压/V	4.75～5.25		3～15	2～6	4.5～5.5
输出高电平最小值 $U_{OH(min)}$/V	2.4	2.7	4.9	4.4	4.4
输出低电平最大值 $U_{OL(max)}$/V	0.4	0.5	0.05	0.1	0.1
输入高电平最小值 $U_{IH(min)}$/V	2.0	2.0	3.5	3.5	2.0
输入低电平最大值 $U_{IL(max)}$/V	0.8	0.8	1.5	1.5	0.8
输入低电平电流最大值 $I_{IL(max)}$/mA	-1.6	-0.4	-0.001	-0.001	-0.001
输入高电平电流最大值 $I_{IH(max)}$/mA	0.04	0.02	0.001	0.001	0.001
输出低电平电流最大值 $I_{OL(max)}$/mA	16	8	0.4	4	4
输出高电平电流最大值 $I_{OH(max)}$/mA	-0.4	-0.4	-0.4	-4	-4

1. TTL 电路驱动 CMOS 电路

由表 2.8 可知，TTL 门的 $I_{OH(max)}$、$I_{OL(max)}$ 远大于 CMOS 门的 $I_{IL(max)}$ 和 $I_{IH(max)}$，因此 TTL 门驱动 CMOS 门时，主要考虑的是 TTL 门的输出电平能否满足 CMOS 门的输入电平的要求。

根据表 2.8 和上述的驱动条件可以看到：TTL 电路与 74HCT 系列的 CMOS 电路完全兼容，可以直接相连。

用 TTL 电路驱动 CD4000 和 74HC 系列的 CMOS 电路时，TTL 输出低电平参数满足要求，但输出高电平参数不满足 $U_{OH(min)} \geqslant U_{IH(min)}$ 的条件。例如，TTL 74LS 系列的 $U_{OH(min)}$ = 2.7V，而 CMOS 74HC 系列的 $U_{IH(min)}$ = 3.5V。为了解决这一问题，通常采用以下方法。

(1) 在 TTL 门的输出端与电源之间接一上拉电阻 R_U，如图 2.55 所示。上拉电阻的大小取决于负载器件的数目和 TTL 及 CMOS 门电路的电流参数。

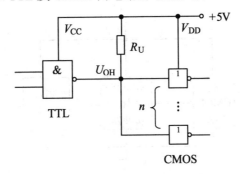

图 2.55 TTL 门驱动 CMOS 门

当 TTL 门输出高电平时，有
$$U_{OH} = V_{DD} - R_U(I_{OZ} + nI_{IH}) \tag{2.21}$$

式中，I_{OZ} 是 TTL 门高电平输出电流；I_{IH} 为流入 CMOS 负载门的电流；n 为负载个数。实际上，这两个电流的数值都很小，如果 R_U 取值不大，U_{OH} 将被提高至接近 V_{DD}。

(2) 在 TTL 门的输出端与 CMOS 门的输入端之间接一个电平转换器，如 CC40109，如图 2.56 所示。

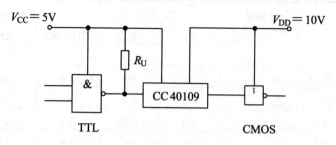

图 2.56　通过电平转换器提升电位

2. CMOS 电路驱动 TTL 电路

由表 2.8 可以看出，CMOS 门电路驱动 TTL 门电路时，两者的电压参数满足要求，因此可以直接相连，不需另加接口电路。这时只要考虑 CMOS 门的输出电流是否满足 TTL 门的输入电流的要求，即根据式(2.8)和式(2.9)计算出扇出系数即可。

【例 2.6】 1 个 74HC04 非门电路能否驱动 4 个 7404 非门？能否驱动 4 个 74LS04 非门？如不能驱动，该如何改进？

解： 由表 2.8 可知，74 系列 TTL 门电路的 $|I_{\text{IL(max)}}| = 1.6\text{mA}$，$I_{\text{IH(max)}} = 0.04\text{mA}$，则 4 个 7404 非门的 $I_{\text{IL(total)}} = 4 \times 1.6\text{mA} = 6.4\text{mA}$，$I_{\text{IH(total)}} = 4 \times 0.04\text{mA} = 0.16\text{mA}$。74LS 系列 TTL 门电路的 $|I_{\text{IL(max)}}| = 0.4\text{mA}$，$I_{\text{IH(max)}} = 0.02\text{mA}$，则 4 个 74LS04 非门的 $I_{\text{IL(total)}} = 4 \times 0.4\text{mA} = 1.6\text{mA}$，$I_{\text{IH(total)}} = 4 \times 0.02\text{mA} = 0.08\text{mA}$。而 74HC 系列 CMOS 门电路的 $|I_{\text{OH(max)}}| = 4\text{mA}$，$I_{\text{OL(max)}} = 4\text{mA}$。因此，在拉电流情况下，1 个 74HC04 可以驱动 4 个 7404 非门或 4 个 74LS04 非门；在灌电流情况下，1 个 74HC04 只能驱动 4 个 74LS04 非门，不能驱动 4 个 7404 非门。

要提高 CMOS 门电路的驱动能力，可在 CMOS 门的输出端与 TTL 门的输入端之间加一 CMOS 系列的同相缓冲器，如图 2.57 所示。

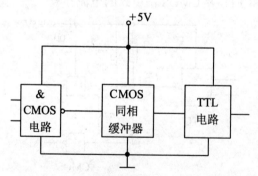

图 2.57　CMOS 电路驱动 TTL 电路

2.6.2　TTL 和 CMOS 电路带负载时的接口问题

在数字电路中，常常要用 TTL 或 CMOS 电路去驱动指示灯、发光二极管、继电器等负载。对于电流较小、电平能够匹配的负载，可以直接驱动。图 2.58 所示为用 TTL 门电路驱动发光二极管(LED)的原理电路，电路中串接了一限流电阻 R 以保护 LED，R 的取值通常为几百欧。

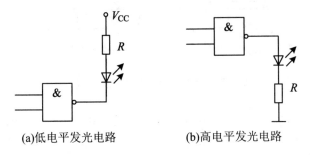

(a)低电平发光电路　　(b)高电平发光电路

图 2.58　TTL 门电路驱动发光二极管

对于电流较大的负载，如继电器等，可将同一芯片的多个门并联作为负载，如图 2.59(a)所示；也可在门电路的输出端接晶体管，以提高负载能力，如图 2.59(b)所示。

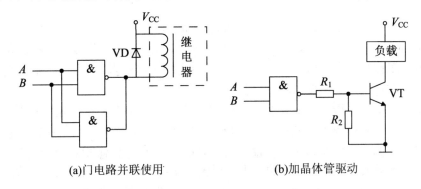

(a)门电路并联使用　　(b)加晶体管驱动

图 2.59　门电路驱动大电流负载

2.6.3　门电路多余输入端的处理

门电路多余输入端的处理以不改变电路的逻辑关系及稳定可靠为原则，处理时通常采用下列方法。

(1) 对于与门和与非门，多余输入端可通过 $1\sim 3\text{k}\Omega$ 的上拉电阻接电源正端，对 CMOS 电路可以直接接电源正端，如图 2.60(a)所示；在前级驱动能力允许时，也可将多余输入端与其他输入端并接在一起，如图 2.60(b)所示。

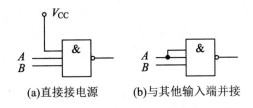

(a)直接接电源　　(b)与其他输入端并接

图 2.60　与非门多余输入端的处理

(2) 对于或门和或非门，多余输入端可直接接地，如图 2.61(a)所示；也可与其他输入端并接在一起,如图 2.61(b)所示。

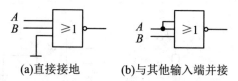

(a)直接接地　　(b)与其他输入端并接

图 2.61　或非门多余输入端的处理

注意：CMOS 门电路的多余输入端绝不能悬空。由于它的输入电阻很大,容易受到静电或工作区域工频电磁场引入电荷影响,悬空引脚上的电压是浮动的,可以是高电平也可以是低电平,对门电路的影响是不可预料的。

本 章 小 结

　　本章首先介绍了数字电路的分类,二极管、晶体管的开关特性,以及由分立元件组成的基本逻辑门电路；然后重点讨论了 TTL 集成门电路和 CMOS 集成门电路,介绍了它们的电路结构、工作原理和电气特性；最后简单介绍了砷化镓逻辑门电路和不同逻辑门电路之间的接口问题。本章的主要内容归纳如下。

　　在数字系统中,二极管、晶体管、场效应管都工作在开关状态。当二极管的正向压降小于开启电压时,二极管处于截止状态；反之,则处于导通状态。晶体管处于截止状态的条件是发射结反偏,工作在截止区；晶体管导通时,管子处于饱和区,发射结正偏、集电结正偏,i_C 达到最大值,不再随 i_B 的增大而增大。N 沟道增强型 MOS 管处于截止状态时,$u_I < U_{GS(th)}$；当 N 沟道增强型 MOS 管导通时,管子工作在可变电阻区,$u_I > U_{GS(th)}$。

　　对于由 TTL 和 CMOS 构成的各种逻辑门电路,应重点了解它们的外部特性。集成电路的主要参数有:输出高电平最小值 $U_{OH(min)}$、输出低电平最大值 $U_{OL(max)}$、输入高电平最小值 $U_{IH(min)}$、输入低电平最大值 $U_{IL(max)}$、低电平噪声容限 U_{NL}、高电平噪声容限 U_{NH}、输入低电平电流最大值 $I_{IL(max)}$、输入高电平电流最大值 $I_{IH(max)}$、输出低电平电流最大值 $I_{OL(max)}$、输出高电平电流最大值 $I_{OH(max)}$、输出高电平扇出系数 N_{OH}、输出低电平扇出系数 N_{OL}、平均传输延迟时间 t_{PD}、功耗 P_D、功耗-延时积 DP 等。

　　TTL 和 CMOS 门电路除了有非门、与非门、或非门、与或非门、异或门等多种类型外,还有集电极开路门(OC 门)、漏极开路门(OD 门)、三态门等特殊类型的门电路。其中,OC 门和 OD 门可以实现输出端的"线与",三态门通过控制使能端可以实现双向的数据传输。

　　TTL 电路是电流控制器件,它的工作电压范围较窄,功耗大,带负载能力强,传输延时短。CMOS 电路是电压控制器件,它的工作电压范围较宽,功耗低,输入阻抗高,温度稳定性能好,但传输延时较长。

　　在实际的使用过程中,不同类型的集成门电路相互连接时,驱动门必须要为负载门提供符合要求的高、低电平和足够大的驱动电流。其中,TTL 电路与 CMOS 的 74HCT 系列电路完全兼容,可以直接相连；TTL 门需要接上拉电阻或电平转换器才能驱动 CMOS 的 74HCT 系列。此外,还可以采用输入、输出端并联的方法驱动大电流负载。

第2章 逻辑门电路

习 题

一、填空题

1. 当晶体管工作在放大区时，发射结_____，集电结_____；当晶体管工作在饱和区时，发射结_____，集电结_____。
2. 晶体管作为电子开关导通时，工作在_____区；MOS管作为电子开关导通时，工作在_____区。
3. 门电路的高电平噪声容限 U_{NH} =_____，低电平噪声容限 U_{NL} =_____。
4. 门电路输出为_____电平时的负载称为拉电流负载，输出为_____电平时的负载称为灌电流负载。
5. _____门电路的输入电流几乎为零。
6. OD 门称为_____门，多个 OD 门的输出端可以并联到一起实现_____功能。
7. 三态门的三种状态分别为_____、_____和_____。
8. 用 TTL 电路驱动 CMOS 电路时，输出_____电平参数满足电平匹配条件，输出_____电平参数不满足电平匹配条件。
9. TTL 与非门的输入端悬空时相当于输入为_____。
10. CMOS 门电路的多余输入端不能_____，对于_____门电路应接到电源正极，对于_____门电路应直接接地。

二、思考题

1. 图 2.62 所示为正逻辑与门电路，若改用负逻辑，试列出其逻辑真值表，并说明 Y 和 A、B 之间是什么逻辑关系。
2. 电路如图 2.63 所示，已知 $V_{CC}=5V$，$R_C=2k\Omega$，$R_B=10k\Omega$，$U_{BE}=0.7V$，$U_{CES}=0.3V$，$\beta=60$。
   (1) $u_I=3V$ 时，判断晶体管的工作状态，并计算输出电压 u_O。
   (2) $u_I=1V$ 时，判断晶体管的工作状态，并计算输出电压 u_O。
   (3) $u_I=0V$ 时，判断晶体管的工作状态，并计算输出电压 u_O。

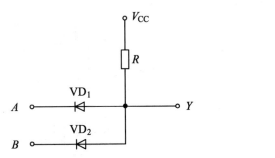

图2.62 思考题1的电路图

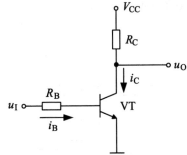

图2.63 思考题2的电路图

3. 根据图 2.64(a)所示的输入波形图，试画出图 2.64(b)中各个逻辑门电路的输出波形图。

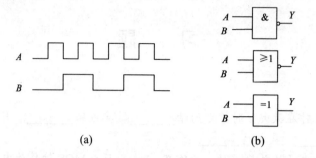

图 2.64 思考题 3 的波形图与电路图

4. 写出图 2.65(a)所示电路的输出端表达式,并根据图 2.65(b)所示的输入波形画出电路的输出波形。

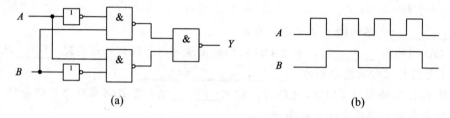

图 2.65 思考题 4 的电路图与波形图

5. 已知逻辑门 A 的电平参数如下:$U_{OLA(max)} = 0.2\text{V}$,$U_{OHA(min)} = 3.5\text{V}$,$U_{ILA(max)} = 0.6\text{V}$,$U_{IHA(min)} = 2.5\text{V}$。逻辑门 B 的电平参数如下:$U_{OLB(max)} = 0.3\text{V}$,$U_{OHB(min)} = 4.2\text{V}$,$U_{ILB(max)} = 0.8\text{V}$,$U_{IHB(min)} = 3.2\text{V}$。试问哪个门的抗噪声性能较好。

6. 在图 2.66 所示的电路中,试计算 TTL 非门最多可以驱动同类门的个数。已知:输出高电平 $U_{OH(min)} = 3.2\text{V}$,输出低电平 $U_{OL(max)} = 0.3\text{V}$,输出高电平电流 $I_{OH(max)} = -0.4\text{mA}$,输出低电平电流 $I_{OL(max)} = 16\text{mA}$;负载门输入低电平电流 $I_{IL(max)} = -1\text{mA}$,输入高电平电流 $I_{IH(max)} = 0.04\text{mA}$。

7. 在图 2.67 所示的电路中,试计算 TTL 与非门最多可以驱动同类门的个数。已知:输出高电平 $U_{OH(min)} = 3.2\text{V}$,输出低电平 $U_{OL(max)} = 0.4\text{V}$,输出高电平电流 $I_{OH(max)} = -0.4\text{mA}$,输出低电平电流 $I_{OL(max)} = 16\text{mA}$;负载门输入低电平电流 $I_{IL(max)} = -1.6\text{mA}$,输入高电平电流 $I_{IH(max)} = 0.04\text{mA}$。

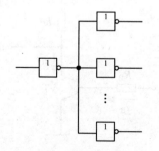

图 2.66 思考题 6 的电路图

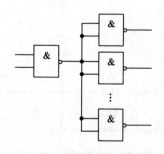

图 2.67 思考题 7 的电路图

8. 试分析图 2.68 中各电路的逻辑功能，并写出输出端的逻辑函数表达式。

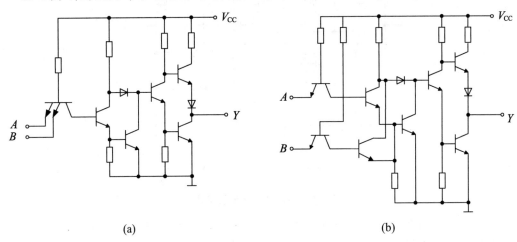

(a)　　　　　　　　　　　　(b)

图 2.68　思考题 8 的电路图

9. 试确定图 2.69 中外接电阻 R_P 的阻值。已知 $V_{CC}=5V$，G_1、G_2 为 OC 门，$U_{OH(min)}=3.0V$，$U_{OL(max)}=0.4V$，输出管截止时的漏电流 $I_{OZ}=0.2mA$，输出管导通时允许的最大负载电流 $I_{OL(max)}=16mA$。G_3、G_4 和 G_5 均为 74 系列与非门，它们的输入低电平电流 $I_{IL}=-1mA$，输入高电平电流 $I_{IH}=0.04mA$。

10. 已知 CMOS 门电路的电源电压 $V_{DD}=5V$，静态电流 $I_{DD}=2\mu A$，负载电容 $C_L=100pF$，测得它的总功耗为 1.56mW，试计算该门电路的功耗电容 C_{PD}。

11. 电路如图 2.70 所示，试分析其逻辑功能，并写出逻辑函数表达式。

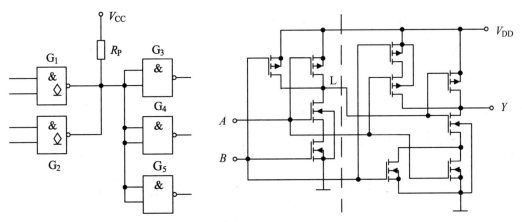

图 2.69　思考题 9 的电路图　　图 2.70　思考题 11 的电路图

12. 分析图 2.71 所示电路的逻辑功能，写出逻辑函数表达式。

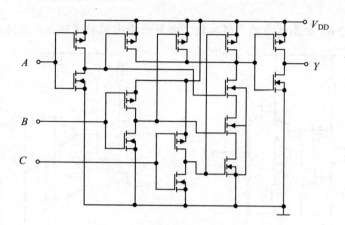

图 2.71 思考题 12 的电路图

13. 电路如图 2.72 所示，3 个漏极开路与非门 74HC03 线与连接后，驱动一个 TTL 系列的反相器 74LS04 和一个三输入与非门 74LS10。已知 $V_{DD}=5\text{V}$，CMOS 门的 $U_{OH(\min)}=3.84\text{V}$，$U_{OL(\max)}=0.33\text{V}$，$I_{OL(\max)}=4\text{mA}$，输出高电平时的漏电流最大值 $I_{OZ}=5\mu\text{A}$；TTL 门的输入低电平电流 $I_{IL}=-0.4\text{mA}$，输入高电平电流 $I_{IH}=0.02\text{mA}$。试确定上拉电阻 R_P 的阻值。

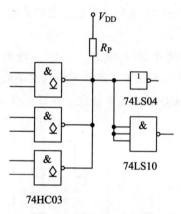

图 2.72 思考题 13 的电路图

14. 试分析图 2.73 所示电路的逻辑功能。

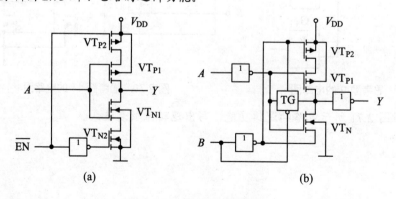

图 2.73 思考题 14 的电路图

15. 图 2.74 所示电路是用 TTL 反相器 74LS04 来驱动发光二极管的电路。已知 LED 的正向压降 $U_D = 1.7V$，电流大于 1mA 时发光；74LS04 的 $U_{OH(min)} = 2.7V$，$U_{OL(max)} = 0.5V$。试判断哪几个电路的接法正确。

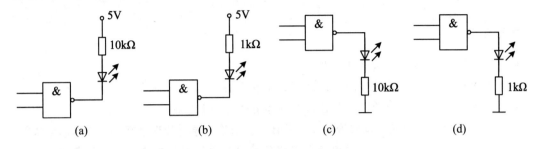

图 2.74　思考题 15 的电路图

16. 试写出图 2.75 所示电路的输出逻辑函数表达式。

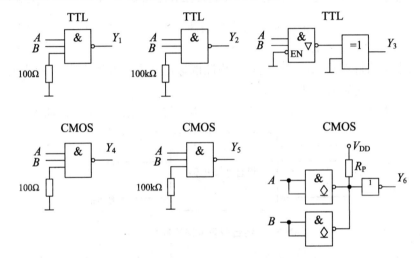

图 2.75　思考题 16 的电路图

第 3 章　组合逻辑电路

本章要点

- 组合逻辑电路的特点是什么？
- 组合逻辑电路分析的目的是什么？具体有哪些步骤？
- 组合逻辑电路设计的目的是什么？具体有哪些步骤？
- 组合逻辑电路中的竞争冒险的含义是什么？消除竞争冒险现象有哪些常用的方法？
- 除了逻辑门电路之外，常用的中规模集成组合逻辑器件有哪些？它们各自的功能是什么？
- 利用门电路和利用集成组合逻辑器件设计组合逻辑电路，两种方法的区别是什么？

数字电路可以根据逻辑功能的不同特点分为两大类：组合逻辑电路(简称组合电路)和时序逻辑电路(简称时序电路)。

组合逻辑电路的特点是：在任何时刻，电路的输出状态只取决于同一时刻电路各输入状态的组合，而与电路先前的状态无关。

对于任何一个多输入、多输出的组合逻辑电路，都可以用图 3.1 所示的框图表示。

图 3.1　组合逻辑电路的框图

图 3.1 中，$A_1, A_2, \cdots, A_n$ 表示输入变量，$L_1, L_2, \cdots, L_m$ 表示输出变量。输出和输入变量之间的逻辑关系用逻辑函数可以表示为

$$L_i = f(A_1, A_2, \cdots, A_n) \quad (i = 1, 2, \cdots, m) \tag{3.1}$$

💡 **注意：** 因为组合逻辑电路当前时刻的输出与电路先前的输入无关，因此组合逻辑电路中不能含有具有记忆功能的元件。因为组合逻辑电路当前时刻的输出与电路先前的输出也无关，因此组合逻辑电路的输出、输入之间没有反馈延迟通路。

3.1　组合逻辑电路的分析

分析组合逻辑电路的目的，就是要找出电路输入和输出之间的逻辑关系，即确定此电路的逻辑功能。

组合逻辑电路的具体分析步骤如下。

(1) 根据已知的逻辑电路，逐级写出逻辑函数表达式，最后写出该电路的输出与输入的逻辑表达式。

(2) 对写出的逻辑函数表达式进行化简或变换，一般采用公式法或卡诺图法。

(3) 根据化简或变换后的表达式列出逻辑状态表。

(4) 根据状态表(或表达式)进行逻辑功能的分析。

下面举例说明组合逻辑电路的分析方法。

【例3.1】已知组合逻辑电路如图 3.2 所示，分析该电路的功能。

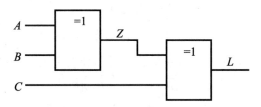

图 3.2　例 3.1 的组合逻辑电路

解：(1) 根据已知的逻辑电路，逐级写出逻辑函数表达式，有

$$Z = A \oplus B$$
$$L = Z \oplus C = (A \oplus B) \oplus C$$

(2) 该表达式比较简单，因此无须进行化简变换，可以直接列逻辑状态表。

将三个输入变量的八种可能的组合一一列于状态表的左侧，分别将每一组变量取值代入逻辑函数表达式，计算出中间变量 Z 的值和输出变量 L 的值，可以得到逻辑状态表，如表 3.1 所示。

表 3.1　例 3.1 的逻辑状态表

A	B	C	$Z=A \oplus B$	$L=A \oplus B \oplus C$
0	0	0	0	0
0	0	1	0	1
0	1	0	1	1
0	1	1	1	0
1	0	0	1	1
1	0	1	1	0
1	1	0	0	0
1	1	1	0	1

(3) 归纳逻辑功能。分析状态表可知，当三输入变量有奇数个 1 时，输出 $L=1$，否则为 0，即输入二进制码含奇数个 1 时，输出有效信号 1。因此，此电路的逻辑功能为奇校验电路。如果在上述电路的输出端再加一级反相器，那么当输入二进制码含偶数个 1 时，输出有效信号 1，则此时的电路称为偶校验电路。

【例3.2】已知组合逻辑电路如图 3.3 所示，分析该电路的功能。

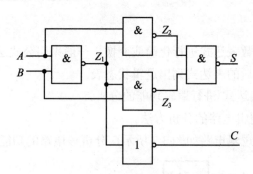

图 3.3 例 3.2 的组合逻辑电路

解：(1) 根据已知的逻辑电路，逐级写出逻辑函数表达式并进行化简变换，有

$$Z_1 = \overline{AB} \quad Z_2 = \overline{A \cdot \overline{AB}} \quad Z_3 = \overline{B \cdot \overline{AB}}$$

$$S = \overline{Z_2 Z_3} = \overline{\overline{Z_2}} + \overline{\overline{Z_3}} = A \cdot \overline{AB} + B \cdot \overline{AB} = A(\overline{A}+\overline{B}) + B(\overline{A}+\overline{B})$$

$$= A\overline{B} + \overline{A}B = A \oplus B$$

$$C = \overline{\overline{Z_1}} = AB$$

(2) 列逻辑状态表。将输入变量可能的组合一一列于状态表的左侧，分别将每一组变量的取值代入逻辑函数表达式，计算出输出变量 S 的值和输出变量 C 的值，可以得到逻辑状态表，如表 3.2 所示。

表 3.2 例 3.2 的逻辑状态表

A	B	C	S
0	0	0	0
0	1	0	1
1	0	0	1
1	1	1	0

(3) 归纳逻辑功能。分析状态表可知，当 A、B 都为 0 时，S 为 0，C 也为 0；当 A、B 有一个为 1 时，S 为 1，C 为 0；当 A、B 都为 1 时，S 为 1，C 也为 1。这符合两个 1 位二进制数相加的原则，即 A、B 为加数，S 是它们的和，C 是向高位的进位。将实现这一功能的组合逻辑电路称为半加器。

【例 3.3】 已知组合逻辑电路如图 3.4 所示，分析该电路的功能。

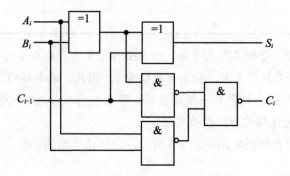

图 3.4 例 3.3 的组合逻辑电路

解：(1) 根据已知的逻辑电路，逐级写出逻辑函数表达式并进行化简变换。

$$S_i = A_i \oplus B_i \oplus C_{i-1}$$

$$C_i = \overline{\overline{(A_i \oplus B_i)C_{i-1}} \cdot \overline{A_i B_i}}$$

$$= (A_i \oplus B_i)C_{i-1} + A_i B_i$$

(2) 列逻辑状态表。将输入变量可能的组合一一列于状态表的左侧，分别将每一组变量的取值代入逻辑函数表达式，计算出输出变量的值，可以得到逻辑状态表，如表 3.3 所示。

表 3.3 例 3.3 的逻辑状态表

A_i	B_i	C_{i-1}	C_i	S_i
0	0	0	0	0
0	0	1	0	1
0	1	0	0	1
0	1	1	1	0
1	0	0	0	1
1	0	1	1	0
1	1	0	1	0
1	1	1	1	1

(3) 归纳逻辑功能。分析状态表可知，如果把 A_i、B_i 看成被加数和加数，把 C_{i-1} 看成低位向本位的进位，则 S_i 为本位和，C_i 为本位向高位的进位。将实现这一功能的组合逻辑电路称为全加器。

【知识拓展】

根据例 3.2 和例 3.3 可知，当两个多位二进制数进行加法运算时，最低位相加可以用半加器实现，其他各位相加可以用全加器实现。

3.2 组合逻辑电路的设计

组合逻辑电路的设计过程与分析过程相反，根据给出的实际逻辑问题，求出实现这一逻辑功能的最简单(或最合适)的逻辑电路，就是组合逻辑电路设计的主要目的。

设计组合逻辑电路，通常要求电路简单，所用器件的数量和种类尽可能少，器件之间的连线也尽可能少。

组合逻辑电路的设计步骤大致如下。

(1) 根据实际问题进行逻辑抽象。一般情况下，电路的设计要求是用文字描述的，因此需要确定实际问题的逻辑功能，并确定输入、输出变量数以及表示符号。

(2) 根据要求和逻辑抽象，列出状态表。

(3) 根据状态表写出逻辑表达式，并根据需要进行化简或变换(可以合理运用公式法或卡诺图法化简逻辑函数)。

(4) 根据化简或变换后的逻辑表达式画出逻辑电路图。

下面举例说明组合逻辑电路设计的具体方法。

【例 3.4】某车间有三台设备，如有一台出现故障时黄灯亮，两台出现故障时红灯亮，三台都出现故障时红黄灯都亮。设计一个显示车间设备故障情况的电路，并用与非门加以实现。

解：(1) 逻辑抽象。设三台设备分别为 A、B、C，则 A、B、C 为输入变量，有故障为 1，无故障为 0。黄灯和红灯分别用 X、Y 表示，则 X、Y 为输出变量，亮为 1，不亮为 0。

(2) 根据题意，列逻辑状态表，如表 3.4 所示。

表 3.4　例 3.4 的逻辑状态表

A	B	C	X	Y
0	0	0	0	0
0	0	1	1	0
0	1	0	1	0
0	1	1	0	1
1	0	0	1	0
1	0	1	0	1
1	1	0	0	1
1	1	1	1	1

(3) 根据状态表，用卡诺图法化简逻辑函数，如图 3.5 所示。

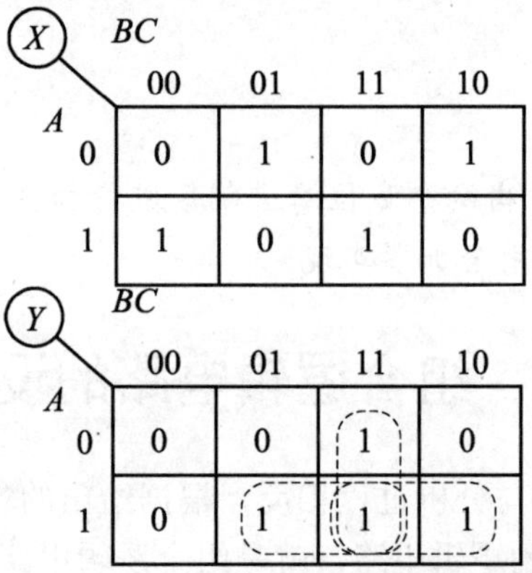

X

A＼BC	00	01	11	10
0	0	1	0	1
1	1	0	1	0

Y

A＼BC	00	01	11	10
0	0	0	1	0
1	0	1	1	1

图 3.5　例 3.4 中用卡诺图法化简逻辑函数

根据图 3.5 和摩根定理，可以把逻辑函数化成与非-与非式，过程如下：

$$X = \overline{A}\,\overline{B}C + \overline{A}B\overline{C} + A\overline{B}\,\overline{C} + ABC$$
$$= \overline{\overline{\overline{A}\,\overline{B}C + \overline{A}B\overline{C} + A\overline{B}\,\overline{C} + ABC}}$$
$$= \overline{\overline{\overline{A}\,\overline{B}C} \cdot \overline{\overline{A}B\overline{C}} \cdot \overline{A\overline{B}\,\overline{C}} \cdot \overline{ABC}}$$

$$Y = AC + BC + AB$$
$$= \overline{\overline{AC + BC + AB}}$$
$$= \overline{\overline{AC} \cdot \overline{BC} \cdot \overline{AB}}$$

(4) 根据化简或变换后的逻辑表达式画出逻辑电路图，如图 3.6 所示。

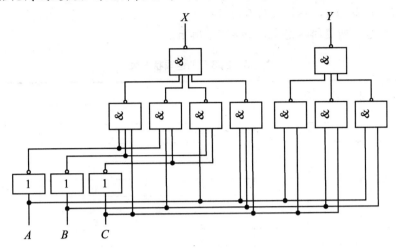

图 3.6　例 3.4 的逻辑电路图

将表 3.3 和表 3.4 进行对比不难发现，图 3.6 所示的逻辑电路实现的功能其实就是全加器。因此，如果将逻辑函数进行适当的化简或变换，一定可以用图 3.4 所示的电路图来实现此逻辑功能。具体化简和变换的过程如下：

$$X = \overline{A}\overline{B}C + \overline{A}B\overline{C} + A\overline{B}\,\overline{C} + ABC$$
$$= (\overline{A}B + A\overline{B})C + (\overline{A}\,\overline{B} + AB)\overline{C}$$
$$= (A \oplus B)C + \overline{(A \oplus B)}\,\overline{C}$$
$$= A \oplus B \oplus C$$

$$Y = \overline{A}BC + A\overline{B}C + AB\overline{C} + ABC$$
$$= (\overline{A}B + A\overline{B})C + AB(\overline{C} + C)$$
$$= \overline{\overline{(A \oplus B)C + AB}}$$
$$= \overline{\overline{(A \oplus B)C} \cdot \overline{AB}}$$

根据化简和变换的结果，此电路可以用与非门和异或门实现，如图 3.7 所示。

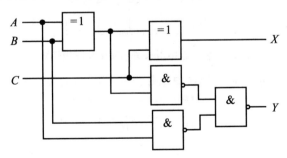

图 3.7　例 3.4 另一种形式的逻辑电路图

由此可见，同样的逻辑功能，可以有不同的实现方法。

【例 3.5】设计一个四人表决电路，1 名主裁 A，3 名副裁 B、C、D，主裁通过记 2 票，副裁通过记 1 票。若选手获得 3 票及 3 票以上，则可以过关。试用与非门实现此电路。

解：(1) 逻辑抽象。设输入变量为 A(主裁)及 B、C、D(副裁)，通过为 1，不通过为 0；输出变量为 L，过关为 1，不过关为 0。

(2) 根据题意，列逻辑状态表，如表 3.5 所示。

表 3.5　例 3.5 的逻辑状态表

A	B	C	D	L
0	0	0	0	0
0	0	0	1	0
0	0	1	0	0
0	0	1	1	0
0	1	0	0	0
0	1	0	1	0
0	1	1	0	0
0	1	1	1	1
1	0	0	0	0
1	0	0	1	1
1	0	1	0	1
1	0	1	1	1
1	1	0	0	1
1	1	0	1	1
1	1	1	0	1
1	1	1	1	1

(3) 根据状态表，用卡诺图法化简逻辑函数，如图 3.8 所示。

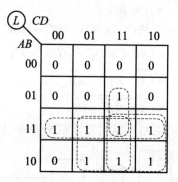

图 3.8　例 3.5 中用卡诺图法化简逻辑函数

根据图 3.8 和摩根定理，可以把逻辑函数化成与非-与非式，过程如下：

$$L = AB + AD + AC + BCD$$
$$= \overline{\overline{AB + AD + AC + BCD}}$$
$$= \overline{\overline{AB} \cdot \overline{AD} \cdot \overline{AC} \cdot \overline{BCD}}$$

(4) 根据化简或变换后的逻辑表达式画出逻辑电路图，如图 3.9 所示。

第3章 组合逻辑电路

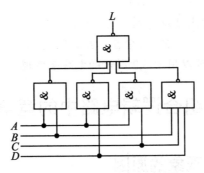

图 3.9 例 3.5 的逻辑电路图

【知识拓展】

对于组合逻辑电路，也可以根据输入和输出变量的数字波形图进行设计。数字波形图可以比较直观地反映出输入和输出变量之间的逻辑函数关系。根据给定波形图中输入变量的变化分段，然后将每一段中输入和输出变量的取值填入状态表的一行，一直到填满所有输入变量可能出现的组合为止。然后根据状态表写出逻辑表达式，并根据需要进行化简或变换，根据化简或变换后的逻辑表达式画出逻辑电路图。

【例 3.6】已知某组合逻辑电路，输入变量为 A、B、C，输出变量为 Z、L。输入和输出变量的数字波形图如图 3.10 所示，请设计此电路。

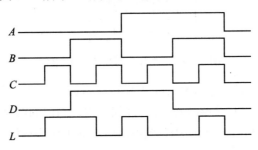

图 3.10 例 3.6 的数字波形图

解： 根据给定波形图中输入变量的变化分段，然后将每一段中输入和输出变量的取值填入状态表的一行，可以得到如表 3.6 所示的逻辑状态表。

表 3.6 例 3.6 的逻辑状态表

A	B	C	Z	L
0	0	0	0	0
0	0	1	0	1
0	1	0	1	1
0	1	1	1	0
1	0	0	1	1
1	0	1	1	0
1	1	0	0	0
1	1	1	0	1

将表 3.1 和表 3.6 进行对比可以得到：
$$Z = A \oplus B \quad L = Z \oplus C$$
因此，此组合逻辑电路可以用图 3.2 所示的电路来实现。

3.3 组合逻辑电路中的竞争冒险

3.3.1 产生竞争冒险现象的原因

前面在分析和设计组合逻辑电路时，都没有考虑逻辑门电路延迟时间对电路的影响，并且认为电路的输入和输出均处于稳定的逻辑电平。实际上，由于延迟时间的存在，当一个输入信号经过多条路径传送后又重新汇合到某个门上时，由于不同路径上门的级数不同，或者门电路延迟时间的差异，将导致到达汇合点的时间有先有后，从而产生瞬间的错误输出。这一现象称为竞争冒险。

下面通过两个简单电路的工作情况，说明产生竞争冒险的原因。

如图 3.11 所示的电路，若不考虑逻辑门电路的延迟，表达式为
$$L = A \cdot \overline{A} = 0$$

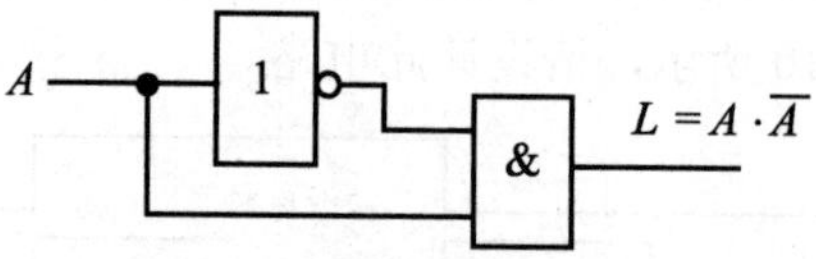

图 3.11 产生竞争冒险的电路图(1)

当 A 由 0 变为 1 时，如果考虑图 3.11 中反相器的延迟时间，即考虑 $\overline{A}$ 到达与门的时间略滞后于 A 到达与门的时间，则在很短的时间间隔内，与门的两个输入端均为 1，其输出端会出现一个高电平窄脉冲(干扰脉冲)。此电路的实际工作波形如图 3.12 所示。

图 3.12 产生竞争冒险的电路工作波形(1)

如图 3.13 所示的电路，若不考虑逻辑门电路的延迟，表达式为
$$L = A + \overline{A} = 1$$

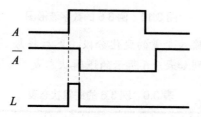

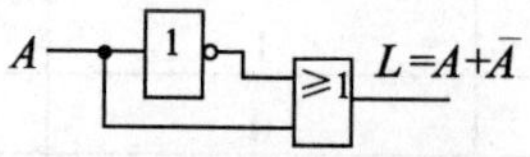

图 3.13 产生竞争冒险的电路图(2)

当 A 由 1 变为 0 时，如果考虑图 3.13 中反相器的延迟时间，即考虑 $\overline{A}$ 到达或门的时间

略滞后于 A 到达或门的时间，则在很短的时间间隔内，或门的两个输入端均为 0，其输出端出现一个低电平窄脉冲(干扰脉冲)。此电路的实际工作波形如图 3.14 所示。

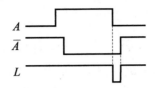

图 3.14　产生竞争冒险的电路工作波形(2)

综上所述，我们将门电路两个输入信号同时向相反的逻辑电平跳变，而变化时间有差异的现象，称为竞争。由竞争而可能产生输出干扰脉冲的现象称为冒险。

> 注意：应当指出的是，有竞争现象时不一定都会产生干扰脉冲。在图 3.11 所示的电路中，当 A 由 1 变为 0 时，不会产生冒险。在图 3.13 所示的电路中，当 A 由 0 变为 1 时，不会产生冒险。

3.3.2　检查竞争冒险现象的方法

在一个复杂的逻辑系统中，由于信号传输的路径不同，或者各个信号延迟时间的差异等因素的存在，很容易产生竞争冒险现象，因此，在电路设计中应该尽量避免竞争冒险的产生。

在一些简单情况下，可以通过代数法来判断一个组合逻辑电路是否存在竞争冒险：写出组合逻辑电路的逻辑表达式，当某些逻辑变量取特定值(0 或 1)时，如果表达式能转换为 $L = A \cdot \overline{A}$ 或 $L = A + \overline{A}$ 的形式，则此电路可能存在竞争冒险。

例如，某组合逻辑电路的输出逻辑表达式为

$$L = AB + \overline{A}C$$

当输入变量 $B = C = 1$ 时，逻辑函数变为 $L = A + \overline{A}$，因此电路存在竞争冒险现象。

再如，某组合逻辑电路的输出逻辑表达式为

$$L = (A + B)(\overline{A} + C)$$

当输入变量 $B = C = 0$ 时，逻辑函数变为 $L = A \cdot \overline{A}$，因此电路存在竞争冒险现象。

> 注意：如果输入变量的数目较多，一般难以从逻辑表达式上简单地找出所有可能产生竞争冒险的情况。此时可以通过在计算机上运行数字电路的仿真程序，查出此电路是否会存在竞争冒险现象。
> 也可以用实验的方法来检查组合电路的输出端是否会出现竞争冒险。应该注意的是，此时电路的输入信号应该包含所有可能发生的状态变化。

3.3.3　消除竞争冒险现象的方法

根据上述产生竞争冒险的原因，常用下列方法消除竞争冒险。

1. 发现并消掉互补变量

例如，逻辑表达式为 $F = (A + B)(\overline{A} + C)$，当 $B = C = 0$ 时，$F = A\overline{A}$，若直接由这个逻

辑表达式组成逻辑电路，可能出现竞争冒险。此时可将表达式变换为 $F = AC + \overline{A}B + BC$，将 $A\overline{A}$ 消去，由这个表达式组成的逻辑电路不会出现竞争冒险。

2. 增加乘积项

例如，逻辑表达式为 $L = AC + B\overline{C}$，当 $A = B = 1$ 时，$L = C + \overline{C}$，存在竞争冒险。若利用常用恒等式，将其变为 $L = AC + B\overline{C} + AB$，则当 $A = B = 1$ 时，$L = C + \overline{C} + 1$，就消除了 C 的状态变化对输出状态的影响，从而消除了竞争冒险。

3. 在输出端并联电容器

由于竞争冒险产生的干扰脉冲的宽度一般都很窄，可以在可能产生冒险的门电路输出端并接一个滤波电容(一般为 4~20pF)，利用电容两端的电压不能突变的特性，使输出波形上升沿和下降沿都变得比较缓慢，从而消除冒险现象。不过，此方法会使正确的输出波形的上升沿或者下降沿变得缓慢。

以上介绍的是产生竞争冒险现象的原因以及消除方法，要很好地解决这类问题，还必须在实践中积累和总结经验。

3.4 几种常用的组合逻辑电路

某些常用的组合逻辑电路模块已经被做成了标准化的中规模集成电路，在大规模集成电路芯片设计中，也经常把它们用作标准模块，用来设计更复杂的数字系统。

下面介绍几种最常用的组合逻辑电路模块，着重分析它们的工作原理和基本应用方法。

3.4.1 加法器

两个二进制数之间的算术运算，无论是加、减、乘、除，目前在数字系统中均需要化作若干步加法运算进行。因此，加法器是构成数字系统的常见单元电路。

1. 1 位加法器

1) 半加器

半加器和全加器是算术运算电路中的基本单元，它们是完成 1 位二进制数相加的一种组合逻辑电路，因此统称为 1 位加法器。

如果不考虑来自低位的进位，仅仅将两个 1 位二进制数相加，称为半加，实现半加运算的电路称为半加器。

半加器的逻辑状态表如表 3.2 所示，图 3.3 所示为实现半加器的逻辑电路图。

根据状态表和例 3.2，不难得出

$$S = A\overline{B} + \overline{A}B = A \oplus B \qquad C = AB \tag{3.2}$$

因此，半加器逻辑图的另一种比较简单的形式如图 3.15 所示。

半加器的图形符号如图 3.16 所示。

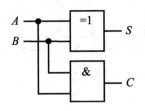

图 3.15 半加器的逻辑电路图

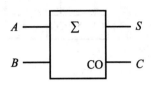

图 3.16 半加器的图形符号

2) 全加器

将两个多位二进制数相加时,除了最低位以外,每一位都应该考虑来自低位的进位,即将对应位的被加数、加数和来自低位的进位三个数相加。这种运算称为全加,实现全加的电路称为全加器。

全加器的逻辑状态表如表 3.3 所示,图 3.4 和图 3.6 是实现全加器的两种不同形式的逻辑电路图。

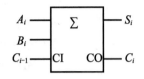

图 3.17 全加器的图形符号

全加器的图形符号如图 3.17 所示。

图 3.17 中,A_i、B_i 是被加数和加数,C_{i-1} 是低位向本位的进位,S_i 为本位和,C_i 为本位向高位的进位。

由例 3.3 可知

$$\begin{cases} S_i = A_i \oplus B_i \oplus C_{i-1} \\ C_i = (A_i \oplus B_i)C_{i-1} + A_i B_i \end{cases} \quad (3.3)$$

根据式(3.2)和式(3.3),可以画出由半加器和门电路构成全加器的逻辑电路图,如图 3.18 所示。

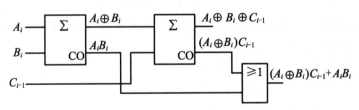

图 3.18 由半加器和门电路构成的全加器的逻辑电路图

2. 多位加法器

1) 串行进位加法器

如果将多个全加器从低位到高位依次排列,同时把低位全加器的进位输出端 CO 接到高位全加器的进位输入端 CI,就可以构成多位串行进位加法器。

两个 4 位二进制数 $A_3A_2A_1A_0$ 和 $B_3B_2B_1B_0$ 相加,可以用如图 3.19 所示的 4 位串行进位加法器实现。因为最低位 A_0 和 B_0 相加时,没有来自低位的进位输入,所以最低位全加器的进位输入端应接低电平。

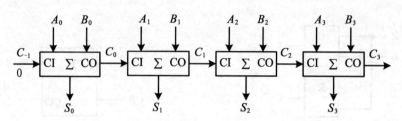

图 3.19 4 位串行进位加法器

💡 **注意：** 串行进位加法器的每一位进位输出信号送给下一位作为进位输入信号，因此，任一位的加法运算必须在低位的运算完成之后才能进行，这种进位方式称为串行进位。

串行进位加法器的逻辑电路简单，但是运算速度不高。为克服这一缺点，可以采用超前进位等方式。

2) 超前进位加法器

为了提高加法器的运算速度，必须设法减小由于进位信号逐级传递所耗费的时间。我们希望设计出一种逻辑电路，可以事先得出每一位全加器的进位输入信号，而无须再从最低位开始向高位逐位传递进位信号，从而有效地提高运算速度。采用这种结构形式的加法器称为超前进位加法器。

下面具体分析超前进位的原理。

根据式(3.3)，定义两中间变量 G_i 和 P_i：

$$G_i = A_i B_i \tag{3.4}$$

$$P_i = A_i \oplus B_i \tag{3.5}$$

当 $A_i = B_i = 1$ 时，$G_i = 1$，由式(3.3)得 $C_i = 1$，即产生进位，所以 G_i 称为产生变量。

若 $P_i = 1$，则 $A_i B_i = 0$，由式(3.3)得 $C_i = C_{i-1}$，即 $P_i = 1$ 时，低位的进位能传送到高位的进位输出端，故 P_i 称为传输变量。

两中间变量 G_i 和 P_i 都与进位信号无关。

将式(3.4)和式(3.5)分别代入全加器公式(3.3)，可得

$$S_i = P_i \oplus C_{i-1} \tag{3.6}$$

$$C_i = G_i + P_i C_{i-1} \tag{3.7}$$

由式(3.7)可得各进位信号的逻辑表达式为

$$\begin{cases} C_0 = G_0 + P_0 C_{-1} \\ C_1 = G_1 + P_1 C_0 = G_1 + P_1 G_0 + P_1 P_0 C_{-1} \\ C_2 = G_2 + P_2 C_1 = G_2 + P_2 G_1 + P_2 P_1 G_0 + P_2 P_1 P_0 C_{-1} \\ C_3 = G_3 + P_3 C_2 = G_3 + P_3 G_2 + P_3 P_2 G_1 + P_3 P_2 P_1 G_0 + P_3 P_2 P_1 P_0 C_{-1} \end{cases} \tag{3.8}$$

根据式(3.8)可知，各进位信号只与 G_i、P_i 和 C_{-1} 有关，而 C_{-1} 是最低位的进位输入信号，即 $C_{-1} = 0$，且 G_i 和 P_i 只与 A_i 和 B_i 有关，因此各位的进位信号都只与两个加数有关，它们是可以通过每位的两个加数并行产生的，无须等到进位信号输入后再产生。

利用简单的门电路(如与门和或门)即可实现式(3.8)所表示的超前进位电路。

根据式(3.4)、式(3.5)和式(3.8)构成的集成 4 位加法器 74HC283 的结构示意图如图 3.20

所示，此芯片的具体逻辑图请查阅相关的数据手册。

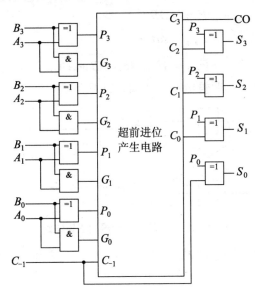

图 3.20　74HC283 的结构示意图

将两片集成 4 位加法器 74HC283 串行级联，可以实现 8 位二进制数相加，级联的逻辑电路图从略(可以参考图 3.19 所示的方法)。

> **注意：** 超前进位加法器运算时间的缩短要以增加电路复杂程度为代价，当加法器的位数增加时，电路的复杂程度也随之急剧上升。

3.4.2　数值比较器

在一些数字系统(如计算机)中，经常需要对两个数的大小进行比较，完成这一功能的逻辑电路称为数值比较器。对两个数 A、B 进行比较，以判断其大小，结果有 $A>B$、$A<B$、$A=B$ 三种情况。

1．1 位数值比较器

1 位数值比较器的功能是对 1 位二进制数进行比较，它是多位比较器的基础。对两个 1 位二进制数 A、B 进行比较时，A、B 只能取 0 或 1 两种数值，由此可以写出 1 位数值比较器的状态表，如表 3.7 所示。

表 3.7　1 位数值比较器的状态表

输入		输出		
A	B	$F_{A>B}$	$F_{A<B}$	$F_{A=B}$
0	0	0	0	1
0	1	0	1	0
1	0	1	0	0
1	1	0	0	1

由表 3.7 可以写出逻辑表达式为

$$F_{A>B} = A\overline{B}$$
$$F_{A<B} = \overline{A}B$$
$$F_{A=B} = \overline{\overline{A}B} + \overline{A}\overline{B} = \overline{\overline{A}\overline{B} + A\overline{B}}$$

由逻辑表达式可以画出其逻辑电路，如图 3.21 所示。

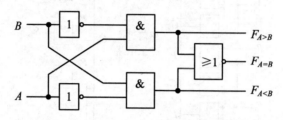

图 3.21　1 位数值比较器的逻辑电路

图 3.21 中，A、B 为两个被比较数；$F_{A>B}$、$F_{A<B}$、$F_{A=B}$ 分别为三种情况下的比较结果，根据被比较数的实际大小关系，相应的输出端输出逻辑 1。

2．多位数值比较器

1 位数值比较器可以用来构成多位数值比较器，下面以 2 位数值比较器为例来介绍构成方法。

A_1A_0 和 B_1B_0 为两个被比较的 2 位二进制数；$F_{A>B}$、$F_{A<B}$、$F_{A=B}$ 分别为三种情况下的比较结果，根据被比较数的实际大小关系，相应的输出端输出逻辑 1。

当高位 A_1 和 B_1 不相等时，不需要比较低位 A_0 和 B_0，两个被比较数的大小关系就是高位的大小关系。当高位 A_1 和 B_1 相等时，才需要比较低位 A_0 和 B_0，两个被比较数的大小关系由低位的比较结果决定。利用 1 位数值的比较结果，可以列出简化的状态表，如表 3.8 所示。

表 3.8　2 位数值比较器的状态表

输入				输出		
A_1	B_1	A_0	B_0	$F_{A>B}$	$F_{A<B}$	$F_{A=B}$
$A_1 > B_1$		×		1	0	0
$A_1 < B_1$		×		0	1	0
$A_1 = B_1$		$A_0 > B_0$		1	0	0
$A_1 = B_1$		$A_0 < B_0$		0	1	0
$A_1 = B_1$		$A_0 = B_0$		0	0	1

由表 3.8 可以写出逻辑表达式为

$$F_{A>B} = F_{A_1>B_1} + F_{A_1=B_1} \cdot F_{A_0>B_0}$$
$$F_{A<B} = F_{A_1<B_1} + F_{A_1=B_1} \cdot F_{A_0<B_0}$$
$$F_{A=B} = F_{A_1=B_1} \cdot F_{A_0=B_0}$$

由逻辑表达式可以画出逻辑电路，如图 3.22 所示。

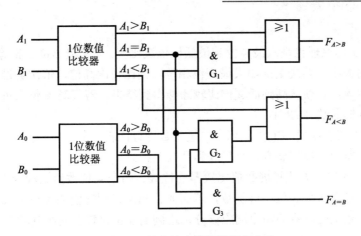

图 3.22 2 位数值比较器的逻辑电路

图 3.22 中,若 A_1A_0 和 B_1B_0 高位不相等,则高位比较结果即为比较结果,与低位无关(这时与门 G_1、G_2、G_3 均封锁,高位比较结果从或门直接输出);若高位相等,与门 $G_1\sim G_3$ 均打开,两个或门也打开,低位比较结果决定两数的大小。

用上述方法可以构成更多位的数值比较器。

3. 集成数值比较器

常用的中规模集成数值比较器有 74×85 和 74×682 等。74×85 是 4 位数值比较器,74×682 是 8 位数值比较器。下面主要介绍 CMOS 产品 74HC85。

74HC85 是集成 4 位数值比较器,其功能表如表 3.9 所示。

表 3.9 74HC85 的功能表

比较输入				级联输入			输出		
A_3 B_3	A_2 B_2	A_1 B_1	A_0 B_0	$A>B$	$A<B$	$A=B$	$F_{A>B}$	$F_{A<B}$	$F_{A=B}$
$A_3>B_3$	×	×	×	×	×	×	1	0	0
$A_3<B_3$	×	×	×	×	×	×	0	1	0
$A_3=B_3$	$A_2>B_2$	×	×	×	×	×	1	0	0
$A_3=B_3$	$A_2<B_2$	×	×	×	×	×	0	1	0
$A_3=B_3$	$A_2=B_2$	$A_1>B_1$	×	×	×	×	1	0	0
$A_3=B_3$	$A_2=B_2$	$A_1<B_1$	×	×	×	×	0	1	0
$A_3=B_3$	$A_2=B_2$	$A_1=B_1$	$A_0>B_0$	×	×	×	1	0	0
$A_3=B_3$	$A_2=B_2$	$A_1=B_1$	$A_0<B_0$	×	×	×	0	1	0
$A_3=B_3$	$A_2=B_2$	$A_1=B_1$	$A_0=B_0$	1	0	0	1	0	0
$A_3=B_3$	$A_2=B_2$	$A_1=B_1$	$A_0=B_0$	0	1	0	0	1	0
$A_3=B_3$	$A_2=B_2$	$A_1=B_1$	$A_0=B_0$	×	×	1	0	0	1
$A_3=B_3$	$A_2=B_2$	$A_1=B_1$	$A_0=B_0$	1	1	0	0	0	0
$A_3=B_3$	$A_2=B_2$	$A_1=B_1$	$A_0=B_0$	0	0	0	1	1	0

由表 3.9 可知,74HC85 的输入端包括四个比较输入端和三个级联输入端,级联输入端与其他数值比较器的输出连接,可以很方便地组成位数更多的数值比较器。74HC85 有三个

输出端。

74HC85 的工作原理也是从最高位到最低位依次比较。如果最高位不相等,则比较结果可以由最高位的大小关系决定;如果最高位相等,则比较次高位,依次类推。显然,如果两个被比较数相等,必须从高到低逐位比较才能得到结果。若仅对 4 位二进制数进行比较时,应该令级联输入端 $A=B=1$。

如果要用 74HC85 对多位(大于 4 位)二进制数进行比较,则需要进行数值比较器的位数扩展。数值比较器的位数扩展方式有串联和并联两种。

图 3.23 所示为串联方式扩展数值比较器的位数。两个 4 位数值比较器串联成为一个 8 位数值比较器。对于两个 8 位二进制数,若高 4 位相同,则它们的大小由低 4 位的比较结果决定。因此低 4 位比较器的输出端应该分别送到高 4 位比较器的级联输入端。

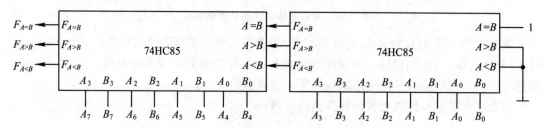

图 3.23 串联方式扩展数值比较器的位数

图 3.24 所示为并联方式扩展数值比较器的位数。图 3.24 完成的是 16 位二进制数的比较。从图中可以看出,数值比较器位数的并联扩展采用两级比较的方法,将被比较数的 16 位按照高低位顺序分为四组,每组 4 位,各组的比较同时进行。将每组的比较结果再经过 4 位比较器进行比较后得出最终结果。图 3.24 的具体工作原理请读者自行分析。

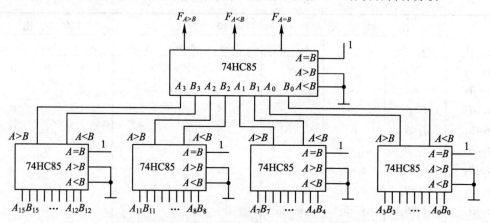

图 3.24 并联方式扩展数值比较器的位数

通常情况下,数值比较器位数的并联扩展方式比串联扩展方式实时性好。由图 3.23 和图 3.24 可知,对于 16 位二进制数的比较,采用并联扩展方式所需时间为 74HC85 延迟时间的两倍,而采用串联扩展方式所需时间为 74HC85 延迟时间的四倍,而且位数越多,串联扩展方式所需时间越长。因此,当被比较数位数较多而且要满足一定的速度要求时,一般采用并联方式扩展位数。

【知识拓展】

目前市场上的集成数值比较器产品，有些采用的是和 74HC85 不同的电路结构形式。因为电路结构不同，级联输入端的使用方法也不完全一样，使用的时候应该根据功能表灵活运用。

3.4.3 数据选择器

在数字信号传输过程中，有时需要从一组输入数据中选择某一个特定的数据，并将此数据传送到公共数据线上，实现此功能的逻辑电路称为数据选择器。

数据选择器的作用相当于多个输入的单刀多掷开关，其示意图如图 3.25 所示。

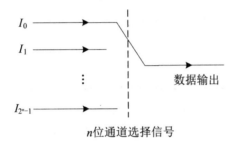

图 3.25 数据选择器示意图

1. 4 选 1 的数据选择器

现在以 4 选 1 的数据选择器为例，说明数据选择器的工作原理和基本功能。如图 3.26 所示为 4 选 1 的数据选择器的逻辑电路。

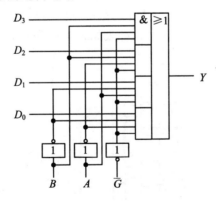

图 3.26 4 选 1 数据选择器的逻辑电路

根据图 3.26，可以得出其逻辑表达式为

$$Y = \overline{\overline{G}\,\overline{B}\,\overline{A}D_0 + \overline{G}\,\overline{B}AD_1 + \overline{G}B\overline{A}D_2 + \overline{G}BAD_3}$$

根据逻辑表达式和图 3.26，不难分析出电路的工作原理。D_0、D_1、D_2 和 D_3 是输入的一组四个二进制数据。B、A 是地址选择端，根据 B、A 的取值不同，可以产生四个地址信号。$\overline{G}$ 是低电平有效的使能端，当 $\overline{G}=1$ 时，所有的与门均被封锁，无论输入何种信号，电路输出信号永远为低电平；只有当 $\overline{G}=0$ 时，才能根据地址选择端的取值来决定哪一个与门

打开。当地址选择端 B、A 的取值确定后，只有一个与门打开，此与门所对应的那一路输入信号被选中并送到电路的输出端。例如，当 $\overline{G}=0$ 且 $B=A=0$ 时，D_0 信号被选中，此时有 $Y=D_0$。

4 选 1 的数据选择器的功能表如表 3.10 所示。

表 3.10　4 选 1 数据选择器的功能表

输入			输出
使能	地址		
$\overline{G}$	B	A	Y
1	×	×	0
0	0	0	D_0
0	0	1	D_1
0	1	0	D_2
0	1	1	D_3

依照上述原理，可以构成更多路输入的数据选择器。输入信号越多，所需的地址选择端的位数也越多。若某数据选择器有 n 位地址选择端，那么最多有 2^n 路输入信号。

2．集成数据选择器

常用的集成电路数据选择器有很多种类，例如四 2 选 1 的数据选择器 74×157、双 4 选 1 的数据选择器 74×153、8 选 1 的数据选择器 74×151 等。现在以 CMOS 产品 74HC151 为例介绍集成数据选择器的功能和应用。

74HC151 有三个地址输入端 C、B、A，可以对 8 路($D_0 \sim D_7$)输入数据进行选择。它具有两个互补输出端 Y 和 $\overline{Y}$，具有一个低电平有效的使能端 $\overline{G}$。

74HC151 的逻辑图如图 3.27 所示，功能表如表 3.11 所示。

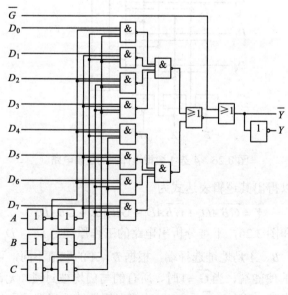

图 3.27　数据选择器 74HC151 的逻辑图

表 3.11 数据选择器 74HC151 的功能表

输入				输出	
使能	地址选择				
$\overline{G}$	C	B	A	Y	$\overline{Y}$
1	×	×	×	0	1
0	0	0	0	D_0	$\overline{D_0}$
0	0	0	1	D_1	$\overline{D_1}$
0	0	1	0	D_2	$\overline{D_2}$
0	0	1	1	D_3	$\overline{D_3}$
0	1	0	0	D_4	$\overline{D_4}$
0	1	0	1	D_5	$\overline{D_5}$
0	1	1	0	D_6	$\overline{D_6}$
0	1	1	1	D_7	$\overline{D_7}$

根据图 3.27,不难分析出电路的工作原理。$D_0 \sim D_7$ 是输入的一组八个二进制数据。C、B、A 是地址选择端,根据 C、B、A 的取值不同,可以产生八个地址信号。$\overline{G}$ 是低电平有效的使能端,当 $\overline{G}=1$ 时,无论输入何种信号,电路输出信号永远为低电平;只有当 $\overline{G}=0$ 时,才能根据地址选择端的取值来决定哪一个与门打开。当地址选择端 C、B、A 的取值确定后,只有一个与门打开,此与门所对应的那一路输入信号被选中并送到电路的输出端。例如,当 $\overline{G}=0$ 且 $C=B=A=0$ 时,D_0 信号被选中,此时有 $Y=D_0$。

根据表 3.11,可以得出输出信号 Y 的逻辑表达式为

$$Y = \overline{\overline{G}}\,\overline{C}\,\overline{B}\,\overline{A}D_0 + \overline{\overline{G}}\,\overline{C}\,\overline{B}AD_1 + \overline{\overline{G}}\,\overline{C}B\overline{A}D_2 + \overline{\overline{G}}\,\overline{C}BAD_3 + $$
$$\overline{\overline{G}}C\overline{B}\,\overline{A}D_4 + \overline{\overline{G}}C\overline{B}AD_5 + \overline{\overline{G}}CB\overline{A}D_6 + \overline{\overline{G}}CBAD_7 \quad (3.9)$$
$$= \overline{\overline{G}}\sum_{i=0}^{7} m_i D_i$$

式(3.9)中,m_i 为 CBA 的最小项。根据式(3.9)可知,当 $\overline{G}=1$ 时,$Y=0$;当 $\overline{G}=0$ 时,Y 和 C、B、A 的取值有关。当 $CBA=110$ 时,根据最小项性质,只有 m_6 为 1,其余各最小项均为 0,因此 $Y=D_6$,即将输入信号 D_6 选中并传送到输出端。

3. 数据选择器的扩展

数据选择器的扩展分为位的扩展和字的扩展。

前面讨论的是对八个 1 位二进制数据进行选择,即每次只能选择 1 位二进制数。如果需要对八个 2 位二进制数据进行选择时,可以把两片 74HC151 并联,将它们的使能端相连,相应的地址选择端相连,这种电路连接方式称为位的扩展。

数据选择器位的扩展如图 3.28 所示,图 3.28 的功能是 2 位 8 选 1 数据选择器。当需要进一步扩充位数时,只需要相应地增加 74HC151 的数量。

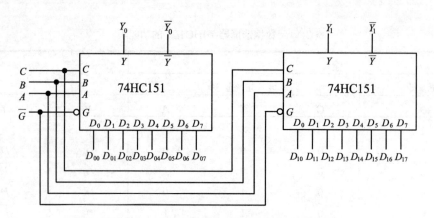

图 3.28　2 位 8 选 1 数据选择器的逻辑电路图

74HC151 是 8 选 1 的数据选择器，如果把两片 74HC151 适当连接，构成 16 选 1 的数据选择器，则此连接方式称为字的扩展，如图 3.29 所示。

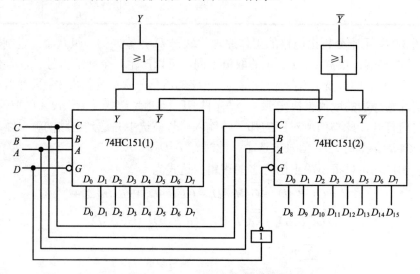

图 3.29　16 选 1 数据选择器的逻辑电路图

由图 3.29 可知，16 选 1 的数据选择器有 4 位地址选择端 D、C、B、A。当地址选择端最高位 $D=0$ 时，第一片 74HC151 工作，根据地址输入端 C、B、A，可以对 8 路($D_0 \sim D_7$)输入数据进行选择；当地址选择端最高位 $D=1$ 时，第二片 74HC151 工作，根据地址输入端 C、B、A，可以对 8 路($D_8 \sim D_{15}$)输入数据进行选择。

4．用数据选择器产生逻辑函数

数据选择器除了选择数据的功能之外还有其他用途，如产生逻辑函数就是数据选择器的典型应用之一。

由式(3.9)可知，当 $\overline{G}=0$ 时，有

$$Y = \sum_{i=0}^{7} m_i D_i$$

式中，m_i 为 CBA 的最小项。因此可以把三变量逻辑函数变换成最小项表达式，看表达式中都含有哪几项最小项，就令相应的 $D_i=1$，其余的 $D_i=0$，并把三变量逻辑函数的自变量按照

高低位顺序接到 74HC151 的地址输入端 C、B、A 即可。

因此可以归纳出，利用 74HC151 实现三变量逻辑函数的步骤如下。

(1) 将函数变换成最小项表达式。

(2) 根据最小项表达式确定各数据输入端的二元常量。

(3) 将地址选择端 C、B、A 作为输入变量，$D_0 \sim D_7$ 作为控制信号，控制各最小项在输出函数中是否出现。同时，使能端 $\overline{G}=0$。

【例 3.7】用数据选择器 74HC151 产生逻辑函数 $L=\overline{X}YZ+X\overline{Y}Z+XY$。

解： 将函数变换成最小项表达式，有

$$L(X,Y,Z)=\overline{X}YZ+X\overline{Y}Z+XY$$
$$=\overline{X}YZ+X\overline{Y}Z+XY(Z+\overline{Z})$$
$$=\overline{X}YZ+X\overline{Y}Z+XYZ+XY\overline{Z}$$
$$=m_3+m_5+m_6+m_7$$

显然，D_3、D_5、D_6、D_7 均为 1，其余的四个数据输入端为 0，且 $\overline{G}=0$。

逻辑电路图如图 3.30 所示。

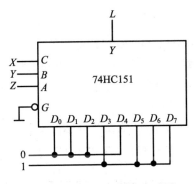

图 3.30 例 3.7 的逻辑电路图

【例 3.8】用数据选择器 74HC151 产生逻辑函数 $L=X\oplus Y\oplus Z$。

解： 列逻辑状态表，如表 3.12 所示。

表 3.12 例 3.8 的逻辑状态表

X	Y	Z	L
0	0	0	0
0	0	1	1
0	1	0	1
0	1	1	0
1	0	0	1
1	0	1	0
1	1	0	0
1	1	1	1

由表 3.12 可以写出 L 的最小项表达式，即

$$L=m_1+m_2+m_4+m_7$$

显然，应该令 74HC151 的 D_1、D_2、D_4、D_7 均为 1，其余的四个数据输入端为 0，且 $\overline{G}=0$。

逻辑电路图如图 3.31 所示。

通过例 3.7 和例 3.8 可知,只要写出三变量逻辑函数的最小项表达式后,就可以直接用 74HC151 实现三变量逻辑函数,而无须再进行逻辑函数的化简变换。

5. 用数据选择器实现并行数据到串行数据的转换

如图 3.32 所示为 8 选 1 数据选择器 74HC151 实现并行数据向串行数据转换的逻辑电路图。

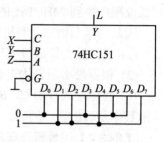

图 3.31 例 3.8 的逻辑电路图

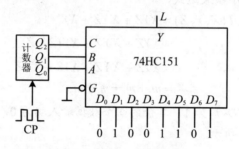

图 3.32 并、串数据转换

若图 3.32 中的计数器输出是从 000 到 111 逐次递增的 3 位二进制数,那么随着计数器的输出不同(即 74HC151 的地址选择端取值不同),电路的输出端 L 随之接通 $D_0 \sim D_7$。若数据选择器的数据输入端 $D_0 \sim D_7$ 与一个并行 8 位二进制数 01001101 相连,输出端 L 会将八个二进制数码 01001101 依次串行输出。

图 3.32 所示电路的输出信号 L 随计数器时钟脉冲 CP 变换的时序图如图 3.33 所示。

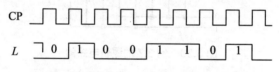

图 3.33 并行数据到串行数据转换的时序图

图 3.33 中,输出信号 L 最左端的虚线表示初始值任意,只要从第一个时钟有效沿开始,计数器输出的信号为 000,那么图 3.32 所示电路输出的时序波形即如图 3.33 所示。

3.4.4 编码器

1. 编码器的定义和功能

在数字系统中,编码是指将一系列不同的事物分别用不同的数字代码表示。在二值数字系统中,信号都是以高低电平的形式给出的。因此,编码器的功能就是将输入(被编码对象)的每一个高低电平信号编成一个对应的二进制代码。

如图 3.34 所示为二进制编码器的示意图,它有 n 位二进制码输出,与 2^n 个输入相对应,即把 2^n 个被编码对象分别编成不同的 n 位二进制代码。

图 3.34 二进制编码器的示意图

2. 普通编码器

下面以 4—2 线普通编码器为例,介绍编码器的工作原理。

4—2 线编码器的逻辑状态表如表 3.13 所示。它具有四个输入信号,并且输入信号高电平有效。为了保证每个有效输入信号都能编成唯一的二进制代码,则要求编码器的输出有四个状态。若输出取 n 位,则应使

$$2^n \geq 4$$

且 n 为最小正整数。

不难计算出 $n=2$,即此编码器有两个信号输出端,可以输出两位二进制代码。

表 3.13 4—2 线编码器的逻辑状态表

输 入				输 出	
I_0	I_1	I_2	I_3	Y_1	Y_0
1	0	0	0	0	0
0	1	0	0	0	1
0	0	1	0	1	0
0	0	0	1	1	1

此编码器正常使用时,四个信号输入端中必须而且只能有一个是有效输入,即必须而且只能有一个取值为 1。因此,表 3.13 中只列出了输入变量的四种有效组合。

对于输入或输出变量,若取值为 1,用原变量表示;若取值为 0,用反变量表示。由表 3.13 可以得到输出信号的逻辑表达式为

$$Y_1 = \overline{I_0}\,\overline{I_1}\,I_2\,\overline{I_3} + \overline{I_0}\,\overline{I_1}\,\overline{I_2}\,I_3$$
$$Y_0 = \overline{I_0}\,I_1\,\overline{I_2}\,\overline{I_3} + \overline{I_0}\,\overline{I_1}\,\overline{I_2}\,I_3$$

根据逻辑表达式可以得到逻辑电路图,如图 3.35 所示。

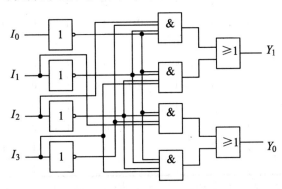

图 3.35 4—2 线编码器的逻辑电路图

由图 3.35 可知,当 $I_0 \sim I_3$ 中某一个为 1 时,输出 Y_1Y_0 即为对应的代码。但是此电路存在一个问题,即当 $I_0=1$,$I_1 \sim I_3$ 均为 $0(I_0$ 为有效输入)时,$Y_1Y_0=00$;当 $I_0 \sim I_3$ 均为 0(四个输入端均为无效输入)时,$Y_1Y_0=00$,这两种情况无法区分。但是在实际情况中,这两种情况必须加以区分,因此可以采用如图 3.36 所示的逻辑电路。

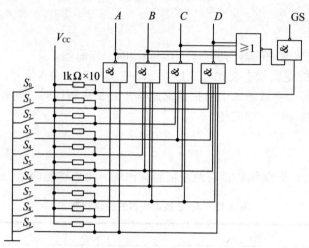

图 3.36　8421BCD 码编码器逻辑电路图

图 3.36 所示的逻辑电路是用十个按键和若干门电路组成的 8421BCD 码编码器。图 3.36 中的十个按键代表电路的十个信号输入端,每个按键按下即表示此信号输入端取值为 0,不按下即表示此信号输入端取值为 1。电路有五个输出端 A、B、C、D 和 GS。

根据图 3.36 中的电路组成,可以得到如表 3.14 所示的逻辑状态表。

表 3.14　8421BCD 码编码器的逻辑状态表

输入										输出				
S_9	S_8	S_7	S_6	S_5	S_4	S_3	S_2	S_1	S_0	A	B	C	D	GS
1	1	1	1	1	1	1	1	1	1	0	0	0	0	0
1	1	1	1	1	1	1	1	1	0	0	0	0	0	1
1	1	1	1	1	1	1	1	0	1	0	0	0	1	1
1	1	1	1	1	1	1	0	1	1	0	0	1	0	1
1	1	1	1	1	1	0	1	1	1	0	0	1	1	1
1	1	1	1	1	0	1	1	1	1	0	1	0	0	1
1	1	1	1	0	1	1	1	1	1	0	1	0	1	1
1	1	1	0	1	1	1	1	1	1	0	1	1	0	1
1	1	0	1	1	1	1	1	1	1	0	1	1	1	1
1	0	1	1	1	1	1	1	1	1	1	0	0	0	1
0	1	1	1	1	1	1	1	1	1	1	0	0	1	1

对逻辑电路图和状态表进行分析可知,该编码器为输入低电平有效。在按下 $S_0 \sim S_9$ 中任一键时,即输入信号中有一个为有效电平时,GS=1,代表有信号输入;只有 $S_0 \sim S_9$ 均为高电平时,GS=0,代表无有效信号输入,此时输出 ABCD=0000 为无效代码。因此,此编码器可以根据 GS 的取值不同来解决图 3.35 所示的电路存在的问题。

3. 优先编码器

图 3.36 所示的逻辑电路要想正常工作,十个按键最多只能有一个按下。若同时按下两个或者更多按键时,将造成输出混乱。例如,若 S_5 和 S_6 同时按下时,ABCD=0111,GS=1;

若 S_7 按下时，同样有 $ABCD$=0111，GS=1。两种情况下输出信号完全一样，不能加以区分。

为了解决这种问题，必须区分同时输入的若干有效信号的轻重缓急程度。当编码器同时输入多个有效信号时，只对最重要(即优先级别最高)的输入信号进行优先编码。能够识别多个有效输入信号的优先级别并进行优先编码的逻辑电路称为优先编码器。

下面以 4—2 线优先编码器为例介绍优先编码器的原理。4—2 线优先编码器的逻辑状态表如表 3.15 所示。

表 3.15 4—2 线优先编码器的逻辑状态表

输 入				输 出	
I_0	I_1	I_2	I_3	Y_1	Y_0
1	0	0	0	0	0
×	1	0	0	0	1
×	×	1	0	1	0
×	×	×	1	1	1

由表 3.15 可知，此编码器输入为高电平有效，且 I_3 的优先级别最高，I_0 的优先级别最低。对于 I_3，无论其他三个输入端输入如何，只要 I_3 输入有效电平"1"，输出即为 11。对于 I_0，只有当 I_3、I_2、I_1 均为 0，且 I_0 为 1 时，输出才为 00。

此编码器四个输入端的优先级别高低次序为：

高 $\longrightarrow$ I_3、I_2、I_1、I_0 低

优先编码器允许多个输入信号同时为 1，此时只对优先级别最高的输入信号进行编码。由表 3.15 可以得到逻辑表达式为

$$Y_1 = I_2\overline{I_3} + I_3$$
$$Y_0 = I_1\overline{I_2 I_3} + I_3$$

由于表 3.15 中包含了无关项，故 4—2 线优先编码器比前面的 4—2 线非优先编码器简单。

4．集成电路优先编码器

下面以 4000 系列 CMOS 集成电路优先编码器 CD4532 为例，主要介绍它的逻辑功能和使用方法。

CD4532 属于集成 8—3 线优先编码器，其功能表如表 3.16 所示。

表 3.16 优先编码器 CD4532 的功能表

输 入									输 出				
EI	I_0	I_1	I_2	I_3	I_4	I_5	I_6	I_7	Y_2	Y_1	Y_0	GS	EO
0	×	×	×	×	×	×	×	×	0	0	0	0	0
1	0	0	0	0	0	0	0	0	0	0	0	0	1
1	×	×	×	×	×	×	×	1	1	1	1	1	0
1	×	×	×	×	×	×	1	0	1	1	0	1	0

续表

EI	输入								输出				
	I_0	I_1	I_2	I_3	I_4	I_5	I_6	I_7	Y_2	Y_1	Y_0	GS	EO
1	×	×	×	×	×	1	0	0	1	0	1	1	0
1	×	×	×	×	1	0	0	0	1	0	0	1	0
1	×	×	×	1	0	0	0	0	0	1	1	1	0
1	×	×	1	0	0	0	0	0	0	1	0	1	0
1	×	1	0	0	0	0	0	0	0	0	1	1	0
1	1	0	0	0	0	0	0	0	0	0	0	1	0

由表 3.16 可知，该编码器有一个高电平有效的使能端 EI、八个高电平有效的信号输入端 $I_0 \sim I_7$、三个高电平有效的编码输出端 $Y_0 \sim Y_2$，还有输出使能端 EO 和优先编码工作状态标志 GS。CD4532 的八个输入端的优先级别从 $I_7 \sim I_0$ 依次递减。

当使能端 EI=1 时，编码器工作，若同时有多个有效的信号输入，则对优先级别最高的输入信号进行优先编码；当使能端 EI=0 时，编码器不工作，此时无论输入端信号是否有效，编码输出端 $Y_0 \sim Y_2$、输出使能端 EO 和优先编码工作状态标志 GS 均为 0。

只有在 EI=1 且所有信号输入端均无效时，输出使能端 EO=1。它可以与另一片 CD4532 的使能端 EI 相连，让另一片编码器正常工作，从而组成更多输入端的优先编码器。

当使能端 EI=1 且至少有一个信号输入端有效时，优先编码工作状态标志 GS=1，表明 CD4532 处于工作状态，否则 GS=0。因此，优先编码工作状态标志 GS 的功能是用来区分当电路所有输入端均无效，或者只有 I_0 有效时，编码输出端 $Y_2 Y_1 Y_0$ 均为 000 的情况。

根据表 3.16 可以得到各输出端的逻辑表达式(利用 $A + \overline{A}B = A + B$ 和 $A + \overline{A} = 1$ 化简)为

$$\text{EO} = \text{EI} \, \overline{I_0 I_1 I_2 I_3 I_4 I_5 I_6 I_7}$$

$$\overline{\text{EO}} = \overline{\text{EI}} + I_0 + I_1 + I_2 + I_3 + I_4 + I_5 + I_6 + I_7$$

$$\overline{\text{GS}} = \overline{\text{EI}} + \text{EI}(\overline{I_0 I_1 I_2 I_3 I_4 I_5 I_6 I_7}) = \overline{\text{EI}} + \overline{\text{EO}} = \overline{\text{EI} \cdot \text{EO}}$$

$$\text{GS} = \overline{\overline{\text{EI}} + \text{EI}(\overline{I_0 I_1 I_2 I_3 I_4 I_5 I_6 I_7})} = \overline{\overline{\text{EI}} + \overline{I_0 I_1 I_2 I_3 I_4 I_5 I_6 I_7}}$$

$$= \text{EI} \cdot \overline{\overline{I_0 I_1 I_2 I_3 I_4 I_5 I_6 I_7}} = \text{EI} \cdot (I_0 + I_1 + I_2 + I_3 + I_4 + I_5 + I_6 + I_7)$$

$$Y_2 = \text{EI}(I_7 + \overline{I_7}I_6 + \overline{I_7 I_6}I_5 + \overline{I_7 I_6 I_5}I_4)$$

$$= \text{EI}(I_7 + I_6 + I_5 + I_4) = \text{EI} \cdot \overline{\overline{I_7 I_6 I_5 I_4}}$$

$$Y_1 = \text{EI}(I_7 + \overline{I_7}I_6 + \overline{I_7 I_6 I_5 I_4}I_3 + \overline{I_7 I_6 I_5 I_4 I_3}I_2)$$

$$= \text{EI}(I_7 + I_6 + \overline{I_5 I_4}I_3 + \overline{I_5 I_4}I_2) = \text{EI} \cdot \overline{I_7 + I_6 + \overline{I_5 I_4}I_3 + \overline{I_5 I_4}I_2}$$

$$= \text{EI} \cdot \overline{\overline{I_7 I_6 I_5 I_4 I_3 \overline{I_5 I_4}I_2}} = \text{EI} \cdot \overline{\overline{I_7 I_6}(I_5 + I_4 + \overline{I_3})(I_5 + I_4 + \overline{I_2})}$$

$$Y_0 = \text{EI}(I_7 + \overline{I_7 I_6}I_5 + \overline{I_7 I_6 I_5 I_4}I_3 + \overline{I_7 I_6 I_5 I_4 I_3 I_2}I_1)$$

$$= \text{EI}(I_7 + \overline{I_6}I_5 + \overline{I_6 I_4}I_3 + \overline{I_6 I_4 I_2}I_1) = \text{EI} \cdot \overline{I_7 + \overline{I_6}I_5 + \overline{I_6 I_4}I_3 + \overline{I_6 I_4 I_2}I_1}$$

$$= \text{EI} \cdot \overline{\overline{I_7 \overline{I_6}I_5 \overline{I_6 I_4}I_3 \overline{I_6 I_4 I_2}I_1}} = \text{EI} \cdot \overline{\overline{I_7}(I_6 + \overline{I_5})(I_6 + I_4 + \overline{I_3})(I_6 + I_4 + I_2 + \overline{I_1})}$$

根据上述逻辑表达式可以得到 CD4532 的逻辑电路图，如图 3.37 所示。

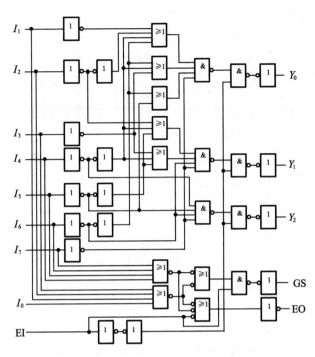

图 3.37 优先编码器 CD4532 的逻辑电路图

CD4532 的逻辑符号如图 3.38 所示。

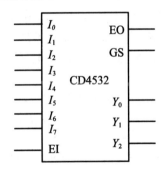

图 3.38 优先编码器 CD4532 的逻辑符号

CD4532 的引脚图如图 3.39 所示。集成芯片引脚的这种排列方式称为双列直插式。

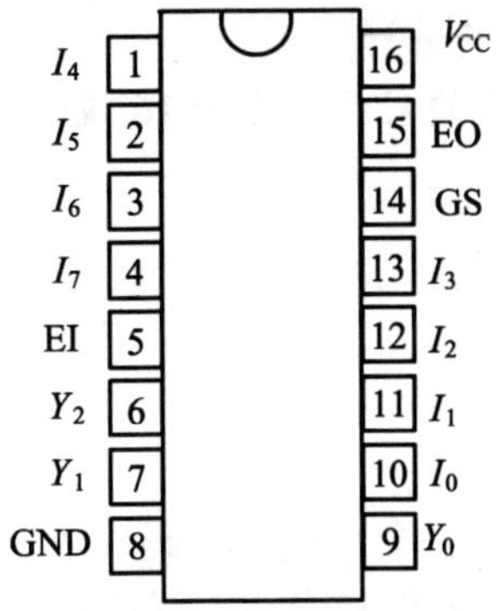

图 3.39 优先编码器 CD4532 的引脚图

【知识拓展】

由两片 CD4532 组成的 16—4 线优先编码器如图 3.40 所示。

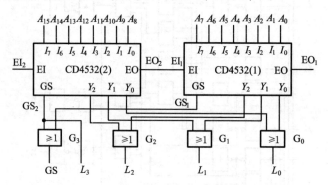

图 3.40　16—4 线优先编码器

下面分析图 3.40 所示电路图的工作原理。

当 $EI_2=0$ 时，CD4532(2) 不工作，所有的输出端均为 0。因为 $EO_2=EI_1=0$，CD4532(1) 也不工作，所有的输出端也均为 0。此时，电路输出端 $GS=GS_1+GS_2=0$，表示此时整个电路的编码输出端 $L_3L_2L_1L_0=0000$ 是非编码输出。因此，EI_2 是 16 线—4 线优先编码器的使能端，且高电平有效。

当 $EI_2=1$（即使能端有效）时，CD4532(2) 工作，若 $A_{15}\sim A_8$ 有有效电平输入，则 $EO_2=EI_1=0$，CD4532(1) 不工作。因此，CD4532(1) 的输出端 $Y_2Y_1Y_0=000$，$EO_1=0$，或门 G_2、G_1、G_0 打开，$L_2L_1L_0$ 的输出取决于 CD4532(2) 的输出端。编码器只对 $A_{15}\sim A_8$ 中优先级别最高的信号进行编码，$GS_2=L_3=1$，或门 G_3 的输出 $GS=GS_1+GS_2=1$。因此编码器输出范围在 1000～1111 之间变化，并且 A_{15} 优先级别最高。

当 $EI_2=1$（即使能端有效）时，若 $A_{15}\sim A_8$ 无有效电平输入，则 CD4532(2) 的输出端 $Y_2Y_1Y_0=000$，$GS_2=L_3=0$，或门 G_3、G_2、G_1、G_0 全部打开，$L_2L_1L_0$ 的输出取决于 CD4532(1) 的输出端。$EO_2=EI_1=1$，CD4532(1) 工作，若 $A_7\sim A_0$ 有有效电平输入，则编码器对 $A_7\sim A_0$ 中优先级别最高的信号进行编码。$GS_1=1$，或门 G_3 的输出 $GS=GS_1+GS_2=1$，$EO_1=0$。因此编码器输出范围在 0000～0111 之间变化，并且 A_7 优先级别最高。

因此，若 $A_{15}\sim A_0$ 均无有效电平输入，则 $GS=GS_1+GS_2=0$，$L_3L_2L_1L_0=0000$，$EO_1=1$；若只有 A_0 为有效电平输入，则 $GS=GS_1+GS_2=1$，$L_3L_2L_1L_0=0000$，$EO_1=0$。这样可以区别只有输入 A_0 有效还是所有输入均无效的两种情况。

根据上述分析可知，此编码器的实际功能为 16 线—4 线优先编码器，并且信号输入端的优先级别从 A_{15} 到 A_0 依次递减。

3.4.5　译码器

1. 译码器的定义和功能

译码器的逻辑功能是将输入的每个二进制代码译成对应的高低电平信号或者另外一个代码。因此，译码器和编码器都是码转换电路，译码是编码的逆过程。

常用的译码器电路分为二进制译码器、二-十进制译码器和显示译码器三类。下面以二进制译码器为例，分析译码器的电路组成和工作原理。二进制译码器的结构图如图 3.41 所示，它有 n 个输入端、2^n 个输出端和一个使能输入端。在使能输入端为有效电平时，对应每一组输入代码，其中只有一个输出端为有效电平，其余输出端为无效电平。输出端可以是高电平有效或者是低电平有效。

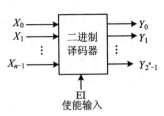

图 3.41 二进制译码器的结构图

最简单的二进制译码器是 2—4 线译码器，它有两个输入变量 A、B，共有四种不同的状态组合，因此有四个输出信号 $\overline{Y_0} \sim \overline{Y_3}$。2—4 线译码器的逻辑状态表如表 3.17 所示。

表 3.17 2 线－4 线译码器的逻辑状态表

	输 入			输 出			
$\overline{EI}$	A	B	$\overline{Y_0}$	$\overline{Y_1}$	$\overline{Y_2}$	$\overline{Y_3}$
1	×	×	1	1	1	1
0	0	0	0	1	1	1
0	0	1	1	0	1	1
0	1	0	1	1	0	1
0	1	1	1	1	1	0

由表 3.17 可知，电路有两个输入变量，对应四种状态，故为 2—4 线译码器。2—4 线译码器的使能端 $\overline{EI}$ 为低电平有效。A、B 为码字(地址)输入端，A、B 的四组数据分别代表四个不同的码字(地址)。四个输出信号 $\overline{Y_0} \sim \overline{Y_3}$ 分别对应四个码字(地址)，也是低电平有效。

使能端 $\overline{EI}$ 为 1 时，无论输入端取何值，输出端全部无效(即输出 1)，译码器处于非工作状态。使能端 $\overline{EI}$ 为 0 时，对应输入端的某种特定取值，输出端只有一个有效(即输出 0)，译码器处于正常译码状态。由此可见，译码器是通过输入端的逻辑电平来识别不同的代码的。

根据表 3.17，可以写出各输出端的逻辑表达式为

$$\overline{Y_0} = \overline{\overline{\overline{EI}} \cdot \overline{A}\overline{B}}$$

$$\overline{Y_1} = \overline{\overline{\overline{EI}} \cdot \overline{A}B}$$

$$\overline{Y_2} = \overline{\overline{\overline{EI}} \cdot A\overline{B}}$$

$$\overline{Y_3} = \overline{\overline{\overline{EI}} \cdot AB}$$

根据上述逻辑表达式，可以画出 2—4 线译码器的逻辑电路图，如图 3.42 所示。

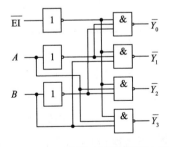

图 3.42 2—4 线译码器的逻辑电路图

2. 集成电路二进制译码器

常用的集成电路二进制译码器有 74×139 和 74×138。74×139 常见的有 74HC139(CMOS 产品)和 74LS139(TTL 产品)，二者在逻辑功能上没有区别，只是内部电路和电性能参数不同，因此都可以用 74×139 表示。

74×139 是集成双 2—4 线译码器，两个独立的译码器封装在同一个集成芯片中，其中之一的逻辑符号如图 3.43 所示。74×139 的功能表如表 3.17 所示。

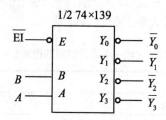

图 3.43　74×139 的逻辑符号

74×138 是集成 3—8 线译码器，下面以 74HC138 为例介绍它的逻辑功能和应用。74HC138 的功能表如表 3.18 所示。

表 3.18　74HC138 的功能表

输　入						输　出							
控 制 端			输 入 端										
G_1	$\bar{G}_{2A}$	$\bar{G}_{2B}$	A_2	A_1	A_0	$\bar{Y}_0$	$\bar{Y}_1$	$\bar{Y}_2$	$\bar{Y}_3$	$\bar{Y}_4$	$\bar{Y}_5$	$\bar{Y}_6$	$\bar{Y}_7$
0	×	×	×	×	×	1	1	1	1	1	1	1	1
×	1	×	×	×	×	1	1	1	1	1	1	1	1
×	×	1	×	×	×	1	1	1	1	1	1	1	1
1	0	0	0	0	0	0	1	1	1	1	1	1	1
1	0	0	0	0	1	1	0	1	1	1	1	1	1
1	0	0	0	1	0	1	1	0	1	1	1	1	1
1	0	0	0	1	1	1	1	1	0	1	1	1	1
1	0	0	1	0	0	1	1	1	1	0	1	1	1
1	0	0	1	0	1	1	1	1	1	1	0	1	1
1	0	0	1	1	0	1	1	1	1	1	1	0	1
1	0	0	1	1	1	1	1	1	1	1	1	1	0

由表 3.18 可知，74HC138 有三个输入变量 A_2、A_1、A_0，共有八种不同的状态组合，因此有八个低电平有效的输出信号 $\bar{Y}_0 \sim \bar{Y}_7$，因此 74HC138 为 3—8 线译码器。

74HC138 有三个使能端 G_1、$\bar{G}_{2A}$、$\bar{G}_{2B}$。由功能表可知，G_1 为高电平有效，$\bar{G}_{2A}$、$\bar{G}_{2B}$ 为低电平有效。只有当 $G_1=1$ 且 $\bar{G}_{2A}=\bar{G}_{2B}=0$ 时，译码器才处于正常译码的状态，输出端只有一个有效(即输出 0)，否则八个输出端均为无效输出(输出 1)。

由表 3.18，可以得到逻辑表达式为

$$G = G_1 \overline{G_{2A}} \overline{G_{2B}}$$
$$\overline{Y}_0 = \overline{G \overline{A_2} \overline{A_1} \overline{A_0}}$$
$$\overline{Y}_1 = \overline{G \overline{A_2} \overline{A_1} A_0}$$
$$\overline{Y}_2 = \overline{G \overline{A_2} A_1 \overline{A_0}}$$
$$\overline{Y}_3 = \overline{G \overline{A_2} A_1 A_0}$$
$$\overline{Y}_4 = \overline{G A_2 \overline{A_1} \overline{A_0}}$$
$$\overline{Y}_5 = \overline{G A_2 \overline{A_1} A_0}$$
$$\overline{Y}_6 = \overline{G A_2 A_1 \overline{A_0}}$$
$$\overline{Y}_7 = \overline{G A_2 A_1 A_0}$$

根据上述逻辑表达式，可以画出 74HC138 的逻辑电路图，如图 3.44 所示。

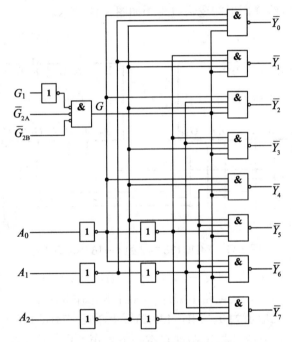

图 3.44　74HC138 的逻辑电路图

74HC138 的逻辑符号如图 3.45 所示。

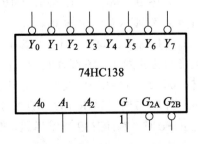

图 3.45　74HC138 的逻辑符号

74HC138 的引脚图如图 3.46 所示。

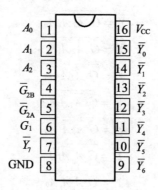

图 3.46　74HC138 的引脚图

利用 3—8 线译码器 74HC138 可以构成 4—16 线、5—32 线、6—64 线译码器。用两片 74HC138 构成的 4—16 线译码器的逻辑电路图如图 3.47 所示。

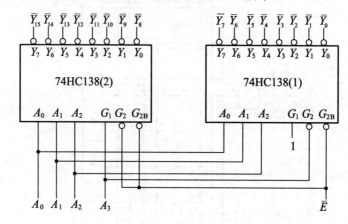

图 3.47　74HC138 构成的 4—16 线译码器

对于如图 3.47 所示的电路，当 $\bar{E}=1$ 时，两片 74HC138 都不工作，所有 16 个输出端均无效(均输出 1)。当 $\bar{E}=0$ 时，此电路中哪片 74HC138 工作取决于 A_3 的取值。

当 $\bar{E}=0$ 时，若 A_3 的取值为 0，74HC138(2)禁止译码，74HC138(1)正常译码，$\bar{Y}_{15} \sim \bar{Y}_8$ 均为 1，而 $\bar{Y}_7 \sim \bar{Y}_0$ 只有一个输出端有效(即只有一个为 0)。$\bar{Y}_7 \sim \bar{Y}_0$ 中哪个为有效输出取决于 A_2、A_1、A_0 的取值。因此，当 $A_3A_2A_1A_0$ 从 0000~0111 变化时，$\bar{Y}_0 \sim \bar{Y}_7$ 依次输出有效。

当 $\bar{E}=0$ 时，若 A_3 的取值为 1，74HC138(1)禁止译码，74HC138(2)正常译码，$\bar{Y}_7 \sim \bar{Y}_0$ 均为 1，而 $\bar{Y}_{15} \sim \bar{Y}_8$ 只有一个输出端有效(即只有一个为 0)。$\bar{Y}_{15} \sim \bar{Y}_8$ 中哪个为有效输出取决于 A_2、A_1、A_0 的取值。因此，当 $A_3A_2A_1A_0$ 从 1000~1111 变化时，$\bar{Y}_8 \sim \bar{Y}_{15}$ 依次输出有效。

综上所述，图 3.47 所示电路的功能为 4—16 线译码器，使能端 $\bar{E}$ 低电平有效。

用 74HC138 和 74HC139 构成的 5—32 线译码器的逻辑电路图如图 3.48 所示。

对于如图 3.48 所示的电路，当 $\bar{E}=1$ 时，74HC139 和四片 74HC138 都不工作，所有 32 个输出端均无效(均输出 1)。当 $\bar{E}=0$ 时，74HC139 正常译码，电路中哪片 74HC138 工作取决于 B_4、B_3 的取值。

当 $\overline{E}=0$ 时，若 $B_4B_3=00$，则 74HC138(1)正常译码，74HC138(2)～74HC138(4)禁止译码，$\overline{Y}_{31}\sim\overline{Y}_8$ 均为 1，而 $\overline{Y}_7\sim\overline{Y}_0$ 只有一个输出端有效(即只有一个为 0)。$\overline{Y}_7\sim\overline{Y}_0$ 中哪个为有效输出取决于 B_2、B_1、B_0 的取值。因此，当 $B_4B_3B_2B_1B_0$ 在 00000～00111 变化时，$\overline{Y}_0\sim\overline{Y}_7$ 依次输出有效。

同理可以分析，若 $\overline{E}=0$，当 $B_4B_3B_2B_1B_0$ 从 01000～01111 变化时，$\overline{Y}_8\sim\overline{Y}_{15}$ 依次输出有效；当 $B_4B_3B_2B_1B_0$ 从 10000～10111 变化时，$\overline{Y}_{16}\sim\overline{Y}_{23}$ 依次输出有效；当 $B_4B_3B_2B_1B_0$ 从 11000 到 11111 变化时，$\overline{Y}_{24}\sim\overline{Y}_{31}$ 依次输出有效。

综上所述，图 3.48 所示电路的功能为 5—32 线译码器，使能端 $\overline{E}$ 低电平有效。

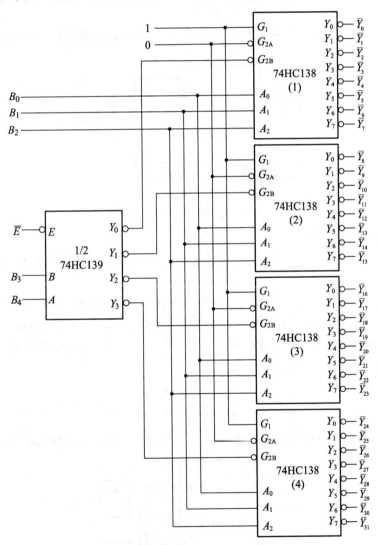

图 3.48　74HC138 和 74HC139 构成的 5—32 线译码器

【**例 3.9**】用译码器 74HC138 产生逻辑函数 $F=\overline{X}\overline{Z}+\overline{Y}\overline{Z}+XYZ$。

解：先把逻辑函数化成最小项表达式，有

$$F=\overline{X}\,\overline{Y}\,\overline{Z}+\overline{X}Y\overline{Z}+X\overline{Y}\,\overline{Z}+XYZ=m_0+m_2+m_4+m_7$$

如果将 74HC138 的三个使能端都接有效电平，则

$$\overline{Y_0} = \overline{\overline{A_2}\,\overline{A_1}\,\overline{A_0}}, \quad \overline{Y_1} = \overline{\overline{A_2}\,\overline{A_1}\,A_0}, \quad \overline{Y_2} = \overline{\overline{A_2}\,A_1\,\overline{A_0}}, \quad \overline{Y_3} = \overline{\overline{A_2}\,A_1\,A_0}$$
$$\overline{Y_4} = \overline{A_2\,\overline{A_1}\,\overline{A_0}}, \quad \overline{Y_5} = \overline{A_2\,\overline{A_1}\,A_0}, \quad \overline{Y_6} = \overline{A_2\,A_1\,\overline{A_0}}, \quad \overline{Y_7} = \overline{A_2\,A_1\,A_0}$$

将输入变量 X、Y、Z 分别接到 A_2、A_1、A_0，对函数进行相应变换可得

$$F = \overline{X}\,Y\,Z + X\,\overline{Y}\,Z + X\,Y\,\overline{Z} + X\,Y\,Z$$
$$= \overline{\overline{X}\,Y\,Z \cdot \overline{X\,\overline{Y}\,Z} \cdot \overline{X\,Y\,\overline{Z}} \cdot \overline{X\,Y\,Z}}$$
$$= \overline{\overline{\overline{A_2}\,A_1\,A_0} \cdot \overline{A_2\,\overline{A_1}\,A_0} \cdot \overline{A_2\,A_1\,\overline{A_0}} \cdot \overline{A_2\,A_1\,A_0}}$$
$$= \overline{\overline{Y_3} \cdot \overline{Y_5} \cdot \overline{Y_6} \cdot \overline{Y_7}}$$

在译码器 74HC138 的输出端加一个与非门即可实现此逻辑函数，逻辑电路图如图 3.49 所示。

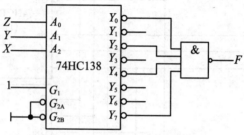

图 3.49　例 3.8 的逻辑电路图

【例 3.10】用译码器 74HC138 实现全加器。

解： 根据表 3.3 所示的全加器的逻辑状态表，不难得出全加器电路输出的最小项表达式为

$$S_i = \overline{A_i}\,\overline{B_i}\,C_{i-1} + \overline{A_i}\,B_i\,\overline{C_{i-1}} + A_i\,\overline{B_i}\,\overline{C_{i-1}} + A_i\,B_i\,C_{i-1} = m_1 + m_2 + m_4 + m_7$$
$$C_i = \overline{A_i}\,B_i\,C_{i-1} + A_i\,\overline{B_i}\,C_{i-1} + A_i\,B_i\,\overline{C_{i-1}} + A_i\,B_i\,C_{i-1} = m_3 + m_5 + m_6 + m_7$$

如果将 74HC138 的三个使能端都接有效电平，将全加器的输入变量 A_i、B_i、C_{i-1} 分别接到 74HC138 的 A_2、A_1、A_0，不难得到

$$S_i = \overline{\overline{Y_1} \cdot \overline{Y_2} \cdot \overline{Y_4} \cdot \overline{Y_7}}$$
$$C_i = \overline{\overline{Y_3} \cdot \overline{Y_5} \cdot \overline{Y_6} \cdot \overline{Y_7}}$$

在译码器 74HC138 的输出端加两个与非门即可实现全加器，逻辑电路图如图 3.50 所示。

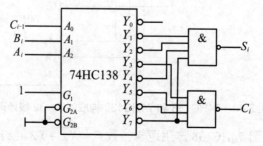

图 3.50　例 3.9 的逻辑电路图

3. 数据分配器

数据分配是将一个数据源送来的数据根据需要送到多个不同的通道上去。实现数据分配功能的逻辑电路称为数据分配器。数据分配器的作用相当于多个输出的单刀多掷开关,其示意图如图 3.51 所示。

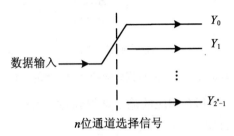

图 3.51 数据分配器的示意图

数据分配器可以用二进制译码器来实现。如果数据分配器的输出端有八个,则可以用 3—8 线译码器 74HC138 实现,如图 3.52 所示。

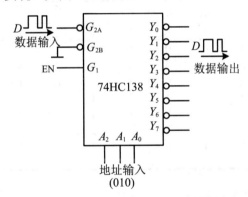

图 3.52 用 74HC138 实现数据分配器

如图 3.52 所示,令 74HC138 的低有效使能端 $\overline{G}_{2B}=0$,高有效使能端 G_1 作为控制端,A_2、A_1、A_0 作为通道选择地址输入,$\overline{G}_{2A}$ 作为数据输入。

若控制端为低电平,则译码器不工作,所有的输出端均为无效输出(均输出高电平)。若控制端为高电平,且把数据 D 接入 $\overline{G}_{2A}$ 端,可以得到

$$\overline{Y}_0 = \overline{G_1 \overline{G}_{2A} \overline{G}_{2B} \overline{A}_2 \overline{A}_1 \overline{A}_0} = \overline{\overline{D}\ \overline{A}_2 \overline{A}_1 \overline{A}_0}$$

$$\overline{Y}_1 = \overline{G_1 \overline{G}_{2A} \overline{G}_{2B} \overline{A}_2 \overline{A}_1 A_0} = \overline{\overline{D}\ \overline{A}_2 \overline{A}_1 A_0}$$

$$\vdots$$

$$\overline{Y}_7 = \overline{G_1 \overline{G}_{2A} \overline{G}_{2B} A_2 A_1 A_0} = \overline{\overline{D}\ A_2 A_1 A_0}$$

若地址输入 $A_2 A_1 A_0 = 010$,则有

$$\overline{Y}_2 = \overline{\overline{D}\ \overline{A}_2 A_1 \overline{A}_0} = D$$

即输出端 $\overline{Y}_2$ 得到与输入相同的数据波形。此时数据分配器等效为单刀多掷开关,将输入数据分配到输出端 $\overline{Y}_2$,其示意图如图 3.53 所示。

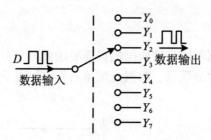

地址作通道控制

图 3.53 将输入数据分配到某输出端的示意图

若地址输入为其他组合,那么相应的输出端得到与输入相同的数据波形。因此,图 3.52 所示的数据分配器的功能表如表 3.19 所示。

表 3.19 74HC138 实现数据分配器的功能表

输入						输出							
控制端			输入端										
G_1	$\bar{G}_{2A}$	$\bar{G}_{2B}$	A_2	A_1	A_0	$\bar{Y}_0$	$\bar{Y}_1$	$\bar{Y}_2$	$\bar{Y}_3$	$\bar{Y}_4$	$\bar{Y}_5$	$\bar{Y}_6$	$\bar{Y}_7$
0	×	0	×	×	×	1	1	1	1	1	1	1	1
1	D	0	0	0	0	D	1	1	1	1	1	1	1
1	D	0	0	0	1	1	D	1	1	1	1	1	1
1	D	0	0	1	0	1	1	D	1	1	1	1	1
1	D	0	0	1	1	1	1	1	D	1	1	1	1
1	D	0	1	0	0	1	1	1	1	D	1	1	1
1	D	0	1	0	1	1	1	1	1	1	D	1	1
1	D	0	1	1	0	1	1	1	1	1	1	D	1
1	D	0	1	1	1	1	1	1	1	1	1	1	D

4. 集成电路二-十进制译码器

二-十进制译码器的基本功能是将二进制数转化为十进制数。下面以 74HC42 为例介绍集成二-十进制译码器的功能和使用方法。

74HC42 的基本功能是把 1 位 10 进制数的 8421BCD 码转化成相应的十进制数。它有四个输入端和十个输出端,其功能表如表 3.20 所示。

由功能表可以看出,74HC42 的输出为低电平有效。如当输入的 8421BCD 码 $A_3A_2A_1A_0$=0100 时,输出 $\bar{Y}_4 = 0$,它对应于十进制数 4,其余输出端的输出均为无效的高电平。

当输入端超过 8421BCD 码的范围时,74HC42 的十个输出端均为无效高电平,即无有效译码输出。

表 3.20 74HC42 的功能表

数目	BCD 输入				输出									
	A_3	A_2	A_1	A_0	$\bar{Y}_0$	$\bar{Y}_1$	$\bar{Y}_2$	$\bar{Y}_3$	$\bar{Y}_4$	$\bar{Y}_5$	$\bar{Y}_6$	$\bar{Y}_7$	$\bar{Y}_8$	$\bar{Y}_9$
0	0	0	0	0	0	1	1	1	1	1	1	1	1	1
1	0	0	0	1	1	0	1	1	1	1	1	1	1	1
2	0	0	1	0	1	1	0	1	1	1	1	1	1	1

续表

数目	BCD 输入				输 出									
	A_3	A_2	A_1	A_0	$\overline{Y_0}$	$\overline{Y_1}$	$\overline{Y_2}$	$\overline{Y_3}$	$\overline{Y_4}$	$\overline{Y_5}$	$\overline{Y_6}$	$\overline{Y_7}$	$\overline{Y_8}$	$\overline{Y_9}$
3	0	0	1	1	1	1	1	0	1	1	1	1	1	1
4	0	1	0	0	1	1	1	1	0	1	1	1	1	1
5	0	1	0	1	1	1	1	1	1	0	1	1	1	1
6	0	1	1	0	1	1	1	1	1	1	0	1	1	1
7	0	1	1	1	1	1	1	1	1	1	1	0	1	1
8	1	0	0	0	1	1	1	1	1	1	1	1	0	1
9	1	0	0	1	1	1	1	1	1	1	1	1	1	0
10	1	0	1	0	1	1	1	1	1	1	1	1	1	1
11	1	0	1	1	1	1	1	1	1	1	1	1	1	1
12	1	1	0	0	1	1	1	1	1	1	1	1	1	1
13	1	1	0	1	1	1	1	1	1	1	1	1	1	1
14	1	1	1	0	1	1	1	1	1	1	1	1	1	1
15	1	1	1	1	1	1	1	1	1	1	1	1	1	1

由表 3.20 所示的功能表可以得出输出端的逻辑表达式为

$$\overline{Y_0} = \overline{\overline{A_3}\,\overline{A_2}\,\overline{A_1}\,\overline{A_0}}, \quad \overline{Y_1} = \overline{\overline{A_3}\,\overline{A_2}\,\overline{A_1}\,A_0}$$

$$\overline{Y_2} = \overline{\overline{A_3}\,\overline{A_2}\,A_1\,\overline{A_0}}, \quad \overline{Y_3} = \overline{\overline{A_3}\,\overline{A_2}\,A_1\,A_0}$$

$$\overline{Y_4} = \overline{\overline{A_3}\,A_2\,\overline{A_1}\,\overline{A_0}}, \quad \overline{Y_5} = \overline{\overline{A_3}\,A_2\,\overline{A_1}\,A_0}$$

$$\overline{Y_6} = \overline{\overline{A_3}\,A_2\,A_1\,\overline{A_0}}, \quad \overline{Y_7} = \overline{\overline{A_3}\,A_2\,A_1\,A_0}$$

$$\overline{Y_8} = \overline{A_3\,\overline{A_2}\,\overline{A_1}\,\overline{A_0}}, \quad \overline{Y_9} = \overline{A_3\,\overline{A_2}\,\overline{A_1}\,A_0}$$

根据上述逻辑表达式,可以画出 74HC42 的逻辑电路图,如图 3.54 所示。

74HC42 的逻辑符号如图 3.55 所示。

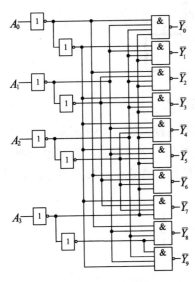

图 3.54 74HC42 的逻辑电路图

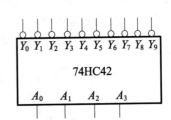

图 3.55 74HC42 的逻辑符号

5. 集成电路显示译码器

在数字测量仪表或者其他数字设备中，常常需要将测量或运算结果用数字、文字或符号直观地显示出来，如图3.56所示。因此，显示译码器和显示器是数字设备不可缺少的部分。

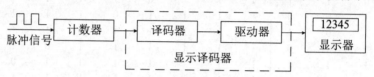

图3.56 显示译码器的应用框图

在图3.56中，显示器的显示方法主要有以下三种。

（1）分段式。数码是由处在同一平面上的若干发光段组成，每个发光段对应一个电极，利用发光段的不同组合显示出0～9十个数字。

（2）点阵式。点阵式显示器由排列整齐的发光点阵组成，利用发光点的不同组合显示出不同的数码或文字，如大屏幕点阵显示器。

（3）字形重叠式。电极制成0～9十个不同的字符，它们相互重叠，而且彼此绝缘，如辉光数码管。

💡 **注意：** 七段数字显示器应用最为广泛。普遍使用的七段数字显示器发光器件有发光二极管和液晶显示器。

本节主要介绍发光二极管构成的七段数字显示器(即七段数码管)。

七段数码管将十进制数码分为七段，每段为一个发光二极管，选择不同字段发光，显示不同的阿拉伯数字。图3.57所示为七段数字显示器显示阿拉伯数字5的示意图。

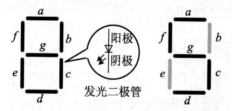

图3.57 七段数码管的示意图

七段数码管中发光二极管的接法有共阴极和共阳极两种，如图3.58所示。共阴极电路中，七个发光二极管的阴极连在一起接低电平，若需要某一字段发光，就将相应的二极管的阳极接高电平。在共阳极电路中，七个发光二极管的阳极连在一起接高电平，若需要某一字段发光，就将相应的二极管的阴极接低电平。

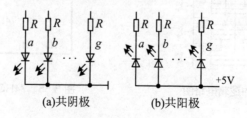

图3.58 发光二极管的两种接法

如图 3.56 所示，为了使数码管能显示十进制数，必须将十进制数的代码(4 位二进制数)经译码器译出，再经过驱动器点亮相应的字段。

显示译码器需要完成图 3.56 中译码器和驱动器的功能。若图 3.56 中的计数器输出为 0100，对应的十进制数为 4，则显示译码器的输出信号应该使数码管的 b、c、f、g 各字段点亮，从而显示十进制数 4。

因此，显示译码器的基本功能是，对应于某一组数码输入，相应的几个输出端为有效信号输出。

用来驱动七段数码管的显示译码器称为七段显示译码器。常用的集成七段显示译码器分为两类：一类输出高电平有效，用来驱动共阴极的数码管；另一类输出低电平有效，用来驱动共阳极的数码管。本节介绍常用的 CMOS 七段显示译码器 74HC4511。

七段显示译码器 74HC4511 的功能表如表 3.21 所示。

表 3.21 74HC4511 的功能表

十进制数 功能	输入							输出							数码显示
	LE	$\overline{BL}$	$\overline{LT}$	D	C	B	A	a	b	c	d	e	f	g	
0	0	1	1	0	0	0	0	1	1	1	1	1	1	0	0
1	0	1	1	0	0	0	1	0	1	1	0	0	0	0	1
2	0	1	1	0	0	1	0	1	1	0	1	1	0	1	2
3	0	1	1	0	0	1	1	1	1	1	1	0	0	1	3
4	0	1	1	0	1	0	0	0	1	1	0	0	1	1	4
5	0	1	1	0	1	0	1	1	0	1	1	0	1	1	5
6	0	1	1	0	1	1	0	0	0	1	1	1	1	1	6
7	0	1	1	0	1	1	1	1	1	1	0	0	0	0	7
8	0	1	1	1	0	0	0	1	1	1	1	1	1	1	8
9	0	1	1	1	0	0	1	1	1	1	1	0	1	1	9
10	0	1	1	1	0	1	0	0	0	0	0	0	0	0	熄灭
11	0	1	1	1	0	1	1	0	0	0	0	0	0	0	熄灭
12	0	1	1	1	1	0	0	0	0	0	0	0	0	0	熄灭
13	0	1	1	1	1	0	1	0	0	0	0	0	0	0	熄灭
14	0	1	1	1	1	1	0	0	0	0	0	0	0	0	熄灭
15	0	1	1	1	1	1	1	0	0	0	0	0	0	0	熄灭
灯测试	×	×	0	×	×	×	×	1	1	1	1	1	1	1	8
灭灯	×	0	1	×	×	×	×	0	0	0	0	0	0	0	熄灭
锁存	1	1	1	×	×	×	×	取决于 LE 由 0 变到 1 时 $DCBA$ 的输入							

由表 3.21 可知，74HC4511 有四个 8241BCD 码输入端 D、C、B、A，一个低电平有效的灯测试输入端 $\overline{LT}$，一个低电平有效的灭灯输入端 $\overline{BL}$，一个高电平有效的锁存使能输入端 LE，七个高电平有效的输出端 $a \sim g$，因此 74HC4511 可以用来驱动共阴极数码管。

当灯测试输入端 $\overline{LT} = 0$ 时，无论其他输入端是什么电平，所有七个输出均为 1，共阴极数码管显示 8。此输入端常用于检测译码器本身和数码管各字段的好坏。

当灯测试输入端 $\overline{LT}=1$ 时，若灭灯输入端 $\overline{BL}=0$，无论其他输入端是什么状态，所有七个输出均为 0，共阴极数码管全部熄灭。此输入端常用于将不必要显示的零熄灭。例如一个 4 位十进制数 0254，则第一个 0 没有必要显示，可以令灭灯输入端 $\overline{BL}=0$，将其熄灭，使结果显示为 254。

当 $\overline{LT}=\overline{BL}=1$ 时，若高电平有效的锁存使能输入端 LE=0，锁存器不工作，74HC4511 的输出随着输入信号的变化而变化；若 LE 由 0 跳变到 1，输入端 $DCBA$ 输入的 8421BCD 码被锁存，此时 74HC4511 的输出不再随着输入信号的变化而变化。有关锁存器的知识请参考本书后续章节。

当 $\overline{LT}=\overline{BL}=1$、LE=0(即三个端均无效)时，74HC4511 的输出信号随着 $DCBA$ 输入的 8421BCD 码的变化而变化，输出高电平有效，用以驱动共阴极数码管。若输入 $DCBA$ 为 1010～1111 六种组合时，输出端全部为无效低电平，共阴极数码管全部熄灭。

七段显示译码器 74HC4511 的逻辑符号如图 3.59 所示。

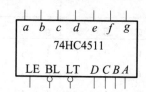

图 3.59　74HC4511 的逻辑符号

七段显示译码器 74HC4511 驱动共阴极数码管的逻辑电路图如图 3.60 所示。在图 3.60 中，R 为上拉电阻，很多译码器内部已经配置了这些电阻，如果译码器内部没有，则需要外接 R。

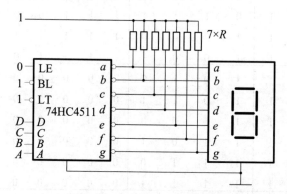

图 3.60　74HC4511 驱动共阴极数码管的逻辑电路图

本 章 小 结

组合逻辑电路的特点是：在任意时刻，电路的输出状态只取决于同一时刻电路的输入状态，而和电路的原状态没有关系。组合逻辑电路由门电路组成，没有记忆电路。

组合逻辑电路分析的目的是得到此电路的逻辑功能。具体的分析步骤是：根据已知的逻辑电路，逐级写出输出与输入的逻辑表达式；对表达式进行化简变换，列出逻辑状态表；根据状态表(或表达式)判断电路的逻辑功能。

组合逻辑电路设计的目的是根据提出的实际要求，设计出逻辑电路。用门电路设计组合逻辑电路的具体步骤是：根据实际问题进行逻辑抽象，列出状态表，写出逻辑表达式并根据需要进行化简或变换，画出逻辑电路图。

由于延迟时间的存在，门电路两个输入信号同时向相反的逻辑电平跳变，而变化时间有差异的现象，称为竞争。竞争产生输出干扰脉冲的现象称为冒险。对于组合逻辑电路，可以通过发现并消掉互补变量、增加乘积项和在输出端并联电容器等方法来消除竞争冒险现象。

本章讨论的加法器、数值比较器、数据选择器、编码器和译码器都是常用的中规模集成组合逻辑器件。这些集成组合逻辑器件除了具有要求的基本逻辑功能之外，通常还有使能端、扩展端等，使其使用更加灵活，便于功能扩展和构成更为复杂的逻辑系统。

加法器的基本逻辑功能是实现二进制数相加，数值比较器的基本逻辑功能是对两个数的大小进行比较，数据选择器的基本逻辑功能是将某一个选定的数据传送到公共数据线上，编码器的基本逻辑功能是将输入的每一个高低电平信号编成一个对应的二进制代码，译码器的基本逻辑功能是将输入的每个二进制代码译成对应的高低电平信号或者另外一个代码，译码是编码的逆过程。

利用集成组合逻辑器件也可以设计组合逻辑电路，总体步骤和使用门电路设计相同，但有些步骤的具体做法不同。

两种组合逻辑电路设计方法主要的区别在于对逻辑表达式的化简和变换。

利用集成组合逻辑器件设计组合逻辑电路时，电路的逻辑表达式不一定越简单越好，而应该将其尽可能变换成与组合逻辑器件的逻辑表达式形式一致，而且设计时应充分利用器件本身的逻辑功能，在满足设计要求的前提下，选择尽可能简单的器件，器件的数量越少越好。

利用集成组合逻辑器件设计组合逻辑电路时，如果一个集成组合逻辑器件就可以满足要求，则需要对它的使能端、扩展端或者多余输入输出端进行适当处理。如果一个集成组合逻辑器件不能满足要求，则需要进行组合逻辑器件的扩展。

习　题

一、选择题

1. 从各路输入数据中，选择特定数据并输出的电路是(　　)。
   A. 数值比较器　　B. 数据选择器　　C. 优先编码器　　D. 数据分配器
2. 将输入数据送到多路输出中的特定通道上的电路是(　　)。
   A. 数值比较器　　B. 数据选择器　　C. 优先编码器　　D. 数据分配器
3. 能对二进制数进行比较的电路是(　　)。
   A. 数值比较器　　B. 数据选择器　　C. 优先编码器　　D. 数据分配器
4. 二—十进制译码器 74HC42 的输出只有 $\overline{Y_4}=0$，其余输出均为 1，则它的输入状态为(　　)。
   A. 1000　　　　B. 0100　　　　C. 0010　　　　D. 0001

5. 若使3线—8线译码器74HC138正常译码，则三个使能端 $G_1\overline{G}_{2A}\overline{G}_{2B}$ 应取( )。
   A. 100　　　B. 010　　　C. 001　　　D. 000
6. 若用3线—8线译码器74HC138实现三变量逻辑函数，则同时需要使用( )。
   A. 与非门　　B. 或非门　　C. 同或门　　D. 异或门
7. 若8选1数据选择器74HC151的所有输入数据均为1，其输出信号的最小项表达式中共包含( )个最小项。
   A. 1　　　　B. 2　　　　C. 4　　　　D. 8
8. 下列说法中不正确的是( )。
   A. 优先编码器只对输入的多个编码信号中优先级别最高的信号进行编码
   B. 显示译码器主要由译码器和驱动电路组成
   C. 组合逻辑电路如果没有竞争，就不会产生冒险
   D. 全加器只能用于对两个1位二进制数相加

二、填空题

1. 组合逻辑电路的特点是输出状态只与_____有关，和电路的原状态_____，其基本单元电路是_____。
2. 消除组合逻辑电路竞争冒险的方法有：_____、_____和_____。
3. 组合逻辑电路的分析目的是要得到_____。组合逻辑电路的设计目的是要得到_____。
4. 二—十进制译码器有_____个输入端，有_____个输出端。
5. 设计一个表示20种输入信号的编码器至少需要输出_____位二进制代码。
6. 输入 n 位二进制代码的译码器，输出端的个数为_____。
7. 若显示译码器的输出为低电平有效，则可以用来驱动_____数码管。
8. 若4位数值比较器的输入为 A=1010、B=0111，则比较的结果为_____。
9. 4位二进制串行进位加法器需要_____个全加器组成。
10. 和串行进位加法器相比，超前进位加法器的优点是_____。

三、思考题

1. 分析图 3.61 所示电路的逻辑功能。
2. 分析图 3.62 所示电路的逻辑功能。

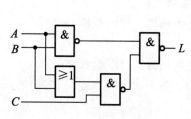

图 3.61　思考题1的电路图

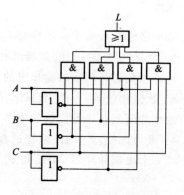

图 3.62　思考题2的电路图

3. 分析图 3.63 所示电路的逻辑功能。

4. 某同学参加四门考试，若课程 A 及格得 1 分，若课程 B 及格得 2 分，若课程 C 及格得 4 分，若课程 D 及格得 5 分，若某课程不及格得 0 分。如果总得分不低于 8 分，则可以毕业。试用与非门画出实现上述要求的逻辑电路图。

5. 设计一个码转换电路，将 4 位格雷码转换为自然二进制码。

6. 设计一个医院优先照顾重病患者的电路。设患者按病情由重到轻依次住进医院某科室的 A、B、C、D 四间病房，每个房间有一个按钮，值班室有 L_1、L_2、L_3、L_4 四个指示灯。如果 A 病房的患者按下按钮，则无论其他病房的患者是否按下按钮，只有 L_1 亮；当 A 病房的患者未按下按钮时，如果 B 病房的患者按下按钮，则无论 C、D 病房的患者是否按下按钮，只有 L_2 亮；当 A、B 病房的患者均未按下按钮时，如果 C 病房的患者按下按钮，则无论 D 病房的患者是否按下按钮，只有 L_3 亮；当 A、B、C 病房的患者均未按下按钮时，如果 D 病房的患者按下按钮，则只有 L_4 亮。试画出满足上述要求的逻辑电路图。

7. 设 A、B、C、D 是一个 8421BCD 码的 4 位，若此码表示的数字小于 3 或大于 6，输出为 1，否则输出为 0。试用与非门实现此逻辑电路。

8. 某单位举办军民联欢晚会，军人持红票入场，群众持黄票入场，持绿票的军民均可入场。试画出实现此要求的逻辑图。

9. 判断如图 3.64 所示的电路在什么条件下会产生竞争冒险，怎样修改电路可以消除竞争冒险？

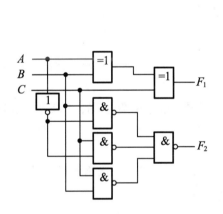

图 3.63　思考题 3 的电路图

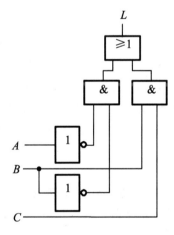

图 3.64　思考题 9 的电路图

10. 仿照全加器的设计方法，设计一个全减器，所用门电路不限。

11. 若使用 4 位数值比较器 74HC85 组成 10 位数值比较器，需要用几片？各片之间应该如何连接？

12. 用集成 8 选 1 数据选择器 74HC151 实现逻辑函数 $L = X \odot Y \odot Z$。

13. 用集成 8 选 1 数据选择器 74HC151 及必要的门电路实现如下逻辑函数：
$$L(A,B,C,D) = \sum m(1,2,4,5,7,13,15)$$

14. 用一片集成 8 选 1 数据选择器 74HC151 及必要的门电路实现一多功能组合逻辑电路，要求电路在 G_1、G_0 的控制下实现如表 3.22 所示的逻辑功能。

表 3.22 思考题 14 的功能表

G_1	G_0	Y
0	0	$X \cdot Z$
0	1	$X+Z$
1	0	$X \odot Z$
1	1	$X \oplus Z$

15. 设计一个 4 输入的优先编码器，要求输入、输出均为高电平有效，并且要有一个高电平有效的工作状态标志。要求用与非门实现，列出真值表，画出逻辑图。

16. 用 2 线—4 线译码器 74HC139 及必要的门电路实现半加器。

17. 用 2 线—4 线译码器 74HC139 扩展实现 4 线—16 线译码器。

18. 用 3 线—8 线译码器 74HC138 及必要的门电路实现逻辑函数 $L = X \odot Y \odot Z$。

19. 用 3 线—8 线译码器 74HC138 及必要的门电路实现如下逻辑函数：
$$L(A,B,C,D) = \sum m(1,2,4,5,7)$$

20. 有一组合逻辑电路，不知道其内部结构，但测得输入信号 A、B、C 和输出信号 F 的波形如图 3.65 所示。

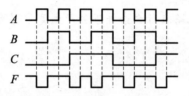

图 3.65 思考题 20 的电路图

(1) 用最少的与非门实现该电路(要求列出真值表，写出逻辑表达式，画出逻辑电路图)。

(2) 用 74HC138 及必要的门电路实现该电路。

21. 设计一个能驱动共阴极七段数码管的显示译码器，输入变量 A、B、C 来自计数器，按照顺序 000~111 计数。当 $ABC=000$ 时，数码管全灭，之后要求依次显示 H、O、P、E、F、U、L 七个字母。所用门电路不限。

22. 用 3 线—8 线译码器 74HC138 实现数据分配器，要求将一个数据源送来的数据先取反，然后再根据需要送到 8 个不同的输出通道上去。

第4章 触 发 器

本章要点

- 触发器的基本特点是什么？
- 描述触发器逻辑功能的方法都有哪些？
- 按输出状态稳定性可将触发器分为哪几类？
- 由触发方式可将触发器分为哪几类？它们各自有什么特点？

在数字系统中，不但需要能够对二值信号进行逻辑运算和算术运算的组合逻辑电路，还需要具有记忆功能的时序逻辑电路将这些信号和运算结果保存起来。触发器(Flip Flop)是最基本、最重要的时序单元电路，也是构成时序逻辑电路的基本单元电路。触发器由逻辑门电路和适当的反馈电路组成，每个触发器可以存储1位二值信息。它具有两个互补的输出端，其输出状态不仅与当前输入有关，而且与上一时刻的输出状态有关。

触发器的电路结构和触发方式有多种，同时也具有不同的逻辑功能。触发器包括双稳态、单稳态和无稳态触发器等，本章所介绍的是双稳态触发器，即其输出有两个稳定状态——0状态和1状态，能储存1位二进制信息。

双稳态触发器为了实现记忆二值信号的功能，应具有以下两个基本特点。

(1) 触发器有一个或多个信号输入端，两个互补的信号输出端 Q 和 $\overline{Q}$。一般用 Q 的状态表示触发器的状态：若 $Q=0$，$\overline{Q}=1$，称触发器处于0状态；若 $Q=1$，$\overline{Q}=0$，则称触发器处于1状态。也就是说，触发器具有两个稳定状态——0态和1态，故称为双稳态触发器。

(2) 在外加输入(触发)信号的作用下，触发器可由一个稳定状态转换为另一个稳定状态。为分析方便起见，触发器接收触发信号之前的状态被称为现态，也叫初态，用 Q^n 表示；触发信号作用后的状态被称为次态，用 Q^{n+1} 表示。现态和次态的概念是相对的，每一时刻触发器的次态都是下一相邻时刻触发器的现态。

由于采用的电路结构形式不同，触发信号的触发方式也不一样。触发方式分为电平触发和脉冲边沿触发两种。在不同的触发方式下，触发器的转换过程具有不同的特点。

双稳态触发器可以由分立元器件或集成门电路构成，主要有 TTL 和 CMOS 两大类。另外，根据触发器的基本功能也可分为 RS 触发器、D 触发器、JK 触发器、T 触发器等。

4.1 RS 锁存器

4.1.1 RS 锁存器的电路结构

RS 锁存器，又称 SR 锁存器(Set-Reset Latch)，是各种触发器电路的基本构成部分。虽然它也有两个能保持的稳定状态，但由于它的输出置 1 或置 0 操作是由输入的置 1、置 0 信号直接完成，不需要触发信号触发，故称为锁存器。其电路形式有两种，与非门结构和或非门结构。如果将两个或非门按图 4.1(a)所示首尾相互交叉连接，即构成或非门结构的 RS 锁存器。

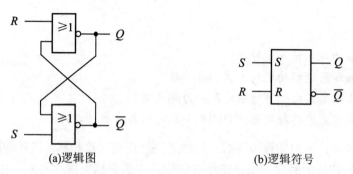

(a)逻辑图　　　　　　　(b)逻辑符号

图 4.1　或非门构成的 RS 锁存器

由图 4.1(a)可看出，RS 锁存器有两个输入端 S、R 和两个输出端 Q、$\overline{Q}$。其中，S 端称为置位端或置 1 端，R 端称为复位端或置 0 端。两个输出端状态应互补，若 $Q=1$ 则 $\overline{Q}=0$，反之亦然。通常以 Q 端的逻辑电平表示锁存器的状态：当 Q 端为高电平时，称锁存器处于 1 状态；否则为 0 状态。按照逻辑图，可以列出输出端 Q 和 $\overline{Q}$ 的逻辑表达式为

$$Q = \overline{R + \overline{Q}} \tag{4.1}$$

$$\overline{Q} = \overline{S + Q} \tag{4.2}$$

4.1.2　工作原理及逻辑功能

下面分析 RS 锁存器的输入与输出状态之间的逻辑关系。根据输入信号 S、R 不同状态的组合，可以得出以下结果。

(1) $S=1$，$R=0$ 时：$Q=1$，$\overline{Q}=0$。即不论触发器输出原来处于任何状态，输出都被置位，处于 1 状态。S(置 1)端有效。

(2) $S=0$，$R=1$ 时：$Q=0$，$\overline{Q}=1$。即不论触发器输出原来处于任何状态，输出都被复位，处于 0 状态。R(置 0)端有效。

(3) $S=0$，$R=0$ 时：这两个输入信号对两个或非门的输出 Q 和 $\overline{Q}$ 不起作用，根据式(4.1)和式(4.2)可看出电路状态保持不变，即锁存器保持原始状态。这体现了锁存器具有的记忆功能。

(4) $S=1$，$R=1$ 时：$Q=0$，$\overline{Q}=0$。锁存器既没有处于 1 状态也没有处于 0 状态。而且，在 S 和 R 同时回到 0 以后，无法确定锁存器将回到 0 状态还是 1 状态。因此，在正常工作时输入信号应遵守 $SR=0$ 的约束条件，避免出现 S 和 R 同时为 1 的情况。

根据以上分析，可得出或非门构成的 RS 锁存器的功能表如表 4.1 所示。

表 4.1　或非门构成的 RS 锁存器的功能表

S	R	Q	$\overline{Q}$	锁存器状态
0	0	不变	不变	保持
0	1	0	1	置 0
1	0	1	0	置 1
1	1	0	0	不定

RS 锁存器的保持和置 1、置 0 功能，是时序逻辑电路存储单元应具备的最基本功能。

【例 4.1】在图 4.1(a)所示的 SR 锁存器中，S、R 端的输入信号如图 4.2 所示，试画出输出端 Q 和 $\overline{Q}$ 对应的电压波形。

解： 根据表 4.1 可画出波形图，如图 4.2 所示。

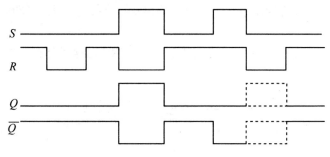

图 4.2　例 4.1 的波形图

💡 **注意：** 图 4.2 中在 $S=R=1$ 时，Q 和 $\overline{Q}$ 同时为 0，而当输入端的高电平同时撤销变为低电平时，锁存器以后的状态将无法确定，在实际中必须避免出现这种情况。

RS 锁存器也可以用与非门构成，如图 4.3(a)所示。这个电路是以低电平作为有效输入信号的，所以输入端分别用 $\overline{S}$、$\overline{R}$ 表示。在图 4.3(b)所示逻辑符号中，输入端的小圆圈表示低电平为实际输入信号，也称低电平有效。其功能表如表 4.2 所示。

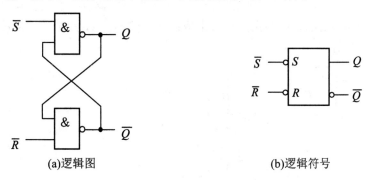

(a)逻辑图　　　　　　　　　　(b)逻辑符号

图 4.3　与非门构成的 RS 锁存器

表 4.2 与非门构成的 RS 锁存器的功能表

$\overline{S}$	$\overline{R}$	Q	$\overline{Q}$	锁存器状态
1	1	不变	不变	保持
1	0	0	1	置 0
0	1	1	0	置 1
0	0	1	1	不定

当输入 $\overline{S}=\overline{R}=0$ 并同时回到 1 时，该锁存器处于不确定状态，因此正常工作时应避免这种情况，即其约束条件为 $\overline{S}+\overline{R}=1$。

通过以上分析可知，RS 锁存器存在以下特点。

(1) 直接置位/复位。RS 锁存器在没有有效电平输入时具有记忆存储功能，可以保持原状态不变。在外加输入信号作用下，锁存器输出状态直接受输入信号所控制，可以实现置位或复位功能。

(2) 存在约束。不管是或非门还是与非门构成的 RS 锁存器都存在约束条件，这就使其应用受到了很大的限制。

4.2 电平触发的触发器

4.2.1 电路结构

RS 锁存器具有直接置 0、置 1 功能，当输入信号 S、R 发生变化时，输出的状态会立刻改变。但在实际数字系统中常常要求触发器输出状态在同一时刻动作以协调系统各部分的工作，为此需要引入某种控制(触发)信号，使触发器的状态按一定的时间节拍动作，只有当触发信号有效时，触发器才能按照输入的置 0、置 1 信号改变输出。通常称这个触发信号为时钟脉冲或时钟信号，简称时钟，记作 CP(Clock Pulse)。

同步 RS 触发器就是一种时钟触发器，同步是指触发器状态的改变与时钟脉冲同步，其逻辑图如图 4.4(a)所示。电路由两部分组成：与非门 G_1、G_2 组成的 RS 锁存器和与非门 G_3、G_4 组成的输入控制电路。

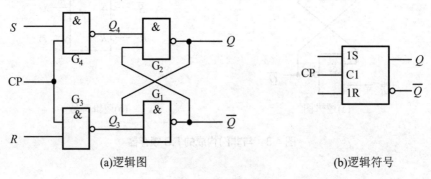

图 4.4 同步 RS 触发器

由图可知,当 CP = 0 时,门 G_3、G_4 被封锁,S、R 端的输入信号无法影响电路的输出状态。只有当 CP = 1 时,S、R 端的输入信号才可能影响输出,使 Q 和 $\overline{Q}$ 的状态随 S、R 的变化而变化。像同步 RS 触发器这种在 CP 高电平时进行触发的工作方式称为电平触发方式。在图 4.4(b)所示的逻辑符号中,框内的 C1 表示编号为 1 的控制信号,1S 和 1R 表示受 C1 控制的两个输入信号,只有在 C1 有效(C1=1)时,1S 和 1R 才能起作用。若逻辑符号中 C1 前端画有小圆圈,则表示 C1 为低电平有效信号。

4.2.2 工作原理及逻辑功能

由同步 RS 触发器的逻辑图 4.4(a),可分析出其工作原理如下。

(1) 当 CP = 0 时,门 G_3、G_4 输出被封锁,此时无论 S、R 端输入为何值,门 G_3、G_4 的输出均为 1,触发器状态保持不变。

(2) 当 CP = 1 时,门 G_3、G_4 被打开,S、R 端输入信号通过门 G_3、G_4 反相后加到与非门 G_1、G_2 构成的 RS 锁存器上,使输出 Q 和 $\overline{Q}$ 的状态改变。

当 $S=0$,$R=0$ 时,门 G_3、G_4 的输出为 1,触发器状态保持不变;当 $S=0$,$R=1$ 时,门 G_3、G_4 的输出分别为 0 和 1,触发器置 0;当 $S=1$,$R=0$ 时,门 G_3、G_4 的输出分别为 1 和 0,触发器置 1;当 $S=1$,$R=1$ 时,门 G_3、G_4 的输出均为 0,触发器状态不确定,应避免这种情况的出现。和 RS 锁存器一样,同步 RS 触发器也存在约束条件 $SR=0$。

由以上分析可得同步 RS 触发器的功能表,如表 4.3 所示。

表 4.3 同步 RS 触发器的功能表

S	R	Q^n	Q^{n+1}	功 能
0	0	0	0	$Q^{n+1}=Q^n$,保持
0	0	1	1	
0	1	0	0	$Q^{n+1}=0$,置 0
0	1	1	0	
1	0	0	1	$Q^{n+1}=1$,置 1
1	0	1	1	
1	1	0	不定	不允许
1	1	1	不定	

由功能表 4.3 可得同步 RS 触发器的特性方程为

$$\begin{cases} Q^{n+1} = S + \overline{R}Q^n \\ S \cdot R = 0 \end{cases} \quad (4.3)$$

【例 4.2】同步 RS 触发器电路如图 4.4(a)所示,若电路中输入波形如图 4.5 所示,试画出输出 Q 和 $\overline{Q}$ 端的电压波形。设触发器初始状态为 $Q=0$。

解:由给定的电压波形可分析出,在第一个 CP 高电平期间,$S=1$,$R=0$,触发器被置 1。随后 CP 低电平到来,触发器输出保持不变。

在第二个 CP 高电平期间,$S=1$,$R=0$,触发器被置 1。随后在 CP 低电平期间,虽然

S、R 改变，但触发器被 CP 封锁，输出依然保持不变。

在第三、第四个 CP 高电平期间，$S=0$，$R=1$，触发器被置 0。CP 低电平封锁触发器，输出保持。

在第五个 CP 高电平期间，$S=1$，$R=1$，触发器输出 $Q=\overline{Q}=1$(应尽量避免这种情况)。随后在 CP 低电平期间，门 G_3、G_4 输出几乎同时为 0，由于时间上先后顺序的不确定性，触发器输出 Q 既可能为 1 也可能为 0，$\overline{Q}$ 与之相反，即为不定状态。

输出波形如图 4.5 所示。

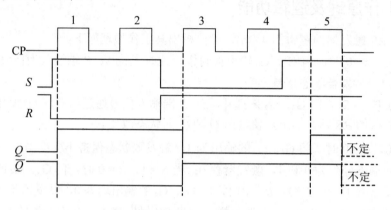

图 4.5 例 4.2 的波形图

4.2.3 电平触发 D 触发器

图 4.6 所示为由 CMOS 传输门电路构成的电平触发 D 触发器。当 CP =1，$\overline{CP}=0$ 时，TG_1 导通，TG_2 截止，输入数据经 G_1、G_2 两个非门，使输出 $Q=D$，$\overline{Q}=\overline{D}$；当 CP=0，$\overline{CP}=1$ 时，TG_1 截止，TG_2 导通，由于门 G_1、G_2 输入端存在的分布电容对逻辑电平有短暂的保持作用，此时电路将被锁定在 CP 信号由 1 变 0 前瞬间 D 信号所确定的状态。

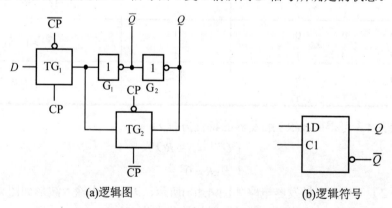

(a)逻辑图   (b)逻辑符号

图 4.6 CMOS 传输门构成的电平触发 D 触发器

分析可得电路功能表如表 4.4 所示。表中，Q^n 表示触发器现态，Q^{n+1} 表示 CP 作用后的次态。

表 4.4 CMOS 传输门构成的电平触发 D 触发器的功能表

D	Q^n	Q^{n+1}	功　能
0	0	0	
0	1	0	$Q^{n+1}=D$
1	0	1	
1	1	1	

4.2.4 电平触发方式的工作特点

(1) 只有当 CP 为有效电平时，触发器封锁才能被打开，按照输入信号将触发器输出设置成相应的状态。

(2) 在 CP 为有效电平期间，输入信号的变化随时可以引起输出状态的改变。CP 翻转为无效状态后，触发器输出将保持翻转前那一瞬时的状态。

> **注意：** 若同步触发器输入信号在 CP＝1 期间发生多次变化，可能导致触发器的输出发生多次翻转，这种在一个时钟脉冲作用期间，触发器输出状态发生多次翻转的现象称为空翻。空翻有可能造成节拍混乱，削弱触发器的抗干扰能力，降低系统工作的可靠性。其主要原因是触发器翻转受电平控制在某一时间段内翻转，而不是仅在某一时刻变化。由于上述原因，电平触发的各种触发器的应用受到了一定限制。

4.3 主从触发器

为了提高触发器工作的可靠性，希望其只在某一时刻翻转，即要求触发器在每个 CP 周期内状态只能变化一次。为此，在电平触发器的基础上出现了脉冲边沿触发的触发器——主从触发器。

4.3.1 主从 RS 触发器

1. 电路结构

脉冲边沿触发的主从触发器的逻辑图如图 4.7(a)所示，它由两个相同的电平触发同步 RS 触发器组成。其中，由 $G_1 \sim G_4$ 组成的触发器称为从触发器，由 $G_5 \sim G_8$ 组成的触发器称为主触发器，因此也常将此电路称为主从 RS 触发器。主从两个触发器的时钟信号反相。时钟信号 $\overline{CP}$ 代表低电平有效。

2. 工作原理

(1) $\overline{CP}$＝1 时，主触发器打开，接收输入信号 S、R，根据输入端的信号触发翻转；从触发器的时钟信号为 0 被封锁，触发器输出保持。

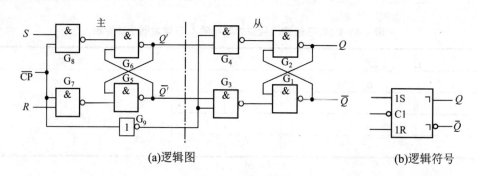

(a)逻辑图　　　　　　　　　　(b)逻辑符号

图 4.7　主从 RS 触发器

(2) $\overline{CP}$ 下降沿到来时，主触发器封锁，将保持在 $\overline{CP}=1$ 期间接收的内容不变。同时从触发器打开，接收主触发器传送过来的内容从而改变输出状态。在 $\overline{CP}=0$ 期间，主触发器被封锁，导致其输出保持不变；受其控制的从触发器虽然打开，但因其输入状态不再改变，故输出也不再改变。因此 $\overline{CP}=0$ 期间，输出也保持。所以从触发器的翻转只在 $\overline{CP}$ 由 1 变 0 时刻(下降沿)发生，且在时钟脉冲一个变化周期内只可能发生一次。

综上分析，无论时钟脉冲为高、低电平，主、从触发器总是一个打开，另一个被封锁，S、R 状态的改变不能直接影响输出状态，仅在时钟脉冲下降沿瞬时有效，从而解决了空翻问题。

由于主从 RS 触发器由两个完全相同的同步 RS 触发器组成，因此其逻辑功能表、特性方程和同步 RS 触发器相同，唯一的变化就是由电平触发转换为脉冲边沿触发。

主从 RS 触发器采用主从控制结构，从根本上解决了同步触发器输入直接控制输出的问题，具有边沿翻转的特点，克服了同步触发器出现的空翻现象。但由于主触发器是同步 RS 触发器，故输入信号仍须遵守 $SR=0$ 的约束条件。

4.3.2　主从 JK 触发器

1. 电路结构

主从 RS 触发器存在约束条件 $SR=0$，在使用中极为不便。为了消除这个约束条件，需要进一步改进触发器的电路结构。考虑到触发器输出 Q 和 $\overline{Q}$ 互补的特点，将输出 Q 和 $\overline{Q}$ 反馈回输入端，通过两个与门与输入信号相与后等效于输入信号 S、R，从而满足触发器约束条件。为表示与主从 RS 触发器在逻辑功能上的区别，以 J、K 表示两个信号输入端，新电路被称为主从结构 JK 触发器(简称主从 JK 触发器)。

由图 4.8(a)分析可知，主触发器中与非门 G_7、G_8 的总输入信号分别包含有 KQ、$J\overline{Q}$。由于 Q、$\overline{Q}$ 反相，故而与非门 G_7、G_8 的输入信号满足 $SR=0$ 的约束条件，从根本上解决了主从 RS 触发器存在的约束问题。

2. 工作原理及逻辑功能

下面对主从 JK 触发器的工作原理进行分析。

(1) 当 $J=K=0$ 时，由于门 G_7、G_8 被封锁，触发器在时钟脉冲有效沿到来时仍保持不变，即 $Q^{n+1}=Q^n$。

第 4 章 触发器

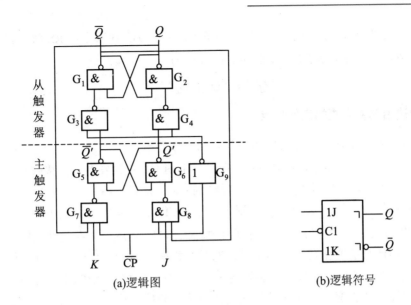

图 4.8 主从 JK 触发器

(2) 当 $J = 0$，$K = 1$ 时，此时若 $Q^n = 0$，则门 G_7、G_8 仍封锁，触发器保持 $Q^n = 0$；若 $Q^n = 1$，则 $\overline{CP} = 1$ 时主触发器输出 $Q' = 0$，$\overline{Q'} = 1$，$\overline{CP}$ 下降沿到来后从触发器也被置 0。因此无论 Q 初态为何，Q^{n+1} 都等于 0。

(3) 当 $J = 1$，$K = 0$ 时，此时若 $Q^n = 0$，则 $\overline{CP} = 1$ 时主触发器输出 $Q' = 1$，$\overline{Q'} = 0$，$\overline{CP}$ 下降沿到来后从触发器被置 1；若 $Q^n = 1$，$\overline{Q^n} = 0$，则门 G_7、G_8 封锁，触发器保持。因此无论 Q 初态为何，Q^{n+1} 都等于 1。

(4) 当 $J = K = 1$ 时，此时若 $Q^n = 0$，则 $\overline{CP} = 1$ 时主触发器输出 $Q' = 1$，$\overline{Q'} = 0$，$\overline{CP}$ 下降沿到来后从触发器被置 1；若 $Q^n = 1$，$\overline{Q^n} = 0$，则 $\overline{CP} = 1$ 时主触发器输出 $Q' = 0$，$\overline{Q'} = 1$，$\overline{CP}$ 下降沿到来后从触发器被置 0。由分析可知当 $J = K = 1$ 时，$\overline{CP}$ 下降沿到来时触发器输出状态将会翻转，即 $Q^{n+1} = \overline{Q^n}$。

综合上述对主从 JK 触发器工作原理的分析，很容易获得主从 JK 触发器的功能表，如表 4.5 所示。

表 4.5 主从 JK 触发器的功能表

$\overline{CP}$	J	K	Q^n	Q^{n+1}	功　能
⌐_	0	0	0	0	$Q^{n+1} = Q^n$，保持
⌐_	0	0	1	1	
⌐_	0	1	0	0	$Q^{n+1} = 0$，置 0
⌐_	0	1	1	0	
⌐_	1	0	0	1	$Q^{n+1} = 1$，置 1
⌐_	1	0	1	1	
⌐_	1	1	0	1	$Q^{n+1} = \overline{Q^n}$，翻转
⌐_	1	1	1	0	

对主从 JK 触发器的功能表进行分析或将 $R=KQ$、$S=J\overline{Q}$ 代入主从 RS 触发器的特性方程 $Q^{n+1}=S+\overline{R}Q^n$,可得主从 JK 触发器的特性方程为

$$Q^{n+1}=J\overline{Q^n}+\overline{K}Q^n \tag{4.4}$$

3. 脉冲边沿触发方式的工作特点

脉冲边沿触发的主从型触发器有两个重要的工作特点。

(1) 触发器翻转分两步进行:第一步,在 $\overline{CP}=1$ 期间,主触发器打开接收输入信号,从触发器被封锁;第二步,$\overline{CP}$ 脉冲信号的下降沿到来时,从触发器接收主触发器的输出信号发生变化。所以触发器输出端 Q、$\overline{Q}$ 的变化发生在 $\overline{CP}$ 的下降沿,故时钟脉冲用 $\overline{CP}$ 表示。

(2) 在 $\overline{CP}=1$ 期间,主触发器始终打开接收输入信号,这就要求在此期间输入信号不能突变,否则输出信号的变化很可能不再满足通常的规律。因为在 $\overline{CP}=1$ 期间,输入信号的任何一次变化,都可能使主触发器状态发生变化,而从触发器只能在 $\overline{CP}$ 由 1 变 0 时,随主触发器的变化发生一次变化,这就是一次变化现象。分析主从 JK 触发器的一次变化现象,其规律为,若 $Q^n=0$,$\overline{CP}=1$ 期间,J 端输入的第一次输入 1 有效,当 $\overline{CP}$ 下降沿到来时,从触发器输出 $Q^{n+1}=1$;若 $Q^n=1$,$\overline{CP}=1$ 期间,K 端输入的第一次输入 1 有效,当 $\overline{CP}$ 下降沿到来时,从触发器输出 $Q^{n+1}=0$。下面用例 4.3 来说明主从 JK 触发器的一次变化现象。

【**例 4.3**】下降沿触发主从 JK 触发器的时钟信号 CP 和输入信号 J、K 的波形如图 4.9 所示,设触发器初始状态为 0,画出 Q 端的输出波形。

解:(1) 第一个 $\overline{CP}$ 高电平期间始终为 $J=1$,$K=0$,$\overline{CP}$ 下降沿到来后触发器置 1。

(2) 第二个 $\overline{CP}$ 高电平期间输入信号产生了变化,因此不能简单的以 $\overline{CP}$ 下降沿到来时的输入状态决定输出次态。在第二个 $\overline{CP}$ 高电平期间,输入出现过 $J=0$,$K=1$ 状态,此时主触发器被置 0,从触发器封锁;此后输入状态变化为 $J=0$,$K=0$,封锁主触发器,保持输出为 0。因此,当 $\overline{CP}$ 下降沿到来时,从触发器打开,将输出置 0,即 $Q^{n+1}=0$。

(3) 第三个 $\overline{CP}$ 高电平期间因出现过 $J=1$,$K=1$ 状态,而此时 $Q^n=0$,由电路分析可知主触发器被置 1。虽然下降沿到来时输入状态变化为 $J=0$,$K=1$,但因主触发器保持被置 1,所以从触发器也被置 1,即 $Q^{n+1}=1$。

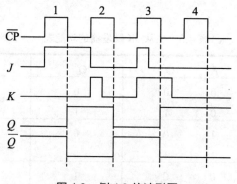

图 4.9 例 4.3 的波形图

注意: 一次变化现象降低了主从 JK 触发器的可靠性,其抗干扰能力尚需进一步提高。

4.4 边沿触发器

为了提高触发器的可靠性，增强其抗干扰能力，要求触发器输出状态的变化仅仅取决于时钟脉冲信号下降沿(或上升沿)到达时刻输入信号的状态。为了达到这一目的，人们相继开发出各种边沿触发器，主要有利用 CMOS 传输门的边沿触发器、维持-阻塞边沿触发器、利用门电路传输延迟时间的边沿触发器等。边沿触发器既没有空翻现象，也没有一次变化问题，大大提高了触发器工作的可靠性和抗干扰能力。

4.4.1 CMOS 传输门构成的边沿 D 触发器

1. 电路结构

图 4.10 是由 CMOS 传输门构成的边沿 D 触发器，电路中反相器和传输门均为 CMOS 电路。反相器 G_1、G_2 和传输门 TG_1、TG_2 组成主触发器，反相器 G_3、G_4 和传输门 TG_3、TG_4 组成从触发器。虽然电路结构也为主从结构，但其却没有一次变化问题，具有边沿触发器的特性，故归为边沿触发器。电路逻辑符号中 C1 前端的">"代表边沿触发，小圆圈代表下降沿有效。

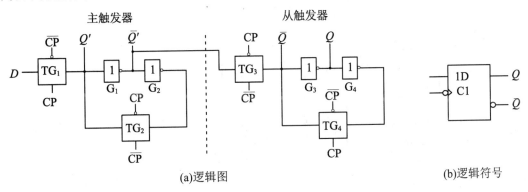

图 4.10 CMOS 传输门构成的边沿 D 触发器

2. 工作原理及逻辑功能

由 CMOS 传输门构成的边沿 D 触发器的触发翻转分为两个过程。

(1) $\overline{CP}=1$ 时，从触发器时钟信号为 0，TG_1 导通，TG_2 截止，主触发器接收输入数据 D，其输出 $Q'=D$，$\overline{Q'}=\overline{D}$。同时 TG_3 截止，TG_4 导通，从触发器处于保持功能，输出不变。

(2) $\overline{CP}$ 由 1 变为 0 时，从触发器时钟信号变为 1，此时 TG_1 截止，TG_2 导通，主触发器封闭，处于保持功能，不再接收输入信号，$\overline{Q'}$ 保持 $\overline{CP}$ 变为 0 瞬间 $\overline{D}$ 的状态。与此同时，TG_3 导通，TG_4 截止，将主触发器的输出 $\overline{Q'}$ 送入从触发器，使 $\overline{Q}=\overline{Q'}$，再经 G_3 反相后得到输出 Q。至此完成整个触发过程。

该触发器输出状态的变化仅发生在时钟脉冲的下降沿，且触发器输出状态仅取决于时钟下降沿到达时的输入信号状态，因此为边沿触发器。其功能表如表 4.6 所示。

表 4.6　CMOS 传输门构成的边沿 D 触发器的功能表

$\overline{CP}$	D	Q^n	Q^{n+1}	功　能
↧	0	0	0	
↧	0	1	0	$Q^{n+1}=D$
↧	1	0	1	
↧	1	1	1	

由功能表可得出边沿 D 触发器的特性方程为

$$Q^{n+1}=D$$

如果将传输门控制信号 CP 和 $\overline{CP}$ 互换，则可将触发器变为时钟脉冲上升沿触发，其逻辑符号也要将 C1 前的小圆圈去掉。

集成 CMOS 传输门边沿 D 触发器一般还具有直接置 0 端 $\overline{R_D}$ 和直接置 1 端 $\overline{S_D}$，其电路逻辑图及符号如图 4.11 所示。直接置 0 端和直接置 1 端又被称为异步置 0 端和异步置 1 端，也称强制置 0 端和强制置 1 端，均为低电平有效。这两个输入端具有最高的优先级，不受时钟信号 CP 的制约。$\overline{S_D}$ 和 $\overline{R_D}$ 的主要作用是为触发器设置初始状态，或对触发器状态进行特殊控制。

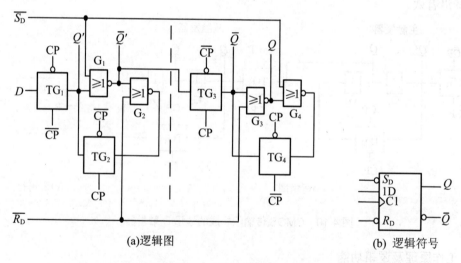

图 4.11　带有直接置 0 端和直接置 1 端的 CMOS 边沿 D 触发器

注意：任何时刻 $\overline{S_D}$ 和 $\overline{R_D}$ 只能一个有效，即 $\overline{S_D}$ 和 $\overline{R_D}$ 不能同时为 0。

4.4.2　维持-阻塞边沿 D 触发器

1. 电路结构

边沿触发器常采用的另一种电路结构是维持-阻塞结构，在 TTL 电路中这种结构得到了广泛的应用。图 4.12(a)所示为维持-阻塞边沿 D 触发器的逻辑图，它是一个上升沿触发的边沿触发器。该电路是在电平触发的同步 RS 触发器基础上进行了改进以克服空翻，并使电路具有了边沿触发的特性，其中起到重要作用的是三根反馈线①、②、③。

其基本思想是：在触发器翻转的过程中，利用电路内部产生的 0 信号封锁门 G_3 或 G_4，在 CP 信号作用期间，使触发器的输出仅随输入信号变化一次，而不会多次变化。

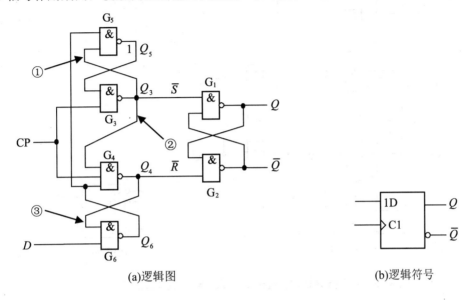

(a)逻辑图　　　　　　　　　　　(b)逻辑符号

图 4.12　维持-阻塞边沿 D 触发器

2．工作原理及逻辑功能

维持-阻塞边沿 D 触发器的工作原理分以下两种情况进行分析。

(1) $D = 1$。CP= 0 时，门 G_3、G_4 被封锁，$Q_3= 1$，$Q_4= 1$，由门 G_1、G_2 构成的基本 RS 触发器保持原状态不变。因 $D = 1$，门 G_6 输入全 1，故 $Q_6= 0$，$Q_5= 1$。当 CP 由 0 变 1 时，门 G_3 输入全 1 使 Q_3 翻转为 0，进而使触发器的输出 $Q = 1$，$\overline{Q} = 0$。同时，一旦门 G_3 输出为 0，将通过反馈线①封锁门 G_5，此时即使 D 信号由 1 变 0，也只会影响门 G_6 的输出，门 G_5 输出仍保持为 1，触发器输出维持 1 状态。因此，反馈线①称为置 1 维持线。同理，门 G_3 输出为 0 也会通过反馈线②封锁门 G_4，从而阻塞置 0 信号，反馈线②称为置 0 阻塞线。

(2) $D = 0$。CP=0 时，门 G_3、G_4 被封锁，$Q_3= 1$，$Q_4= 1$，由门 G_1、G_2 构成的基本 RS 触发器保持原状态不变。因 $D = 0$，$Q_6= 1$，$Q_5= 0$。当 CP 由 0 变 1 时，门 G_4 输出为 0，使触发器的输出 $\overline{Q} = 1$，$Q = 0$，完成了触发器输出的变化过程。同时，一旦门 G_4 输出为 0，将通过反馈线③封锁门 G_6，此时无论 D 信号如何变化，也不会影响门 G_6 的输出，维持触发器输出 0 状态。因此，反馈线③称为置 0 维持线。

综合上述分析，维持-阻塞 D 触发器是利用了维持线和阻塞线将触发器的触发翻转控制在 CP 上升沿一瞬间，不管 CP=1 期间输入信号如何变化，对触发器输出状态不会产生影响，即克服了空翻现象，维持-阻塞 D 触发器因此而得名。

另外，该触发器是在 CP 脉冲信号的上升沿到来时触发翻转，翻转与否取决于 CP 上升沿瞬时的输入信号状态，因此为边沿触发器。其在抗干扰能力和速度方面较主从触发器有较大提高。

图 4.13 所示为带直接置 0 端 $\overline{R_D}$ 和直接置 1 端 $\overline{S_D}$ 的维持-阻塞边沿 D 触发器的逻辑图及逻辑符号。$\overline{S_D}$ 和 $\overline{R_D}$ 均为低电平有效，不受时钟信号的制约，具有最高优先级。

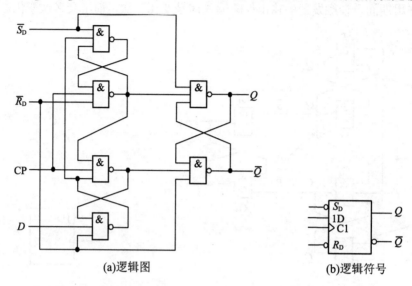

图 4.13 带直接置 0 端和直接置 1 端的维持-阻塞边沿 D 触发器

通过分析图 4.13，可得带直接置 0 端和直接置 1 端的维持-阻塞边沿 D 触发器的功能表，如表 4.7 所示。

表 4.7 带直接置 0 端和直接置 1 端的维持-阻塞边沿 D 触发器功能表

$\overline{R_D}$	$\overline{S_D}$	CP	D	Q^{n+1}
0	1	×	×	0
1	0	×	×	1
1	1	↑	0	0
1	1	↑	1	1

【例 4.4】在图 4.13 所示边沿 D 触发器中，已知 CP 和 D 的输入波形如图 4.14 所示，试画出输出 Q 的波形。设触发器初始状态为 $Q=0$。

解： 由于电路为 CP 上升沿触发的边沿触发器，因此仅考虑 CP 上升沿到来瞬时 Q 的状态变化，有 $Q^{n+1}=D$，其他时间 Q 保持不变，如图 4.14 所示。

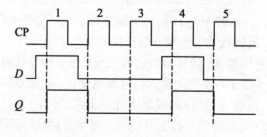

图 4.14 例 4.4 的波形图

4.4.3 利用门电路传输延迟时间的边沿 JK 触发器

利用门电路传输延迟时间的边沿 JK 触发器的逻辑图和逻辑符号如图 4.15 所示。它是利用门电路的传输延迟时间实现边沿触发的，这种电路结构常见于 TTL 集成电路中。在实际电路中，要求门 G_7、G_8 具有相对较长的传输延迟时间。其工作原理介绍如下。

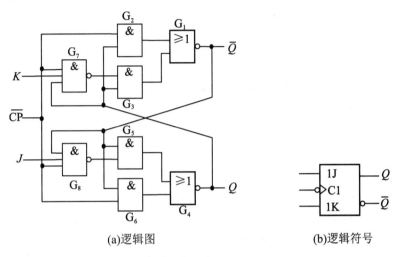

(a)逻辑图　　　　　　　　　(b)逻辑符号

图 4.15　利用门电路传输延迟时间的边沿 JK 触发器

(1) $\overline{CP}=0$ 时，触发器不翻转。此时门 G_2、G_6、G_7、G_8 全部被封锁，而由于 G_7、G_8 输出为 1 使门 G_1、G_4、G_3、G_5 构成的 RS 锁存器处于保持功能，输出 Q 不变。

(2) $\overline{CP}$ 由 0 变 1 时，触发器准备翻转。$\overline{CP}$ 由 0 变 1 瞬间，门 G_2、G_6 传输延迟时间短抢先打开，门 G_6 输出 $\overline{Q}$，门 G_5 的输出由逻辑图可知只能为 0 或 $\overline{Q}$，故门 G_4 的输出保持 Q 状态不变；同理，门 G_1 的输出保持 $\overline{Q}$ 不变，即触发器输出保持原态。由于门 G_7、G_8 的延迟，J、K 信号经过一段时间后才影响门 G_7、G_8 的输出并使其分别变化为 $\overline{KQ}$、$\overline{J\overline{Q}}$。

(3) $\overline{CP}$ 由 1 变 0 时，触发器状态根据输入信号 J、K 而翻转。$\overline{CP}$ 由 1 变 0 瞬间，门 G_2、G_6 抢先关闭，门 G_7、G_8 的延迟使其输出 $\overline{KQ}$、$\overline{J\overline{Q}}$ 仍作用于门 G_3、G_5 的输入端，而门 G_1、G_3、G_4、G_5 构成的 RS 锁存器状态由其输入决定，可推出式(4.5)，即为边沿 JK 触发器的特性方程。式中为区别时钟下降沿到来前后触发器的输出状态，以 Q^n 表示触发器现态，Q^{n+1} 表示时钟下降沿到来后的次态。

$$Q^{n+1} = \overline{\overline{J\overline{Q^n}} \cdot \overline{KQ^n Q^n}} = \overline{J\overline{Q^n}} + \overline{KQ^n Q^n} = J\overline{Q^n} + \overline{K}Q^n \tag{4.5}$$

随着门 G_7、G_8 延迟的结束，触发器又进入(1)所分析的情况。

由以上分析可知，该触发器的状态转换发生在时钟脉冲由 1 变 0 的瞬间，即时钟脉冲的下降沿；而其状态仅仅取决于下降沿时刻输入信号 J、K 的状态，不存在空翻以及一次变化现象。

> **注意**：边沿触发器的输出仅在时钟脉冲有效沿(上升沿或下降沿)到来时发生翻转，其次态翻转与否取决于输出现态和输入信号的控制。而在其他时刻，输入信号的改变对触发器的输出状态没有影响。

4.5 触发器的逻辑功能及相互转换

前面几节介绍了构成触发器的不同电路结构，本节将进一步讨论触发器的逻辑功能。触发器的逻辑功能就是指触发器的输入信号、输出现态、输出次态之间的逻辑关系，这种关系可以用功能表、特性方程、状态转换图等多种方法来描述。按照触发器逻辑功能的不同，可以将常用触发器分为以下几种：RS 触发器、JK 触发器、D 触发器、T 触发器、T′ 触发器。

4.5.1 触发器逻辑功能分类

1. RS 触发器

以触发器的现态和输入信号为变量，以次态为函数，描述它们之间逻辑关系的真值表称为触发器的功能表，也叫特性表。RS 触发器的功能表如表 4.3 所示。表中对触发器的现态 Q^n 和输入信号的每种组合都列出了相应的次态 Q^{n+1}。

触发器的逻辑功能也可以用逻辑表达式来描述，称为触发器的特性方程。根据表 4.3，由卡诺图化简可列出 RS 触发器的特性方程为

$$\begin{cases} Q^{n+1} = S + \overline{R}Q^n \\ S \cdot R = 0 \end{cases} \quad (约束条件) \tag{4.6}$$

触发器的功能还可以用图 4.16 所示的状态转换图更形象地表示出来，状态转换图可以由功能表导出。图中两个内部标有 0 和 1 的圆圈表示触发器的两个输出状态，四根方向线表示触发器的转换方向，对应功能表中的不同情况。方向线起点为触发器的现态 Q^n，箭头指向相应的次态 Q^{n+1}，方向线中间标出了状态转换的条件，即输入信号 S 和 R 的逻辑值。

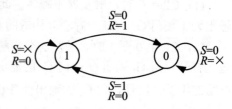

图 4.16 RS 触发器的状态转换图

集成主从 RS 触发器 74LS71 的逻辑符号及引脚排列图如图 4.17 所示，R 和 S 均有三个输入端。电路还具有低电平有效的直接置 0 端 $\overline{R_D}$ 和直接置 1 端 $\overline{S_D}$。其功能表如表 4.8 所示。

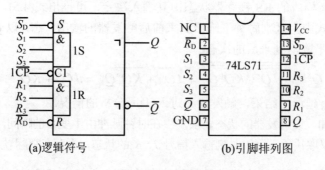

(a) 逻辑符号　　　　　　　　(b) 引脚排列图

图 4.17 集成主从 RS 触发器 74LS71

表 4.8　集成主从 RS 触发器 74LS71 的功能表

输入					输出	
$\overline{S_D}$	$\overline{R_D}$	CP	1S	1R	Q	$\overline{Q}$
0	1	×	×	×	1	0
1	0	×	×	×	0	1
1	1	⊓_	0	0	保持	
1	1	⊓_	0	1	0	1
1	1	⊓_	1	0	1	0
1	1	⊓_	1	1	不定	

2. JK 触发器

JK 触发器的功能表如表 4.5 所示，根据功能表，可得其特性方程为

$$Q^{n+1} = J\overline{Q^n} + \overline{K}Q^n \tag{4.7}$$

JK 触发器的状态转换图如图 4.18 所示。

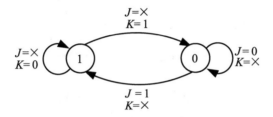

图 4.18　JK 触发器的状态转换图

由 JK 触发器的功能表、特性方程和状态转换图均可看出，当 $J=1$，$K=0$ 时，触发器的次态被置 1；当 $J=0$，$K=1$ 时，触发器的次态被置 0；当 $J=0$，$K=0$ 时，触发器状态保持不变；当 $J=1$，$K=1$ 时，触发器翻转。在所有类型的触发器中，JK 触发器功能最为全面，它能够执行置 1、置 0、保持和翻转四种操作，并可通过附加简单的电路而转换为其他功能的触发器，因此在数字电路中有较广泛的应用。

集成双 JK 触发器 74HC76 的逻辑符号及引脚排列图如图 4.19 所示。这是一块双列直插 16 脚集成电路，一个集成芯片中包含两个带直接置 0 端和直接置 1 端的 JK 触发器。74HC76 的功能表如表 4.9 所示。

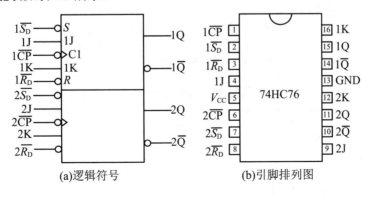

图 4.19　集成双 JK 触发器 74HC76

表 4.9 集成双 JK 触发器 74HC76 的功能表

输入					输出	
$\overline{S_D}$	$\overline{R_D}$	CP	J	K	Q	$\overline{Q}$
0	1	×	×	×	1	0
1	0	×	×	×	0	1
1	1	⌐⌐	0	0	保持	
1	1	⌐⌐	0	1	0	1
1	1	⌐⌐	1	0	1	0
1	1	⌐⌐	1	1	计数	

3. D 触发器

D 触发器的功能表如表 4.6 所示，根据功能表，可得其特性方程为

$$Q^{n+1} = D \tag{4.8}$$

由 D 触发器的功能表可得出其状态转换图，如图 4.20 所示。

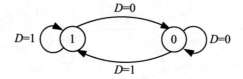

图 4.20 D 触发器的状态转换图

常用集成电路集成双 D 触发器 74HC74 的逻辑符号及引脚排列图如图 4.21 所示。其功能表如表 4.10 所示。由图中可注意到其为上升沿触发，直接置 0 端和直接置 1 端均为低电平有效。

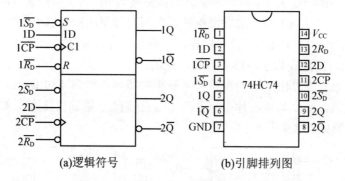

(a)逻辑符号　　　　(b)引脚排列图

图 4.21 集成双 D 触发器 74HC74

表 4.10 集成双 D 触发器 74HC74 的功能表

输入				输出	
$\overline{S_D}$	$\overline{R_D}$	CP	D	Q	$\overline{Q}$
0	1	×	×	1	0
1	0	×	×	0	1
1	1	⌐	0	0	1
1	1	⌐	1	1	0
1	1	0	×	保持	

4. T 触发器

T 触发器是逻辑电路设计中常用的一种触发器，其逻辑功能为：当控制信号 $T = 1$ 时，每一个 CP 脉冲到来，触发器翻转一次；而当 $T = 0$ 时，触发器保持状态不变。其特性方程为

$$Q^{n+1} = \begin{cases} \overline{Q^n} & T = 1 \\ Q^n & T = 0 \end{cases} \tag{4.9}$$

可将其变换为

$$Q^{n+1} = T\overline{Q^n} + \overline{T}Q^n \tag{4.10}$$

由特性方程可得出其状态转换图，如图 4.22 所示。

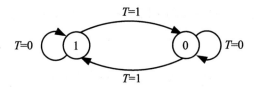

图 4.22 T 触发器的状态转换图

> 注意：集成电路产品中并没有 T 触发器，其通常由 JK 触发器或 D 触发器转换得到。

5. T′ 触发器

T′ 触发器又称翻转触发器，它没有信号输入端，每一个 CP 脉冲到来时，触发器输出状态翻转一次。其特性方程为

$$Q^{n+1} = \overline{Q^n} \tag{4.11}$$

这种触发器也是由其他触发器转换得到的。

4.5.2 触发器功能转换

如前所述，JK 触发器和 D 触发器具有较完善的功能，有很多独立的中、小规模集成电路产品。在必须使用其他逻辑功能的触发器时，可通过逻辑功能转换的方法，很容易地由这两种类型的触发器转换而成。JK 触发器与 D 触发器之间也是可以相互转换的。转换的方法一般是通过比对特性方程，从一种触发器转换为另一种触发器。

1. JK 触发器转换成其他功能的触发器

已知 JK 触发器特性方程为

$$Q^{n+1} = J\overline{Q^n} + \overline{K}Q^n \tag{4.12}$$

1) JK 触发器转换成 D 触发器

列出 D 触发器的特性方程并将其转换为与 JK 触发器特性方程一致的形式，有

$$Q^{n+1} = D = D(\overline{Q^n} + Q^n) = D\overline{Q^n} + \overline{\overline{D}}Q^n \tag{4.13}$$

将该式与式(4.12)比较，可以得出

$$J = D, \quad K = \overline{D} \tag{4.14}$$

由此可以画出由 JK 触发器转换成 D 触发器的逻辑图，如图 4.23(a)所示。

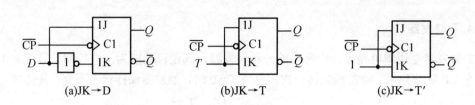

图 4.23　JK 触发器转换成其他功能的触发器

2) JK 触发器转换成 T 触发器

T 触发器的特性方程为

$$Q^{n+1} = T\overline{Q^n} + \overline{T}Q^n \tag{4.15}$$

可以发现，T 触发器的特性方程与 JK 触发器的特性方程非常类似，将其进行比较可以得出

$$J = T, \quad K = T \tag{4.16}$$

由此可以画出由 JK 触发器转换成 T 触发器的逻辑图如图 4.23(b)所示。

3) JK 触发器转换成 T′触发器

T′触发器的特性方程为

$$Q^{n+1} = \overline{Q^n} \tag{4.17}$$

与 JK 触发器的特性方程比较可得

$$J = 1, \quad K = 1 \tag{4.18}$$

由此可以画出由 JK 触发器转换成 T′触发器的逻辑图，如图 4.23(c)所示。

需要注意的是，所转换成的触发器的时钟脉冲有效沿均与所设的 JK 触发器一致为下降沿，若需设定为上升沿翻转，仅需在时钟脉冲输入端前加一非门。

2. D 触发器转换成其他功能的触发器

1) D 触发器转换成 JK 触发器

D 触发器和 JK 触发器的特性方程为

$$Q^{n+1} = D \tag{4.19}$$

$$Q^{n+1} = J\overline{Q^n} + \overline{K}Q^n \tag{4.20}$$

联立两式，得

$$D = J\overline{Q^n} + \overline{K}Q^n \tag{4.21}$$

由此可以画出由 D 触发器转换成 JK 触发器的逻辑图，如图 4.24 所示。

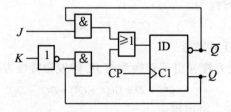

图 4.24　D 触发器转换成 JK 触发器

2) D 触发器转换成 T 触发器

T 触发器的特性方程为

$$Q^{n+1} = T\overline{Q^n} + \overline{T}Q^n \tag{4.22}$$

将 T 触发器的特性方程与 D 触发器的特性方程进行比较可以得出

$$D = T\overline{Q^n} + \overline{T}Q^n \tag{4.23}$$

由此可以画出由 D 触发器转换成 T 触发器的逻辑图，如图 4.25 所示。

3) D 触发器转换成 T'触发器

T'触发器的特性方程为

$$Q^{n+1} = \overline{Q^n} \tag{4.24}$$

与 D 触发器的特性方程比较可得

$$D = \overline{Q^n} \tag{4.25}$$

由此可以画出由 D 触发器转换成 T'触发器的逻辑图，如图 4.26 所示。

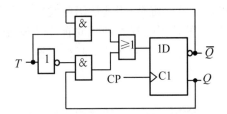

图 4.25　D 触发器转换成 T 触发器

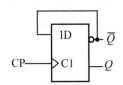

图 4.26　D 触发器转换成 T'触发器

4.5.3　触发器的电气特性

在 TTL 触发器电路中，因为输入、输出端的电路结构和 TTL 反相器相似(有的输入端内部可能是几个门电路输入端并联)，所以前面章节讲述的 TTL 反相器的输入特性和输出特性对触发器仍然适用。

在 CMOS 触发器电路中，通常每个输入、输出端均在器件内部设置了缓冲级，因而它们的输入特性和输出特性和 CMOS 反相器的输入特性和输出特性相同。

为了保证触发器在动态工作时可靠地翻转，触发器对时钟脉冲、输入信号以及它们之间相互配合的时间关系应满足一定的要求，这些要求主要体现在建立时间(输入信号先于时钟脉冲有效沿到达时间)、保持时间(时钟有效沿到达后输入信号仍需保持不变的时间)、时钟信号的宽度及最高工作频率的限制上。对于具体型号的触发器可从手册中查到这些动态参数，工作时应注意符合这些参数所规定的条件。

本　章　小　结

触发器是构成时序逻辑电路的基本逻辑单元，本章所介绍的双稳态触发器具有两个基本特点：其一，在一定条件下，触发器可维持在两种稳定状态(0 或 1)之一而保持不变；其二，在一定外加信号作用下，触发器可以从一个稳定状态翻转到另一个稳定状态。这就使得触发器具有了记忆功能，可以保存 1 位二值信息。这是其与组合逻辑电路最本质的不同。

触发器的下一输出状态(次态)不仅与输入信号有关，而且与当前输出状态(现态)有关，触发器的逻辑功能可以用功能表、特性方程、状态转换图、时序波形图等方法进行描述。

根据逻辑功能不同,触发器可分为 RS 触发器、JK 触发器、D 触发器、T 触发器和 T′ 触发器几种类型;由触发方式及电路结构的不同,触发器又可分为电平触发器、主从触发器和边沿触发器,不同触发方式的触发器在状态的翻转过程中具有不同的动作特点。

基本 RS 锁存器是构成触发器的基础,其输出状态随输入信号的改变而改变。

同步 RS 触发器在基本 RS 锁存器的基础上增加了时钟脉冲控制端,触发器的输出状态仅在时钟脉冲有效时随输入信号的状态翻转,提高了抗干扰能力。但由于采用电平触发,会产生空翻现象。

主从触发器由于采用了主从型结构,主、从触发器的交替导通使触发器输出在一个时钟周期内仅变化一次,克服了空翻现象,抗干扰能力进一步增强。同时,主从 JK 触发器对输出反馈的引入抵消了约束条件,实用性得到了提高。但由于主从 JK 触发器电路结构的限制,其仍存在一次变化现象。

边沿触发器主要有利用 CMOS 传输门的边沿触发器、维持-阻塞边沿触发器、利用门电路传输延迟时间的边沿触发器等几种。边沿触发器的输出仅在时钟脉冲有效沿到来时发生翻转,其次态翻转与否取决于输出现态和输入信号的控制。而在其他时刻,输入信号的改变对触发器的输出状态没有影响。边沿触发器既没有空翻现象,也没有一次变化问题,从而大大提高了触发器工作的可靠性和抗干扰能力。

同一逻辑功能的触发器可以用不同的电路结构来实现,同一电路结构的触发器可以做成不同功能,触发器的电路结构与逻辑功能没有必然联系。例如,JK 触发器既有主从结构的,也有利用传输延迟结构的。每一种逻辑功能的触发器也都可以转换为其他功能的触发器。

习　题

一、填空题

1. 触发器有_____稳态、_____稳态和_____稳态触发器等几种,有一个或多个信号输入端,两个互补的信号输出端_____和_____。

2. 触发器接收触发信号之前的状态被称为_____,也叫_____,用_____表示;触发信号作用后的状态被称为_____,用_____表示。

3. 由或非门构成的 RS 锁存器在正常工作时输入信号应遵守_____的约束条件,从而避免出现 S 和 R 同时为 1 的情况。

4. RS 锁存器的_____和_____、_____功能,是时序逻辑电路存储单元应具备的最基本功能。

5. 同步 RS 触发器若在 CP = 1 期间,S 和 R 的状态发生了多次变化,那么触发器的输出也将发生多次翻转,这种在一个时钟脉冲作用期间,触发器输出状态发生多次翻转的现象称为_____。

6. 主从 JK 触发器在时钟脉冲的_____有效,其特性方程为_____。

7. 边沿触发器主要有_____触发器、_____触发器、_____触发器等几种。边沿触发器既没有_____现象,也没有_____问题,从而大大提高了触发器工作的可靠性和抗干扰能力。

8. 边沿 JK 触发器要使 $Q^{n+1}=\overline{Q^n}$，要求 $J=$＿＿＿＿、$K=$＿＿＿＿；若要使 $Q^{n+1}=Q^n$，要求 $J=$＿＿＿＿、$K=$＿＿＿＿；若要使 $Q^{n+1}=1$，要求 $J=$＿＿＿＿、$K=$＿＿＿＿；若要使 $Q^{n+1}=0$，要求 $J=$＿＿＿＿、$K=$＿＿＿＿。

9. 触发器的逻辑功能也可以用逻辑表达式来描述，称为触发器的＿＿＿＿。

10. 按照触发器逻辑功能的不同，可以将常用触发器分为以下几种：＿＿＿＿触发器、＿＿＿＿触发器、＿＿＿＿触发器、＿＿＿＿触发器、＿＿＿＿触发器。

二、思考题

1. 分析图 4.27 所示电路的功能，列出功能表。

2. 图 4.27 所示电路的输入波形如图 4.28 所示，试画出输出端 Q 的波形。

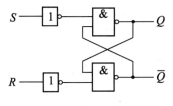

图 4.27　思考题 1 的电路图

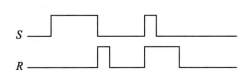

图 4.28　思考题 2 的输入波形图

3. 如图 4.29(a)所示电路的初始状态为 $Q=1$，CP 端和 R、S 端输入信号的波形如图 4.29(b) 所示，画出该触发器输出端 Q、$\overline{Q}$ 对应的波形。

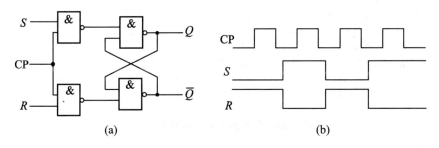

图 4.29　思考题 3 的电路图及波形图

4. 分析图 4.30 所示同步 D 触发器的逻辑功能，写出其特性方程，并画出其功能表及状态转换图。

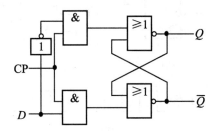

图 4.30　思考题 4 的电路图

5. 如图 4.30 所示电路的初始状态为 $Q=0$，CP 端和 D 端输入信号的波形如图 4.31 所示，画出该触发器输出端 Q、$\overline{Q}$ 对应的波形。

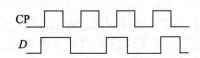

图 4.31 思考题 5 的输入波形图

6. 上升沿和下降沿触发的 D 触发器的逻辑符号、时钟信号 CP($\overline{\text{CP}}$) 和输入信号 D 的波形如图 4.32 所示。设触发器初始状态均为 0，分别画出它们的输出 Q 端对应的波形。

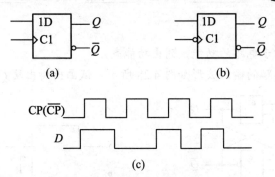

图 4.32 思考题 6 的电路图及波形图

7. 已知 TTL 电路组成的维持-阻塞 D 触发器的逻辑符号和各输入端的输入波形如图 4.33 所示，试画出该触发器输出端 Q、$\overline{Q}$ 对应的波形。

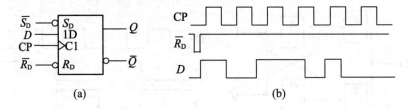

图 4.33 思考题 7 的电路图及波形图

8. 设图 4.34 中各 JK 触发器的初始状态均为 $Q=0$，试画出在 CP($\overline{\text{CP}}$) 连续作用下各触发器输出端的电压波形。

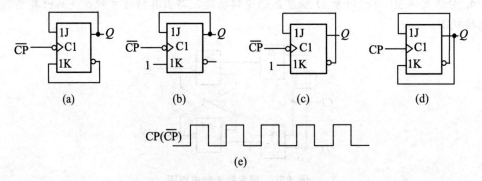

图 4.34 思考题 8 的电路图及波形图

9. 设图 4.35 中各 D 触发器的初始状态均为 $Q=0$，试画出在 CP($\overline{\text{CP}}$) 连续作用下各触发器输出端的电压波形。

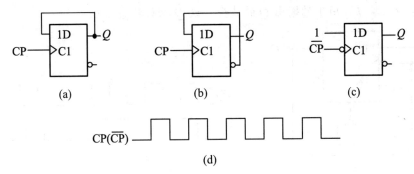

图 4.35　思考题 9 的电路图及波形图

10. 两个维持-阻塞 D 触发器构成图 4.36 所示的脉冲分频电路,试画出在时钟脉冲 CP 作用下的输出 Q_0、Q_1 以及 Y 对应的波形。

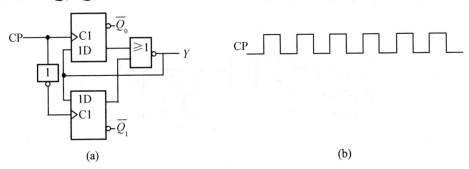

图 4.36　思考题 10 的电路图及波形图

11. 将 JK 触发器分别转换为 D 触发器和 T 触发器,画出逻辑电路。
12. 将 T 触发器分别转换为 D 触发器和 JK 触发器,画出逻辑电路。
13. 试画出图 4.37 所示电路在图中所示 CP、$\overline{R_D}$ 信号作用下的输出 Q_0、Q_1、Q_2 的输出电压波形,并说明 Q_0、Q_1、Q_2 输出信号的频率与 CP 信号频率之间的关系。

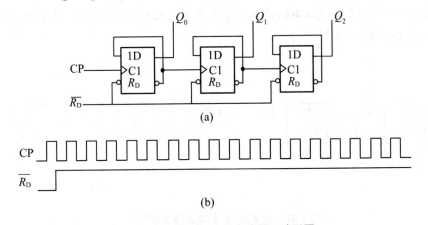

图 4.37　思考题 13 的电路图及波形图

14. 由 JK 触发器和与非门组成的"检 1"电路如图 4.38(a)所示，试画出在已知时钟脉冲 $\overline{CP}$ 和信号输入端 J 作用下的输出 Q 的波形。设 Q 初始状态为 0。

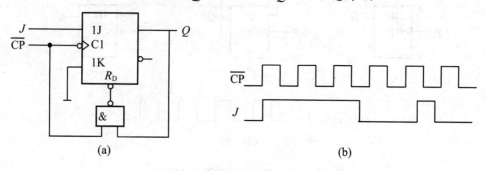

图 4.38 思考题 14 的电路图及波形图

15. 由 JK 触发器组成的电路如图 4.39(a)所示，已知 $\overline{CP}$ 和 X 的波形，试画出输出 Q_0、Q_1 的波形。设各触发器的初始状态均为 0。

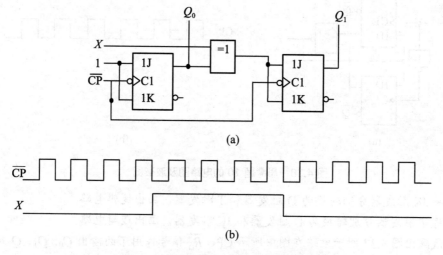

图 4.39 思考题 15 的电路图及波形图

16. 边沿触发器电路如图 4.40(a)所示，设触发器的初始状态均为 0，试根据 CP 和 D 的波形画出输出 Q_0、Q_1 的波形。

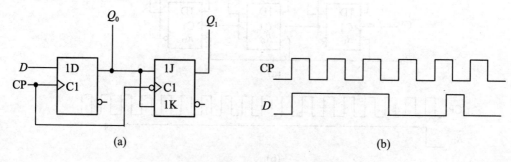

图 4.40 思考题 16 的电路图及波形图

第 5 章 时序逻辑电路

本章要点

- 时序逻辑电路的特点是什么?
- 时序逻辑电路按触发脉冲输入方式分为哪几类?可以分别用哪些手段来表达时序逻辑电路的逻辑功能?
- 如何分析同步时序逻辑电路?
- 同步时序逻辑电路的设计的基本步骤有哪些?
- 寄存器和移位寄存器的基本功能有哪些?
- 如何利用集成计数器构成任意进制计数器?

数字逻辑电路主要分为组合逻辑电路和时序逻辑电路,组合逻辑电路任一时刻的输出状态仅取决于当时的输入信号,而与电路的历史情况无关;而对于时序逻辑电路,任一时刻的输出不仅与该时刻的输入状态有关,而且与电路上一时刻的输出状态有关。因此在时序逻辑电路中,必须具有能够记忆过去状态的存储电路。

5.1 时序逻辑电路概述

5.1.1 时序逻辑电路的模型

时序逻辑电路简称时序电路,是数字系统中非常重要的一类逻辑电路。它由门电路和记忆元件(或反馈支路)共同构成,一般由组合逻辑电路和触发器构成。时序逻辑电路与组合逻辑电路相比,在结构上有两个特点:第一,时序逻辑电路由组合逻辑电路和存储电路共同组成,具有记忆功能的存储电路是必不可少的,常为触发器或锁存器;第二,存储电路的输出状态必须反馈到组合逻辑电路的输入端,与输入信号一起,共同决定组合逻辑电路的输出。时序逻辑电路结构框图如图 5.1 所示。

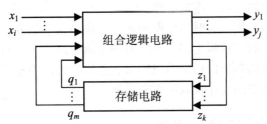

图 5.1 时序逻辑电路结构框图

图 5.1 中,$X(x_1,x_2,\cdots,x_i)$ 代表输入信号;$Y(y_1,y_2,\cdots,y_j)$ 代表输出信号;$Z(z_1,z_2,\cdots,z_k)$ 代表存储电路的输入信号;$Q(q_1,q_2,\cdots,q_m)$ 代表存储电路的输出信号,亦称为状态变量,它表示时序电路当前的输出状态,简称现态。状态变量 Q 被反馈到组合电路的输入端,与输入信号

X 一起决定时序电路的输出信号 Y，并产生对存储电路的激励(驱动)信号 Z，从而确定存储电路下一状态，即次态。因此，可以用下面三个向量函数来描述时序逻辑电路：

$$Y = F[X, Q] \tag{5.1}$$
$$Z = G[X, Q] \tag{5.2}$$
$$Q^{n+1} = H[X, Q^n] \tag{5.3}$$

式(5.1)表示了时序电路的输出信号与输入信号、状态变量的关系，称为时序电路的输出方程。式(5.2)表示了激励信号与输入信号、状态变量的关系，称为时序电路的激励方程，也叫驱动方程。而式(5.3)表示了存储电路从现态到次态的转换，故称为时序电路的状态转换方程，简称状态方程，其中 Q^n 表示存储电路中各个触发器的现态，Q^{n+1} 表示存储电路中各个触发器的次态。

由以上关系不难看出，时序逻辑电路某时刻的输出 Y 取决于该时刻的输入 X 和时序电路中各触发器的输出状态 Q；而时序电路的下一状态 Q^{n+1} 同样取决于当前时刻的输入 X 和输出 Q^n。时序逻辑电路的工作过程实质上是在不同输入条件下，内部状态不断更新的过程。

在后续的学习中我们会看到，有些具体的时序电路可能并不具有图 5.1 所示这样完整的结构。例如，有的时序电路中没有组合逻辑电路部分，而有的时序电路中可能没有输入变量，但它们在功能上都具有时序电路的基本特征。

5.1.2　时序逻辑电路的分类

时序逻辑电路有多种类型，按触发脉冲输入方式的不同，时序逻辑电路可分为同步时序逻辑电路和异步时序逻辑电路两大类。实际的数字系统多数是由同步时序逻辑电路构成的同步系统。本章介绍的基本时序逻辑电路也主要是关于同步时序逻辑电路的分析与设计。

若电路中所有存储电路的状态变化都是在同一时钟脉冲的同一脉冲边沿作用下发生，则称为同步时序逻辑电路。同步时序逻辑电路的存储单元一般用触发器实现，所有触发器的时钟输入端都应接在同一时钟源，它们对时钟脉冲的敏感沿也应一致，故所有触发器在同一时刻进行状态更新。同步方式的优势在于触发器在两次时钟脉冲有效沿期间，输入到输出通路被切断，输入信号的变化不会影响输出，所以很少发生输出不稳定的现象。更重要的是，同步电路的状态很容易用固定周期的时钟脉冲边沿清楚地分离为序列步进，其中每一个步进都可以通过输入信号和所有触发器的现态单独进行分析，从而有一套系统、完备的分析和设计方法。目前在时序逻辑电路中广泛地采用了同步时序逻辑电路，很多大规模可编程逻辑器件也采用同步时序逻辑电路。

与同步时序逻辑电路不同，若时序电路中各存储电路状态的变化不受同一个时钟脉冲有效沿控制，则称为异步时序逻辑电路。异步时序逻辑电路中各存储单元并不同时发生变化，其状态转换因存在时间差异而可能造成输出状态短时间的不稳定，这种不稳定的状态有时难以预知，常常给电路的设计和调试带来困难。

5.1.3　时序逻辑电路的功能描述

输出方程、激励方程、状态方程可以完整地描述时序逻辑电路的逻辑功能，但只凭三个方程还很难直观地了解电路的具体功能。为了直观地描述时序逻辑电路，电路的逻辑功能通常可以用逻辑方程组、状态转换表、状态转换图、时序波形图等多种方法表示。这些方法各有特点,但实质相同,且可以相互转换。它们都是时序逻辑电路分析和设计的主要工具。下面通过具体实例来讨论时序逻辑电路逻辑功能的四种表示方法。

1. 逻辑方程组

对于同步时序逻辑电路,输出方程、激励方程和状态方程已经可以唯一地确定电路的逻辑功能;对于异步时序逻辑电路,往往还要考虑各触发器的时钟方程。图 5.2 所示电路由组合逻辑电路与存储电路两部分组成,存储电路包括 FF_0、FF_1 两个 JK 触发器,二者共用一个时钟信号 $\overline{CP}$,从而构成同步时序逻辑电路。电路的输入信号为 X,输出信号为 Y。对触发器的激励信号分别为 J_0、K_0 和 J_1、K_1,Q_0 和 Q_1 为电路的状态变量。因此我们只要列出输出方程、激励方程和状态方程即可。

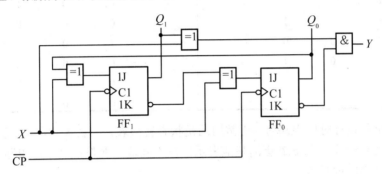

图 5.2 时序逻辑电路举例

(1) 输出方程。输出方程即时序逻辑电路的输出逻辑表达式,通常为输出变量与输入变量和现态之间的函数。图 5.2 所示电路中只有一个输出变量 Y,其输出方程为

$$Y = (X \oplus Q_1^n) \cdot \overline{Q_0^n} = \overline{X} Q_1^n \overline{Q_0^n} + X \overline{Q_1^n} \overline{Q_0^n} \tag{5.4}$$

(2) 激励方程。各触发器输入端的逻辑表达式即为激励方程,是根据时序逻辑电路中各个触发器激励信号输入端的输入信号组合关系来编写的。根据图 5.2,可写出两个 JK 触发器的激励方程组为

$$\begin{cases} J_1 = X \oplus Q_0^n & K_1 = 1 \\ J_0 = X \oplus \overline{Q_1^n} & K_0 = 1 \end{cases} \tag{5.5}$$

(3) 状态方程。将各激励方程代入相应触发器的特性方程中,便得到该触发器的状态方程,也称触发器的次态方程。时序逻辑电路的状态方程由各触发器次态的逻辑表达式组成。在图 5.2 所示的时序逻辑电路中使用了两个 JK 触发器,则应将激励方程带入 JK 触发器的特性方程 $Q^{n+1} = J\overline{Q^n} + \overline{K}Q^n$,得到时序逻辑电路的状态方程为

$$\begin{cases} Q_1^{n+1} = (X \oplus Q_0^n) \cdot \overline{Q_1^n} = \overline{X} Q_0^n \overline{Q_1^n} + X \overline{Q_0^n} \overline{Q_1^n} \\ Q_0^{n+1} = (X \oplus \overline{Q_1^n}) \cdot \overline{Q_0^n} = \overline{X} \overline{Q_1^n} \overline{Q_0^n} + X Q_1^n \overline{Q_0^n} \end{cases} \tag{5.6}$$

上述三组方程中,状态方程组体现了触发器现态和次态的变化关系,需要用上标 n 和 $n+1$ 加以区分,输出方程和激励方程对应的都是现态,n 也可不标注。

2. 状态转换表

状态转换表简称状态表,是用列表的形式来描述时序逻辑电路输入变量和现态的各种

情况所引起的次态和输出变量变化之间的逻辑关系。

与组合电路类似，根据逻辑表达式(5.4)和式(5.6)可以列出真值表，如表 5.1 所示。其中，X、Q_1^n、Q_0^n 为真值表输入变量，输出变量为 Q_1^{n+1}、Q_0^{n+1}、Y。由于该表反映了触发器从现态到次态的转换，故称为状态转换真值表。

表 5.1 图 5.2 所示电路的状态转换真值表

X	Q_1^n	Q_0^n	Q_1^{n+1}	Q_0^{n+1}	Y
0	0	0	0	1	0
0	0	1	1	0	0
0	1	0	0	0	1
0	1	1	0	0	0
1	0	0	1	0	1
1	0	1	0	0	0
1	1	0	0	1	0
1	1	1	0	0	0

在实际分析和设计时序电路时，更常用的是状态转换表，如表 5.2 所示。它与表 5.1 完全等效，为其集约形式。表 5.2 更清楚地表示出在不同输入变量控制下，电路现态和次态的转换关系以及输出逻辑值。

表 5.2 图 5.2 所示电路的状态转换表

$Q_1^n Q_0^n$ \ X ($Q_1^{n+1}Q_0^{n+1}/Y$)	0	1
00	01/0	10/1
01	10/0	00/0
10	00/1	01/0
11	00/0	00/0

💡 **注意：** 表 5.2 中输出值 Y 对应的是现态的函数，即现态时对应的输出，而不是次态时得到的结果。

3. 状态转换图

为了更加直观和形象地描述时序电路的逻辑功能，还可以将状态转换表表示成状态转换图的形式。状态转换图简称状态图，它是反映时序电路状态转换规律及相应输入、输出信号取值情况的图形，如图 5.3 所示。图中，圆圈表示电路的各个状态，圆圈中的二进制编码为状态编码。以带箭头的方向线表示状态由现态向次态转换的方向，当方向线的起点和终点都在同一状态时，则表示状态不变。方向线旁会标注出现态所对应的输入、输出情况，其中，"/"左侧为输入信号的逻辑值，"/"右侧为输出信号的逻辑值。

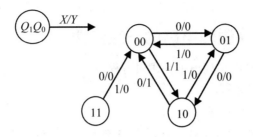

图 5.3　图 5.2 所示电路的状态转换图

4. 时序波形图

采用波形图的方法描述时序逻辑电路工作过程和功能的方法称为时序波形图，简称时序图，如图 5.4 所示。时序波形图反映了输入、输出信号及各触发器状态的取值在时间上的对应关系，可以用实验观察的方法检测时序逻辑电路的功能，也常用于数字电路的计算机模拟中。

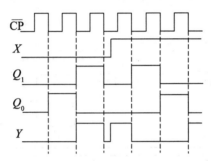

图 5.4　图 5.2 所示电路的时序波形图

> **注意：** 波形图有时并不会完整地表达出电路状态转换的全部过程，而是根据需要仅画出部分典型的波形。例如，图 5.4 就没有反映出触发器现态为 11 时的转换和输出情况。

上述四种表示方法都可以用来描述同一个时序逻辑电路的逻辑功能，它们之间是可以相互转换的，由这些方法可较容易地看出电路功能。图 5.2 所示电路即为 X 控制三进制加/减计数器，Y 为相应的进位或借位信号。

5.2　同步时序逻辑电路的分析

时序逻辑电路的分析就是分析确定已知时序逻辑电路的逻辑功能和工作特点，找出电路状态和输出状态在输入变量以及时钟信号作用下的变化规律。

在同步时序逻辑电路中，由于所有触发器都由一个时钟脉冲信号来触发，不需要对每个触发器的时钟进行详细分析，因此分析过程比异步时序逻辑电路要简单。

5.2.1 分析同步时序逻辑电路的一般步骤

(1) 根据已知时序逻辑电路列出下列逻辑方程。
① 对应电路导出输出方程。
② 对应每个触发器导出激励方程。
③ 将各触发器的激励方程代入相应类型触发器的特性方程,得到各触发器的状态方程。
(2) 根据各触发器的状态方程和输出方程,列出电路状态转换表,并得出相应的完全状态转换图,画出时序波形图。
(3) 确定并描述电路的逻辑功能。

5.2.2 同步时序逻辑电路分析举例

【例 5.1】 分析图 5.5(a)所示同步时序逻辑电路的逻辑功能。若时钟信号和输入信号如图 5.5(b)所示,试画出相应的触发器状态变化及输出波形,设触发器初态为 00。

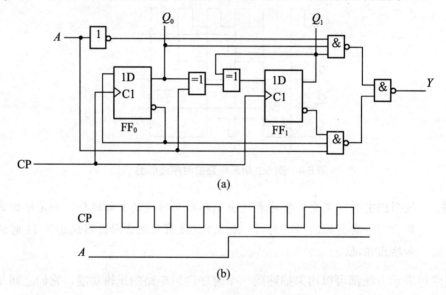

图 5.5　例 5.1 的时序逻辑电路和波形图

解:由图 5.5(a)可看出这是一个主要由两个 D 触发器构成的同步时序逻辑电路,下面按步骤分析逻辑功能。

(1) 根据电路列出相应的方程。

① 输出方程为

$$Y = \overline{\overline{AQ_0^n Q_1^n} \cdot \overline{\overline{A}Q_0^n Q_1^n}} = \overline{A}Q_0^n Q_1^n + A\overline{Q_0^n Q_1^n} \tag{5.7}$$

② 激励方程为

$$\begin{cases} D_1 = A \oplus Q_0^n \oplus Q_1^n \\ D_0 = \overline{Q_0^n} \end{cases} \tag{5.8}$$

③ 将各触发器激励方程分别代入 D 触发器特性方程 $Q^{n+1}=D$,即得到两个触发器的状

态方程为

$$\begin{cases} Q_1^{n+1} = D_1 = A \oplus Q_0^n \oplus Q_1^n \\ Q_0^{n+1} = D_0 = \overline{Q_0^n} \end{cases} \tag{5.9}$$

(2) 列状态转换表。首先将所有可能出现的输入情况和状态列在表中，然后将输入和现态逻辑值一一代入上述状态方程和输出方程，分别求出次态和输出逻辑值，如表 5.3 所示。

表 5.3 例 5.1 的状态转换表

$Q_1^n Q_0^n$ \ $Q_1^{n+1} Q_0^{n+1}/Y$ \ A	0	1
00	01/0	11/1
01	10/0	00/0
10	11/0	01/0
11	00/1	10/0

(3) 画状态转换图。由状态表可画出状态转换图，如图 5.6 所示。

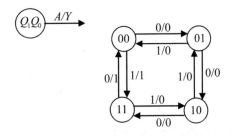

图 5.6 例 5.1 的状态转换图

(4) 画时序波形图。由电路可知触发脉冲上升沿有效，若 CP 和 A 波形已知，则可画出 Q_1Q_0 初态为 00 时对应的变化波形及输出波形，如图 5.7 所示。

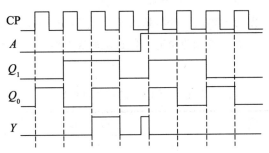

图 5.7 例 5.1 的时序波形图

综合上述分析可看出，图 5.5(a)所示电路可以作为可控四进制计数器使用。当 $A=0$ 时为加法计数器，在时钟脉冲作用下 Q_1Q_0 的数值从 00 到 11 递增，并在 11 时预先输出进位信号 Y；当 $A=1$ 时为四进制减法计数器，在时钟脉冲作用下 Q_1Q_0 的数值从 11 到 00 递减，并在 00 时预先输出借位信号 Y。

【例 5.2】 试分析图 5.8 所示同步时序逻辑电路的逻辑功能，列出状态转换表，画出状态转换图和时序波形图。

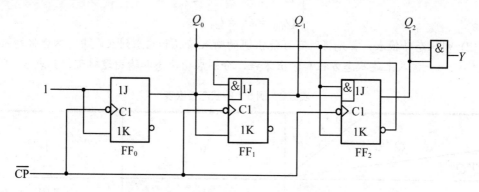

图 5.8　例 5.2 的同步时序逻辑电路

解： 由图 5.8 所示电路可看出，这是一个同步时序逻辑电路，而且电路没有单独的外接输入端，下面分析电路的逻辑功能。

(1) 根据电路列出相应方程。

① 输出方程为

$$Y = Q_0^n Q_2^n \tag{5.10}$$

② 激励方程为

$$\begin{cases} J_2 = Q_1^n Q_0^n & K_2 = Q_0^n \\ J_1 = \overline{Q_2^n} Q_0^n & K_1 = Q_0^n \\ J_0 = 1 & K_0 = 1 \end{cases} \tag{5.11}$$

③ 将各触发器激励方程分别代入 JK 触发器特性方程，得状态方程为

$$\begin{cases} Q_2^{n+1} = J_2 \overline{Q_2^n} + \overline{K_2} Q_2^n = \overline{Q_2^n} Q_1^n Q_0^n + Q_2^n \overline{Q_0^n} \\ Q_1^{n+1} = J_1 \overline{Q_1^n} + \overline{K_1} Q_1^n = \overline{Q_2^n} Q_1^n Q_0^n + Q_1^n \overline{Q_0^n} \\ Q_0^{n+1} = J_0 \overline{Q_0^n} + \overline{K_0} Q_0^n = \overline{Q_0^n} \end{cases} \tag{5.12}$$

(2) 列状态转换表。因为电路没有外接输入变量，所以仅以现态为已知变量求出相应的次态和输出并列在表 5.4 中。表中左侧为所有可能出现的现态组合，右侧为一一对应的次态和输出情况。

表 5.4　例 5.2 的状态转换表

Q_2^n	Q_1^n	Q_0^n	Q_2^{n+1}	Q_1^{n+1}	Q_0^{n+1}	Y
0	0	0	0	0	1	0
0	0	1	0	1	0	0
0	1	0	0	1	1	0
0	1	1	1	0	0	0
1	0	0	1	0	1	0
1	0	1	0	0	0	1
1	1	0	1	1	1	0
1	1	1	0	0	0	1

(3) 画状态转换图。依据状态表可画出状态转换图，如图 5.9 所示。由图可看出电路在每个时钟脉冲到来时加 1 计数。在输入第六个计数脉冲后返回原来的状态，同时输出端 Y 输出进位信号。因此，图 5.8 所示电路为六进制加法计数器。循环内的六个状态称为有效状态，另两个状态称为无效状态。从状态转换图可以看出，无论电路的初始状态为何，在经过若干个脉冲后，电路总能进入有效序列。电路具有的这种能力称为自启动能力。

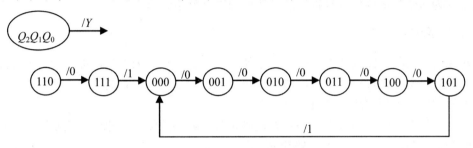

图 5.9　例 5.2 的状态转换图

(4) 画时序波形图。设触发器输出 $Q_2Q_1Q_0$ 的初态为 000，根据状态转换图可画出电路的时序波形图，如图 5.10 所示。

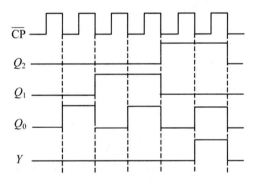

图 5.10　例 5.2 的时序波形图

5.3　同步时序逻辑电路的设计

时序逻辑电路设计是时序逻辑电路分析的逆过程。它要求设计者根据给定的逻辑功能要求，选择适当的逻辑器件，设计出符合逻辑要求的逻辑电路。所得到的设计结果应力求简单。

5.3.1　设计同步时序逻辑电路的一般步骤

1. 根据设计要求确定电路的状态转换过程，并画出原始状态转换图或状态转换表

根据要求明确电路的逻辑功能，确定电路输入变量、输出变量以及电路所需要达到的状态数。定义输入、输出逻辑状态和电路各状态的含义，并对整个变化过程中出现的各状态进行编号。根据这些定义画出原始状态转换图或状态转换表。

2. 状态化简

原始状态转换图或状态转换表往往会出现多余状态，需要对状态进行化简或合并消去多余状态，以得到最简状态图和最简状态表。若两个电路状态在任何相同的输入情况下所产生的次态及输出均完全相同，则称这两个状态为等价状态。显然，等价状态是重复的，可以合并为一个。电路状态数越少，设计出的电路就越简单。

3. 状态分配

对化简后的状态图或状态表中的各个状态用二进制代码来表示，称为状态分配或状态编码。编码方案不同，设计出的电路结构也不同。通过代码形式的状态表便可求出电路的激励方程和输出方程，从而完成电路的设计。

首先，根据要设计的时序电路状态数确定状态编码的位数，即所需触发器的数目。触发器的个数 n 与状态数 m 之间一般应满足如下关系：

$$2^{n-1} < m \leqslant 2^n \tag{5.13}$$

其次，给每个电路状态分配一个二进制编码，n 个触发器可能产生 2^n 种不同的二进制编码，若将这些编码分配到 m 个状态中，会有多种不同方案。编码方案选择得当与否，会直接影响电路设计的复杂性与稳定性。

4. 选定触发器类型

不同类型的触发器其逻辑功能、驱动方式都不一样，用不同类型触发器设计出的电路也不一样。应尽量选取功能最强、最易实现电路的触发器。

5. 确定激励方程和输出方程

根据状态分配后的状态表，应用卡诺图或其他形式对逻辑函数进行化简，可求得电路的状态方程、激励方程和输出方程。激励方程和输出方程决定了电路的结构形式。

6. 画逻辑图并检查自启动能力

根据选取触发器的类型和个数可画出触发器，由各触发器激励方程画出各触发器输入端连接线，根据输出方程可画出输出信号，从而完整地画出逻辑电路图。

在对电路进行二进制编码状态分配的过程中，往往会出现用不到的无效编码，这些无效状态在应用卡诺图化简时都作为无关项处理，可以指定为 1，也可以指定为 0。这无形中已为无效状态指定了次态。由此可以画出电路的完整状态转换图，并判断电路能否自启动。根据实际需要考虑是否修改不能自启动的电路。解决不能自启动的措施主要有两种：一是重新选择编码或修改逻辑设计；另一种是设法在工作前将电路强制置入有效状态，这可以通过直接置 0 端或直接置 1 端实现。

5.3.2 同步时序逻辑电路设计举例

和异步时序逻辑电路相比较，同步时序逻辑电路的设计较容易，更具有代表性。下面举例说明同步时序逻辑电路的设计方法。

【例 5.3】 试设计一个串行数据检测器,该电路有一个输入端 A 和一个输出端 Y,输入 A 为一串行随机信号,当出现 1111 序列时,检测器能识别并输出信号 $Y=1$,对其他任何输入序列,输出皆为 0。例如,输入出现 1111011111,输出将出现 0001000011。

解: (1) 建立原始状态转换图。设 S_0 为电路起始状态,S_1 为电路接收到第一个 1 时的输出状态,S_2、S_3 为依次接收到连续第二个、第三个 1 时的状态,S_4 为电路连续接收到四个 1 的输出状态,其余的状态均为 S_0。根据以上设定,可分析总结出各状态之间的转换关系如下。

① 假定初始状态为 S_0,当输入 $A=1$ 时,电路转向 S_1,输出 $Y=0$;当输入 $A=0$ 时,电路返回 S_0,输出 $Y=0$。

② 当电路已处于 S_1 时,若输入 $A=1$,表示电路连续收到两个 1 转向 S_2,输出 $Y=0$;当输入 $A=0$ 时,电路返回 S_0,输出 $Y=0$。

③ 当电路已处于 S_2 时,若继续输入 $A=1$,电路连续收到三个 1 转向 S_3,输出 $Y=0$;当输入 $A=0$ 时,电路返回 S_0,输出 $Y=0$。

④ 当电路已处于 S_3 时,若输入第四个 $A=1$,电路转向 S_4,输出 $Y=1$;当输入 $A=0$ 时,电路返回 S_0,输出 $Y=0$。

⑤ 当电路已处于 S_4 时,若继续输入 $A=1$,则前面刚输入的后三个 1 与本次输入 1 仍为连续四个 1,电路仍为 S_4,输出 $Y=1$;当输入 $A=0$ 时,电路返回 S_0,输出 $Y=0$。

根据以上分析,可画出原始状态转换图,如图 5.11 所示。

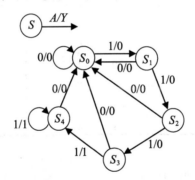

图 5.11 例 5.3 的原始状态转换图

(2) 状态化简。分析原始状态图,可以看出 S_3 和 S_4 在相同输入情况下的次态和输出完全相同,为等价状态,可合并为 S_3。化简后的状态图如图 5.12 所示。

(3) 状态分配。由于化简后的状态图有四个状态,且 $2^2=4$,故该电路选取两个触发器即可实现。设这两个触发器为 FF_1、FF_0,则这两个触发器的输出 Q_1Q_0 共有四种情况 00、01、10、11,对应状态图 S_0、S_1、S_2、S_3 的状态分配有多种组合。在这里我们分配 $S_0=00$,$S_1=01$,$S_2=10$,$S_3=11$,可得新的状态转换图,如图 5.13 所示。

(4) 选择触发器类型。采用小规模集成的触发器芯片设计时序电路时,选用逻辑功能较强的 JK 触发器可能得到较简化的组合电路。

(5) 确定激励方程和输出方程。应用触发器设计时序逻辑电路时,若已导出在不同现态和输入条件下所对应的次态,即可由此间接导出触发器的激励方程。因本例中已知现态和次态对应关系如图 5.13 所示,再根据图 4.18 所示的 JK 触发器的状态转换图很容易由已知现态和次态推导出相关激励方程。

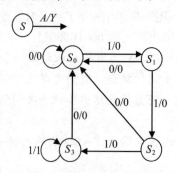

图 5.12 例 5.3 化简的状态转换图

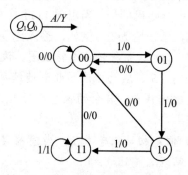

图 5.13 例 5.3 分配后的状态转换图

根据图 5.13 和图 4.18 列出的状态转换及激励信号真值表如表 5.5 所示，表中的"×"表示无关项。据此，分别画出两个触发器的输入端 J、K 以及电路输出 Y 的卡诺图，如图 5.14 所示。

表 5.5 例 5.3 的状态转换及激励信号真值表

A	Q_1^n	Q_0^n	Y	Q_1^{n+1}	Q_0^{n+1}	J_1	K_1	J_0	K_0
0	0	0	0	0	0	0	×	0	×
0	0	1	0	0	0	0	×	×	1
0	1	0	0	0	0	×	1	0	×
0	1	1	0	0	0	×	1	×	1
1	0	0	0	0	1	0	×	1	×
1	0	1	0	1	0	1	×	×	1
1	1	0	0	1	1	×	0	1	×
1	1	1	1	1	1	×	0	×	0

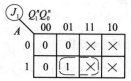
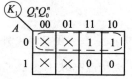
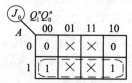
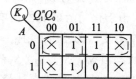
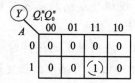

图 5.14 例 5.3 的激励信号及输出信号卡诺图

将卡诺图化简可得激励方程和输出方程为

$$\begin{cases} J_1 = AQ_0^n & K_1 = \overline{A} \\ J_0 = A & K_0 = \overline{Q_1^n} + \overline{A} \end{cases} \tag{5.14}$$

$$Y = AQ_0^n Q_1^n \tag{5.15}$$

(6) 电路没有无效状态，不用检查自启动能力。根据驱动方程和输出方程可画出逻辑图，如图 5.15 所示。

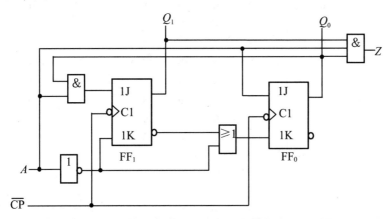

图 5.15　例 5.3 的逻辑图

【例 5.4】 用 JK 触发器设计一个同步五进制可逆计数器，采用自然编码，要求带进位/借位输出。

解： 由题意可知，电路为可逆计数器，故需要一个计数控制信号 A 控制加/减计数的转换。设 $A=0$ 时为加计数，$A=1$ 时为减计数。进位/借位输出端为 Y。电路输出采用自然编码，计数状态为 000、001、010、011、100 这五个状态。共需要三个触发器实现。

(1) 建立原始状态转换图。由于电路输出状态确定，因此原始状态转换图及化简步骤可省略。

(2) 建立状态转换表。由上述分析可知，电路需用三个触发器实现，分别为 FF_2、FF_1、FF_0，它们的输出 $Q_2 Q_1 Q_0$ 将实现自然编码的五进制可逆计数器。输入信号 A 控制加/减计数转换，输出信号 Y 为进位/借位显示。由此可列出电路的状态转换表，如表 5.6 所示。

表 5.6　例 5.4 的状态转换表

$Q_2^{n+1}Q_1^{n+1}Q_0^{n+1}/Y$ $Q_2^n Q_1^n Q_0^n$ A	000	001	010	011	100	101	110	111
0	001/0	010/0	011/0	100/0	000/1	×××/×	×××/×	×××/×
1	100/1	000/0	001/0	010/0	011/0	×××/×	×××/×	×××/×

(3) 确定激励方程和输出方程。状态转换表清楚地显示了不同输入条件下现态和次态以及输出的对应关系。为了更方便下一步的分析化简，可以将其列成输入信号、初态与次态和输出信号对应的形式，如表 5.7 所示。并在表中列出触发器激励信号的取值。

表 5.7 例 5.4 的输出及激励信号真值表

A	Q_2^n	Q_1^n	Q_0^n	Q_2^{n+1}	Q_1^{n+1}	Q_0^{n+1}	Y	J_2	K_2	J_1	K_1	J_0	K_0
0	0	0	0	0	0	1	0	0	×	0	×	1	×
0	0	0	1	0	1	0	0	0	×	1	×	×	1
0	0	1	0	0	1	1	0	0	×	×	0	1	×
0	0	1	1	1	0	0	0	1	×	×	1	×	1
0	1	0	0	0	0	0	1	×	1	0	×	0	×
0	1	0	1	×	×	×	×	×	×	×	×	×	×
0	1	1	0	×	×	×	×	×	×	×	×	×	×
0	1	1	1	×	×	×	×	×	×	×	×	×	×
1	0	0	0	1	0	0	1	1	×	0	×	0	×
1	0	0	1	0	0	0	0	0	×	0	×	×	1
1	0	1	0	0	0	1	0	0	×	×	1	1	×
1	0	1	1	0	1	0	0	0	×	×	0	×	1
1	1	0	0	0	1	1	0	×	1	1	×	1	×
1	1	0	1	×	×	×	×	×	×	×	×	×	×
1	1	1	0	×	×	×	×	×	×	×	×	×	×
1	1	1	1	×	×	×	×	×	×	×	×	×	×

由表 5.7 很容易得出各触发器激励信号及输出信号的逻辑函数卡诺图，如图 5.16 所示。

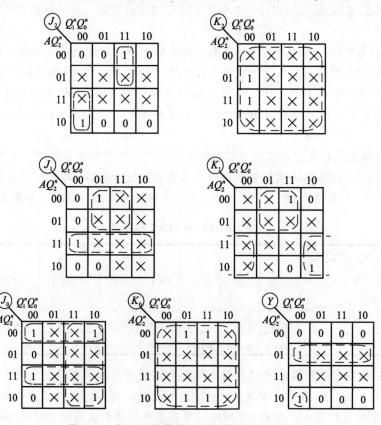

图 5.16 例 5.4 的激励信号及输出信号卡诺图

根据激励信号及输出信号逻辑函数卡诺图，合并相邻项化简可得各触发器的激励方程及时序逻辑电路的输出方程为

$$\begin{cases} J_2 = \overline{A}\, Q_1^n\, Q_0^n + A\, \overline{Q_1^n}\, \overline{Q_0^n} & K_2 = 1 \\ J_1 = \overline{A}\, Q_0^n + A\, Q_2^n & K_1 = \overline{A}\, Q_0^n + A\, \overline{Q_0^n} \\ J_1 = \overline{A}\, Q_0^n + A\, Q_2^n & K_1 = \overline{A}\, Q_0^n + A\, \overline{Q_0^n} \end{cases} \tag{5.16}$$

$$Y = A\, \overline{Q_2^n}\, \overline{Q_1^n}\, \overline{Q_0^n} + \overline{A}\, Q_2^n \tag{5.17}$$

根据以上各式即可画出逻辑电路图(略)。

(4) 检查电路自启动能力。将无效状态取值带入激励方程和输出方程可得到相应的次态以及输出的转换情况，列出完整的状态转换表，如表 5.8 所示。

表 5.8 例 5.4 的完整状态转换表

A	Q_2^n	Q_1^n	Q_0^n	Q_2^{n+1}	Q_1^{n+1}	Q_0^{n+1}	Y
0	0	0	0	0	0	1	0
0	0	0	1	0	1	0	0
0	0	1	0	0	1	1	0
0	0	1	1	1	0	0	0
0	1	0	0	0	0	0	1
0	1	0	1	0	1	0	1
0	1	1	0	0	1	1	1
0	1	1	1	0	0	0	1
1	0	0	0	1	0	0	1
1	0	0	1	0	0	0	0
1	0	1	0	0	0	1	0
1	0	1	1	0	1	0	0
1	1	0	0	0	1	1	0
1	1	0	1	0	1	0	0
1	1	1	0	0	0	0	0
1	1	1	1	0	1	0	0

再由状态转换表画出完整状态转换图，如图 5.17 所示。图中可看出所有无效状态经过若干时钟脉冲都能够回到主循环，因此电路具有自启动能力。

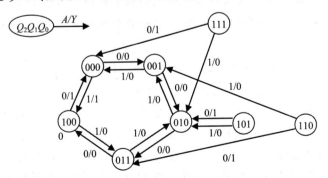

图 5.17 例 5.4 的完整状态转换图

5.4 异步时序逻辑电路的分析

异步时序逻辑电路的分析与同步时序逻辑电路基本相同，其主要区别是异步时序逻辑电路中不存在统一的时钟信号，导致各个触发器的状态变化不同步。因此，异步时序逻辑电路需要确定每个触发器的时钟信号，列出相应的时钟方程，判断各触发器发生状态改变的时间。

下面通过举例来说明异步时序电路的分析过程。

【例 5.5】 分析图 5.18 所示的异步时序逻辑电路，说明电路的逻辑功能，列出状态转换表，并画出时序波形图。

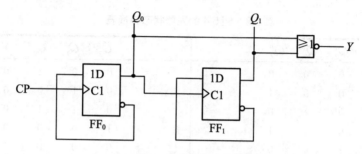

图 5.18 例 5.5 的逻辑电路图

解： 由图 5.18 可知，该电路由两个上升沿触发的 D 触发器和一个或非门组成，电路不存在外部输入信号，有一个输出信号。两个触发器的时钟信号没有共用一个时钟信号，属于异步时序逻辑电路。其分析过程如下。

(1) 根据电路列出相应的方程。

① 时钟方程为

$$CP_0 = CP \qquad CP_1 = Q_0 \tag{5.18}$$

② 输出方程为

$$Y = \overline{Q_0^n + Q_1^n} \tag{5.19}$$

③ 激励方程为

$$D_0 = \overline{Q_0^n} \qquad D_1 = \overline{Q_1^n} \tag{5.20}$$

④ 状态方程。将激励方程代入 D 触发器的特性方程 $Q^{n+1}=D$，得到各触发器的状态方程(Q_0 在 CP 上升沿到来时发生翻转，Q_1 在 Q_0 上升沿到来时发生翻转，Q_1 的状态变化总发生在 Q_0 之后)。

$$\begin{aligned} Q_0^{n+1} &= D_0 = \overline{Q_0^n} \qquad (CP 由 0 \to 1 有效) \\ Q_1^{n+1} &= D_1 = \overline{Q_1^n} \qquad (Q_0 由 0 \to 1 有效) \end{aligned} \tag{5.21}$$

(2) 列状态转换表。异步时序电路状态转换表的编写方法和同步时序逻辑电路基本一致，但需要注意各个触发器的时钟脉冲触发沿的到来顺序。

表 5.9 为本例的状态转换表。表中，当 CP 上升沿到来时，Q_0 首先发生翻转，若 Q_0 此时的翻转是由 0 翻 1 则产生了上升沿，从而触发 Q_1 翻转，否则 Q_1 保持不变。因此，Q_1 的状态变化总比 Q_0 滞后一个触发器的传输延迟时间 t_{pd}。

表 5.9 例 5.5 的状态转换表

Q_1^n	Q_0^n	$CP_1=Q_0\uparrow$	$CP_0=CP\uparrow$	Q_1^{n+1}	Q_0^{n+1}	Y
0	0	↑	↑	1	1	1
0	1	0	↑	0	0	0
1	0	↑	↑	0	1	0
1	1	0	↑	1	0	0

(3) 画状态转换图，如图 5.19 所示。

(4) 画时序波形图，如图 5.20 所示。

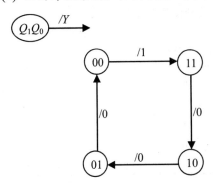

图 5.19 例 5.5 的状态转换图

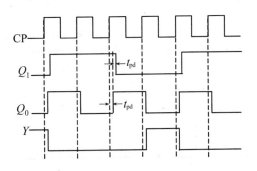

图 5.20 例 5.5 时序波形图

(5) 分析逻辑功能。由状态转换图可看出，该电路一共有四个状态 00、11、10、01，在 CP 作用下按照递减规律循环变化。所以该电路为四进制异步减法计数器，Y 为借位信号。也可由 Y 端输出将该电路视为序列脉冲产生电路，产生脉冲 0001。

5.5 寄存器和移位寄存器

能够实现寄存功能的电路被称为寄存器，具有移位功能的寄存器被称为移位寄存器。寄存器和移位寄存器广泛应用于数字系统中。

5.5.1 寄存器

寄存器(Register)是计算机和数字系统中用于存储二进制代码等运算数据的一种逻辑器件，其主要组成部分是触发器。因为一个触发器能存储 1 位二进制代码，所以存储 N 位二进制代码的寄存器需要 N 个触发器实现。对寄存器中的触发器只要求其具有置 0、置 1 功能，因此无论是电平触发或脉冲边沿触发的触发器，都可以组成寄存器。

图 5.21(a)所示为 4 位并行输入、并行输出集成寄存器 74LS175 的逻辑图，它由四个下降沿触发的维持-阻塞 D 触发器构成，状态转换表即功能表如表 5.10 所示。$\overline{R_D}$ 为异步清零端，低电平有效，当 $\overline{R_D}=0$ 时，74LS175 的输出端立即清零，$Q_3Q_2Q_1Q_0$=0000。当 $\overline{R_D}=1$ 时，若 CP 上升沿到来，$D_3 \sim D_0$ 数据即可同时存入寄存器，由 $Q_3Q_2Q_1Q_0$ 输出，其他时刻输出保持不变。寄存器 74LS175 接收数据时所有数据同时输入，每个触发器的输出同时并行出现在输出端，这种输入输出方式被称为并行输入、并行输出方式。

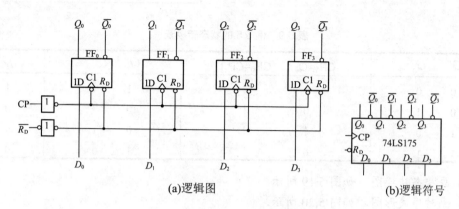

(a)逻辑图　　　　　　　　　　　　　　(b)逻辑符号

图 5.21　集成寄存器 74LS175 的逻辑图及逻辑符号

表 5.10　74LS175 的状态转换表

$\overline{R_D}$	CP	D	Q
0	×	×	0
1	↑	1	1
1	↑	0	0
1	0	×	保持

5.5.2　移位寄存器

移位寄存器分为单向移位寄存器和双向移位寄存器两种：单向移位寄存器可在时钟脉冲作用下将所存储的数据依次移动；而双向移位寄存器则既可将数据左移，也可将数据右移。

1. 单向移位寄存器

图 5.22 所示逻辑电路是一个由维持-阻塞 D 触发器构成的四位单向移位(右移)寄存器。电路为同步时序逻辑电路，二进制数码由 D_I 端串行输入，D_O 端串行输出，$Q_3Q_2Q_1Q_0$ 为数据并行输出端。

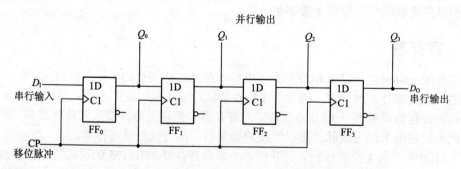

图 5.22　用 D 触发器构成的 4 位移位寄存器

电路中，若将四位二进制数码 $D_3D_2D_1D_0$ 按从高到低的顺序依次输入到 D_I 端，经过第一个时钟脉冲后，$Q_0=D_3$；当第二个时钟脉冲到来时，D_3 输入 FF_1 触发器从而使 $Q_1=D_3$，同时串行数据输入端输入 D_2 使 $Q_0=D_2$；以此类推，每个时钟脉冲的到来将使各触发器的输出数据依次右移，经过四个时钟脉冲后，各触发器的输出 $Q_3Q_2Q_1Q_0$ 正好对应输入的 4 位二进制数码 $D_3D_2D_1D_0$。这样就实现了将 D_I 端依次输入的数据转换为 $Q_3Q_2Q_1Q_0$ 端共同输出，我们将这种依次输入数据的方式称为串行输入，如表 5.11 所示。

表 5.11　图 5.22 所示电路的状态转换表

CP	Q_0	Q_1	Q_2	Q_3
0	×	×	×	×
↑	D_3	×	×	×
↑	D_2	D_3	×	×
↑	D_1	D_2	D_3	×
↑	D_0	D_1	D_2	D_3

数据输出有两种方式，由 $Q_3Q_2Q_1Q_0$ 端共同输出，称为并行输出，需要四个时钟脉冲即可实现；由 D_0 端依次输出，称为串行输出，但需要再经过四个时钟脉冲后才能全部移出寄存器。据此可利用移位寄存器实现代码的串行-并行-串行转换。

> **注意：** 用 JK 触发器同样可以组成移位寄存器，只需将 JK 触发器转化为 D 触发器即可。

2. 双向移位寄存器

某些情况下需要对移位寄存器的数据流向进行控制，使其既能够左移也能右移，从而实现数据的双向移动，这种移位寄存器称为双向移位寄存器。

74LS194 是典型的中规模集成移位寄存器。它是由四个 RS 触发器和输入控制电路构成的 4 位双向移位寄存器，其逻辑图如图 5.23 所示。其中，$\overline{CR}$ 为异步清零端，优先级最高；$D_3 \sim D_0$ 为并行数据输入端；D_{SL} 为左移串行输入端；D_{SR} 为右移串行输入端；CP 为时钟脉冲输入端；S_1S_0 为工作方式选择端。

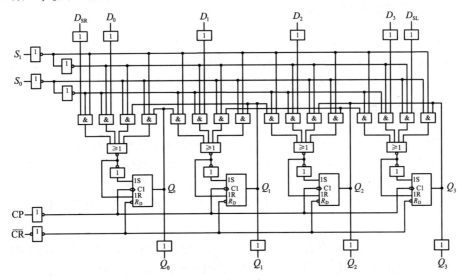

图 5.23　双向移位寄存器 74LS194 的逻辑图

分析图 5.23 所示逻辑电路可知，74LS194 具有如下逻辑功能。

① 异步清零功能。当 $\overline{CR}=0$ 时，四个 RS 触发器同时异步清零，寄存器输出被清零。

② 保持功能。当 $\overline{CR}=1$ 时，若 CP 上升沿未到来或 $S_1S_0=00$，则此时寄存器输出保持原状态不变。

③ 同步并行置数功能。当 $\overline{CR}=1$ 时，若 $S_1S_0=11$，则 CP 上升沿到来会将 $D_3 \sim D_0$ 数据并行置入寄存器。

④ 右移串行输入功能。当 $\overline{CR}=1$ 时，若 $S_1S_0=01$，则每个 CP 上升沿到来会将 D_{SR} 端输入的二进制数码依次串行右移送入寄存器。

⑤ 左移串行输入功能。当 $\overline{CR}=1$ 时，若 $S_1S_0=10$，则每个 CP 上升沿到来会将 D_{SL} 端输入的二进制数码依次串行左移送入寄存器。

由以上分析可以列出 74LS194 的功能表，如表 5.12 所示。

表 5.12　74LS194 的功能表

输入										输出				说明
$\overline{CR}$	S_1	S_0	CP	D_{SL}	D_{SR}	D_0	D_1	D_2	D_3	Q_0^{n+1}	Q_1^{n+1}	Q_2^{n+1}	Q_3^{n+1}	
L	×	×	×	×	×	×	×	×	×	L	L	L	L	清零
H	×	×	L	×	×	×	×	×	×	保持				
H	H	H	↑	×	×	d_0	d_1	d_2	d_3	d_0	d_1	d_2	d_3	并行置数
H	L	H	↑	×	H	×	×	×	×	H	Q_0^n	Q_1^n	Q_2^n	右移输入 H
H	L	H	↑	×	L	×	×	×	×	L	Q_0^n	Q_1^n	Q_2^n	右移输入 L
H	H	L	↑	H	×	×	×	×	×	Q_1^n	Q_2^n	Q_3^n	H	左移输入 H
H	H	L	↑	L	×	×	×	×	×	Q_1^n	Q_2^n	Q_3^n	L	左移输入 L
H	L	L	×	×	×	×	×	×	×	保持				

5.5.3　移位寄存器的应用

由于移位寄存器具有双向串行输入、串行输出以及并行输入、并行输出功能，可以利用这些功能很容易地实现串行数据输入转换并行数据输出，同样，并行数据输入转换串行数据输出也很容易。除这些基本应用外，还常用移位寄存器实现以下功能。

1. 顺序脉冲发生器

顺序脉冲是指在每个循环周期内，在时间上按一定顺序排列的脉冲信号。产生顺序脉冲的电路称为顺序脉冲发生器。在数字系统中，常用其控制某些设备按照事先规定的顺序进行运算或操作。图 5.24(a)所示即为由 74LS194 构成的顺序脉冲发生器，其工作原理如下。

若电路初始状态 $Q_0Q_1Q_2Q_3=0001$，由于 $S_1S_0=10$，当连续输入时钟信号时，寄存器里的状态将循环左移。$Q_3 \sim Q_0$ 依次输出高电平的顺序脉冲，如图 5.25 所示。由该图可以看出，每输入四个时钟脉冲，电路返回初始状态，所以电路也称环形计数器。又因电路输出波形的周期为时钟脉冲的四倍，频率为时钟脉冲的四分之一，故构成四分频电路。

第 5 章 时序逻辑电路

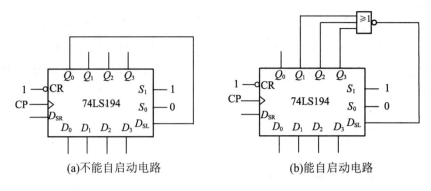

(a) 不能自启动电路　　　　(b) 能自启动电路

图 5.24　顺序脉冲发生器

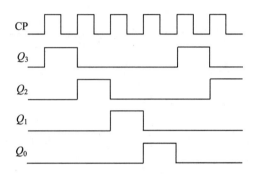

图 5.25　顺序脉冲发生器工作波形

顺序脉冲发生器的输出有效循环中仅有四个状态，分析其他无效状态可发现无法回到有效循环中，因而电路不能自启动，如需要具有自启动特性必须重新设计电路。图 5.24(b) 所示即为能自启动的顺序脉冲发生器电路。

顺序脉冲发生器电路结构简单，当需要使用顺序脉冲时，可直接由 $Q_3 \sim Q_0$ 取得，不需要再附加译码器电路。但它的状态利用率很低，有很多无效状态。

2. 扭环形计数器

扭环形计数器的结构特点为将移位寄存器电路最末级的输出 $\overline{Q}$ 通过反馈线作为首级的输入 D_I，这样构成的移位寄存器即为扭环形计数器，如图 5.26 所示为 4 位扭环形计数器。

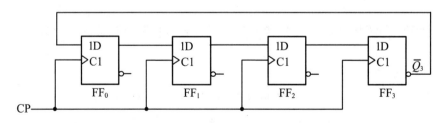

图 5.26　扭环形计数器

按时序逻辑电路的分析方法分析图 5.26 所示电路，可得扭环形计数器的状态转换图如图 5.27 所示。由状态转换图可知，电路为一不能自启动的模 8 计数器。分析状态 0000 所在的主循环波形可看出此电路为八分频电路。

图 5.28 所示为由双向移位寄存器 74LS194 构成的扭环形计数器。电路中 $S_1 S_0 = 01$ 为右

移移位寄存器形式，右移串行输入端 D_{SR} 输入 $\overline{Q_3}$。其电路分析与图 5.26 所示电路相同，状态转换图也为图 5.27，都为八分频电路。另外，电路中若将右移串行输入端 D_{SR} 改为输入 $\overline{Q_2}$，则电路可变化为六进制扭环计数器，即六分频电路。据此我们知道，74LS194 可以很容易地实现偶数分频器。

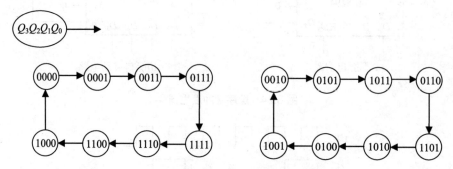

图 5.27　扭环形计数器的状态转换图

扭环形计数器的优点是状态按循环码的规律变化，即每次状态变化只有一个触发器翻转，因此不存在竞争冒险现象，电路也比较简单。

上述分析的扭环形计数器均为偶数分频器，修改电路后也很容易实现奇数分频器电路。图 5.29 所示即为 74LS194 构成的七分频电路，也称模 7 计数器。由逻辑电路可看出，电路中 $S_1 S_0 = 01$ 为右移移位寄存器，输出 Q_2 和 Q_3 信号通过与非门加在右移串行输入端 D_{SR} 上。因此电路的反馈输入方程为 $D_{SR} = \overline{Q_2 Q_3}$，即只有当输出 Q_2 和 Q_3 同时为 1 时，D_{SR} 才输入 0。据此可画出电路状态转换图，如图 5.30 所示。

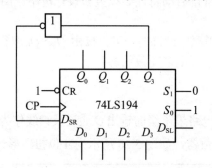
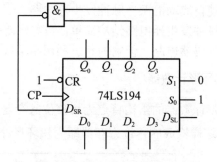

图 5.28　74LS194 构成的模 8 计数器　　图 5.29　74LS194 构成的模 7 计数器

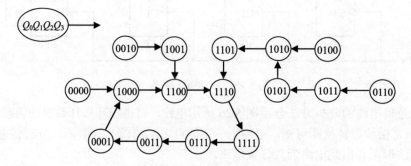

图 5.30　图 5.29 所示电路的状态转换图

由电路状态转换图可知电路为七进制扭环形计数器,画出时序波形图,如图 5.31 所示,可看出输出信号周期为时钟信号的七倍,故为七分频电路。

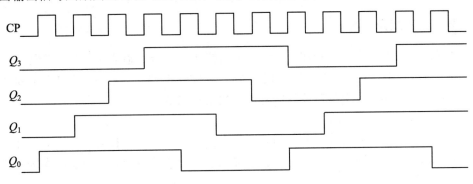

图 5.31 图 5.29 所示电路的时序波形图

3. 序列脉冲检测电路

在 5.3 节中,用触发器设计例 5.3 节中的序列脉冲检测电路较为复杂,步骤烦琐。若采用移位寄存器则非常简单,移位寄存器可以将串行输入的多位二进制数码依次保存下来,仅在并行输出端附加简单的门电路即可实现序列脉冲检测,如图 5.32 所示。利用此原理很容易就可以实现各种任意序列脉冲检测电路。

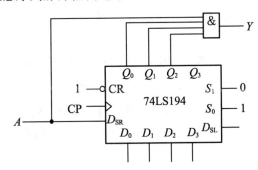

图 5.32 实现例 5.3 的逻辑电路图

5.6 计 数 器

本节介绍在数字系统中广泛应用的一种典型的时序逻辑电路——计数器,它们与组合电路可结合成各种逻辑功能极其复杂的数字系统。

计数器由若干个触发器和相应的逻辑门组成,它不仅能用于对时钟脉冲进行计数,还可以用于分频、定时、产生节拍脉冲和脉冲序列等。

计数器的种类非常繁多,按不同的标准有不同的分类。按照计数脉冲输入方式的不同,可分为同步计数器和异步计数器;按计数器功能的不同,可分为加法计数器、减法计数器、可逆计数器;按计数编码的不同,有二进制计数器、BCD 码十进制计数器、任意进制计数器等。计数器输出的计数状态个数也称为计数器的模,是描述计数器的一个重要指标。

5.6.1 异步计数器

1. 异步二进制计数器

二进制计数器由 n 位触发器和一些组合电路构成，2^n 个状态全部有效，实现 2^n 进制计数。异步二进制计数器可由 JK 触发器或 D 触发器接成 T′触发器后级联而成。由每个触发器时钟脉冲的有效翻转沿来决定计数器为加计数或减记数。

1) 异步二进制加法计数器

按二进制编码方式对每个时钟脉冲的输入进行加"1"运算的电路称为加法计数器。图 5.33 所示即为由 JK 触发器构成的异步 4 位二进制加法计数器。各触发器均接成 T′触发器，时钟脉冲下降沿触发。

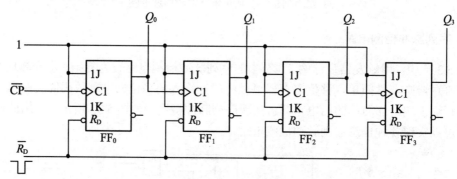

图 5.33 JK 触发器构成的异步 4 位二进制加法计数器

计数器工作时，清零端 $\overline{R_D}$ 先输入负脉冲将各触发器置 0，使电路进入初始状态 $Q_3Q_2Q_1Q_0=0000$。触发器 FF_0 在每个输入时钟的下降沿翻转，后面各级触发器均以上一级触发器的输出作为时钟信号，下降沿翻转。由此可画出电路的时序波形图，如图 5.34 所示，电路的状态转换如表 5.13 所示。

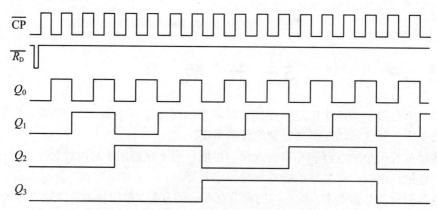

图 5.34 异步 4 位二进制加法计数器的时序波形图

观察时序波形图，电路的输出 $Q_3Q_2Q_1Q_0$ 的变化关系刚好为每个时钟脉冲的下降沿加 1 计数，实现了对时钟脉冲的 4 位二进制加法计数器，也称为十六进制计数器。

表 5.13　异步 4 位二进制加法计数器的状态转换表

计数顺序	电路状态				等效十进制数
	Q_3	Q_2	Q_1	Q_0	
0	0	0	0	0	0
1	0	0	0	1	1
2	0	0	1	0	2
3	0	0	1	1	3
4	0	1	0	0	4
5	0	1	0	1	5
6	0	1	1	0	6
7	0	1	1	1	7
8	1	0	0	0	8
9	1	0	0	1	9
10	1	0	1	0	10
11	1	0	1	1	11
12	1	1	0	0	12
13	1	1	0	1	13
14	1	1	1	0	14
15	1	1	1	1	15
16	0	0	0	0	0

💡 **注意：** 在图 5.34 中，可以注意到 Q_0、Q_1、Q_2、Q_3 端输出脉冲的频率分别为输入时钟脉冲的 1/2、1/4、1/8、1/16，因此该计数器也可作 2、4、8、16 分频器使用。

图 5.35 所示为由 D 触发器构成的异步 4 位二进制加法计数器，其工作原理与 JK 触发器构成的异步 4 位二进制加法计数器相同，其计数状态转换表也为表 5.13。读者可自行分析。

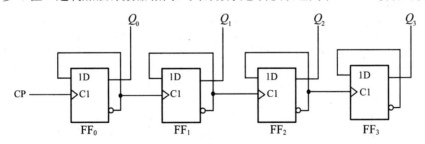

图 5.35　D 触发器构成的异步 4 位二进制加法计数器

2) 异步二进制减法计数器

每输入一个计数脉冲，电路按二进制编码进行减 "1" 计数的计数器称为减法计数器。观察图 5.36 所示电路，触发器的时钟脉冲接在上一级触发器的 $\overline{Q}$ 端，每个触发器在上一级触发器输出的上升沿有效翻转,由此可画出图 5.36 所示电路的时序波形图,如图 5.37 所示。

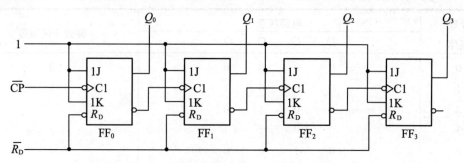

图 5.36　JK 触发器构成的异步 4 位二进制减法计数器

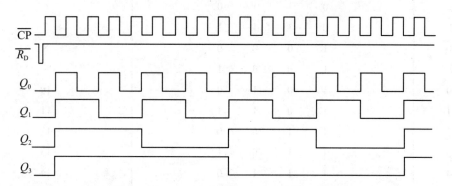

图 5.37　异步 4 位二进制减法计数器的时序波形图

2. 异步十进制加法计数器

异步十进制加法计数器是在异步 4 位二进制加法计数器的基础上经过适当修改获得的。十进制加法计数器利用 4 位二进制数 0000～1001 前十个状态形成十进制计数有效循环,跳过了 1010～1111 六个状态。

图 5.38 所示即为由 JK 触发器构成的 8421BCD 码异步十进制加法计数器。

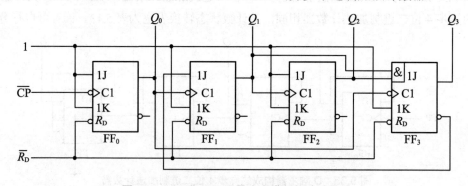

图 5.38　8421BCD 码异步十进制加法计数器

计数器工作时,清零端 $\overline{R_D}$ 先输入负脉冲将各触发器置 0,使电路进入初始状态 $Q_3Q_2Q_1Q_0$ =0000 并由此开始计数。由图可知,FF$_0$、FF$_2$ 的 $J=K=1$ 接成 T′触发器,FF$_3$ 的 $J_3=Q_2Q_1$ 在 0000～0101 期间为 0,在 0110、0111 时开始为 1,但此时 FF$_3$ 时钟脉冲下降沿未到,故

$0000\sim 0111$ 整个期间 FF_3 输出 $Q_3=0$，$\overline{Q_3}=1$，因此电路输出 $0000\sim 0111$ 期间 FF_1 的 $J_1=\overline{Q_3}=1$ 也为翻转触发器。由以上分析可知，电路对前七个计数脉冲进行加法计数。

当第八个计数时钟脉冲到来时，FF_3 的 $J_3=Q_2Q_1=1$，$K_3=1$ 也为翻转触发器，故 Q_0 下降沿到来后 Q_3 翻转为 1，电路状态 $Q_3Q_2Q_1Q_0=1000$。同时 $J_1=\overline{Q_3}=0$，第九个时钟脉冲到来将使电路状态 $Q_3Q_2Q_1Q_0=1001$。

第十个时钟脉冲输入电路后，FF_0 翻转为 0，Q_0 下降沿作为 FF_3 的时钟脉冲使 FF_3 输出置 0，电路状态变化为 0000 完成一个状态循环，从而实现了十进制加法计数器。状态转换表如表 5.14 所示。

表 5.14　十进制加法计数器的状态转换表

计数顺序	电路状态				等效十进制数
	Q_3	Q_2	Q_1	Q_0	
0	0	0	0	0	0
1	0	0	0	1	1
2	0	0	1	0	2
3	0	0	1	1	3
4	0	1	0	0	4
5	0	1	0	1	5
6	0	1	1	0	6
7	0	1	1	1	7
8	1	0	0	0	8
9	1	0	0	1	9
10	0	0	0	0	0

通过这一小节对异步计数器的分析可以看到，在对一些简单的逻辑电路进行分析时，可以采用直接画波形或逐个分析各触发器输出变化的方法分析它的功能，而不是前面 5.4 节介绍的写表达式的方法。

异步计数器的显著优点是其结构非常简单，在构成二进制计数器时甚至不附加任何其他电路。但由于其各个触发器是以串行进位方式连接，因此电路输出需要经过多级触发器的传输延迟时间，计算速度较低。为了提高计数速度，需采用同步计数器电路形式。

5.6.2　同步计数器

1. 同步二进制计数器

图 5.39 所示即为由 JK 触发器构成的同步 4 位二进制加法计数器，电路中 CO 为进位输出端，时钟脉冲下降沿有效。下面分析其工作原理。

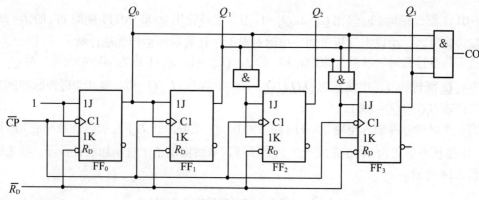

图 5.39　同步 4 位二进制加法计数器

(1) 根据电路列出相应的方程。

① 输出方程为

$$CO = Q_3^n Q_2^n Q_1^n Q_0^n \tag{5.22}$$

② 激励方程为

$$\begin{cases} J_3 = K_3 = Q_2^n Q_1^n Q_0^n \\ J_2 = K_2 = Q_1^n Q_0^n \\ J_1 = K_1 = Q_0^n \\ J_0 = K_0 = 1 \end{cases} \tag{5.23}$$

③ 将各触发器激励方程分别代入 JK 触发器特性方程，得到状态方程为

$$\begin{cases} Q_3^{n+1} = J_3 \overline{Q_3^n} + \overline{K_3} Q_3^n = \overline{Q_3^n} Q_2^n Q_1^n Q_0^n + Q_3^n \overline{Q_2^n Q_1^n Q_0^n} \\ Q_2^{n+1} = J_2 \overline{Q_2^n} + \overline{K_2} Q_2^n = \overline{Q_2^n} Q_1^n Q_0^n + Q_2^n \overline{Q_1^n Q_0^n} \\ Q_1^{n+1} = J_1 \overline{Q_1^n} + \overline{K_1} Q_1^n = \overline{Q_1^n} Q_0^n + Q_1^n \overline{Q_0^n} \\ Q_0^{n+1} = J_0 \overline{Q_0^n} + \overline{K_0} Q_0^n = \overline{Q_0^n} \end{cases} \tag{5.24}$$

(2) 列状态转换表。因电路没有外接输入变量，所以仅以现态为已知变量求出相应的次态和输出并列于表 5.15 中。表中左侧为所有可能出现的现态组合，右侧为一一对应的次态和输出情况。

表 5.15　4 位二进制加法计数器的状态转换表

计数脉冲	Q_3^n	Q_2^n	Q_1^n	Q_0^n	Q_3^{n+1}	Q_2^{n+1}	Q_1^{n+1}	Q_0^{n+1}	CO
0	0	0	0	0	0	0	0	1	0
1	0	0	0	1	0	0	1	0	0
2	0	0	1	0	0	0	1	1	0
3	0	0	1	1	0	1	0	0	0
4	0	1	0	0	0	1	0	1	0
5	0	1	0	1	0	1	1	0	0
6	0	1	1	0	0	1	1	1	0

续表

计数脉冲	Q_3^n	Q_2^n	Q_1^n	Q_0^n	Q_3^{n+1}	Q_2^{n+1}	Q_1^{n+1}	Q_0^{n+1}	CO
7	0	1	1	1	1	0	0	0	0
8	1	0	0	0	1	0	0	1	0
9	1	0	0	1	1	0	1	0	0
10	1	0	1	0	1	0	1	1	0
11	1	0	1	1	1	1	0	0	0
12	1	1	0	0	1	1	0	1	0
13	1	1	0	1	1	1	1	0	0
14	1	1	1	0	1	1	1	1	0
15	1	1	1	1	0	0	0	0	1

(3) 画出状态转换图。由状态转换图 5.40 可看出电路每输入 16 个计数脉冲完成一个循环，并在输出端 CO 产生一个进位输出信号，故 4 位二进制加法计数器又称为十六进制加法计数器。

同步 4 位二进制减法计数器仅将加法计数器电路中每个触发器改为 $\overline{Q}$ 输出，进位输出端 CO 变为借位输出端即可，读者可自行分析。

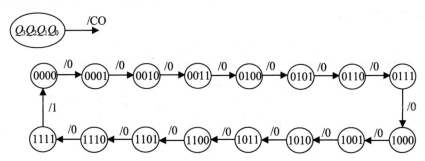

图 5.40　同步 4 位二进制加法计数器的状态转换图

2. 同步十进制加法计数器

图 5.41 所示为由四个 JK 触发器构成的同步 8421BCD 码十进制加法计数器，CO 为进位输出端。下面分析其工作原理。

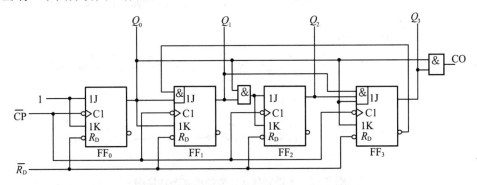

图 5.41　同步 8421BCD 码十进制加法计数器

(1) 根据电路列出相应的方程。

① 输出方程为

$$CO = Q_3^n Q_0^n \tag{5.25}$$

② 激励方程为

$$\begin{cases} J_3 = Q_2^n Q_1^n Q_0^n & K_3 = Q_0^n \\ J_2 = K_2 = Q_1^n Q_0^n \\ J_1 = \overline{Q_3^n} Q_0^n & K_1 = Q_0^n \\ J_0 = K_0 = 1 \end{cases} \tag{5.26}$$

③ 将各触发器激励方程分别代入 JK 触发器特性方程,得到状态方程为

$$\begin{cases} Q_3^{n+1} = J_3 \overline{Q_3^n} + \overline{K_3} Q_3^n = \overline{Q_3^n} Q_2^n Q_1^n Q_0^n + Q_3^n \overline{Q_0^n} \\ Q_2^{n+1} = J_2 \overline{Q_2^n} + \overline{K_2} Q_2^n = \overline{Q_2^n} Q_1^n Q_0^n + Q_2^n \overline{Q_1^n Q_0^n} \\ Q_1^{n+1} = J_1 \overline{Q_1^n} + \overline{K_1} Q_1^n = \overline{Q_3^n} Q_0^n \overline{Q_1^n} + Q_1^n \overline{Q_0^n} \\ Q_0^{n+1} = J_0 \overline{Q_0^n} + \overline{K_0} Q_0^n = \overline{Q_0^n} \end{cases} \tag{5.27}$$

(2) 列状态转换表。设计数器输出 $Q_3 Q_2 Q_1 Q_0$ 初态为 0000,代入方程进行计算可得次态为 0001,进位信号 CO = 0。再将 0001 作为初态代入方程得出相应结果,顺序依次类推,可列出电路的状态转换表。

表 5.16 十进制加法计数器的状态转换表

计数脉冲	Q_3^n	Q_2^n	Q_1^n	Q_0^n	Q_3^{n+1}	Q_2^{n+1}	Q_1^{n+1}	Q_0^{n+1}	CO
0	0	0	0	0	0	0	0	1	0
1	0	0	0	1	0	0	1	0	0
2	0	0	1	0	0	0	1	1	0
3	0	0	1	1	0	1	0	0	0
4	0	1	0	0	0	1	0	1	0
5	0	1	0	1	0	1	1	0	0
6	0	1	1	0	0	1	1	1	0
7	0	1	1	1	1	0	0	0	0
8	1	0	0	0	1	0	0	1	0
9	1	0	0	1	0	0	0	0	1

(3) 画状态转换图。由状态转换图 5.42 可看出电路为十进制加法计数器,CO 为进位信号。

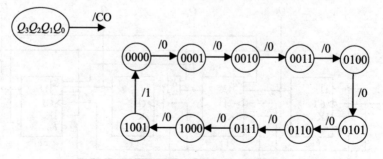

图 5.42 十进制加法计数器的状态转换图

5.6.3 集成计数器

集成计数器是在同步计数器和异步计数器的基础上,增加一些附加电路而构成的。其具有体积小、功耗低、功能灵活、通用性强的特点,应用非常广泛。集成计数器主要分同步计数器和异步计数器两大类,又可细分为二进制计数器、十进制计数器、任意进制计数器等具体类型。这些计数器通常具有计数、保持、清零、预置等多种功能,使用非常方便。

1. 集成同步 4 位二进制加法计数器

74LVC161 是一种典型的 CMOS 同步 4 位二进制加法计数器,它可在 1.2~3.6V 电源电压范围内工作,具有高性能、低功耗的特点。其所有逻辑输入端都可耐受最高达 5.5V 电压,因此,在电源电压为 3.3V 时可直接与 5V 供电的 TTL 逻辑电路接口。它的工作速度很高,从输入时钟脉冲 CP 上升沿到输出的典型延迟时间仅 3.9ns,最高时钟工作频率可达 200MHz。图 5.43 所示为 74LVC161 内部逻辑电路图,图 5.44 所示为其集成电路引脚图及逻辑符号。

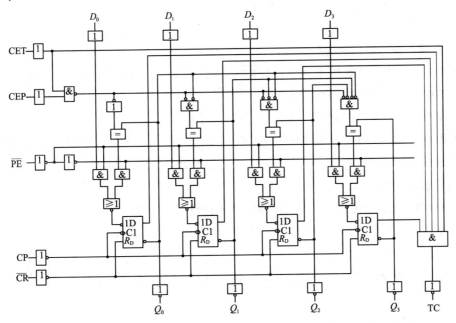

图 5.43 集成同步 4 位二进制加法计数器 74LVC161 内部逻辑电路图

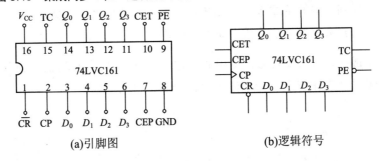

图 5.44 74LVC161 引脚图及逻辑符号

分析 74LVC161 内部逻辑电路图，可得出其功能表如表 5.17 所示。

表 5.17　74LVC161 的功能表

输入									输出				进位
清零	预置	使能		时钟	预置数据输入				Q_3	Q_2	Q_1	Q_0	
$\overline{CR}$	$\overline{PE}$	CEP	CET	CP	D_3	D_2	D_1	D_0					TC
L	×	×	×	×	×	×	×	×	L	L	L	L	L
H	L	×	×	↑	D_3	D_2	D_1	D_0	D_3	D_2	D_1	D_0	*
H	H	L	×	×	×	×	×	×	保持				保持
H	H	×	L	×	×	×	×	×	保持				L
H	H	H	H	↑	×	×	×	×	计数				*

注：*表示仅当使能端 CET 与输出 $Q_3Q_2Q_1Q_0$ 全为高电平时，进位输出端 TC 为高电平，其余情况 TC 为低电平。

由逻辑电路图和功能表可看出 74LVC161 的基本功能如下。

当异步清零端 $\overline{CR}$ 为低电平时，片内所有触发器将同时被置零，置零操作不受其他输入端状态影响，具有最高优先级。

当 $\overline{CR}$ 处于高电平不影响电路时，若 $\overline{PE}$ 输入低电平，电路工作在同步预置状态。此时若 CP 上升沿到来，会将输入端 $D_3D_2D_1D_0$ 的数据同时置入相应的触发器输出端 $Q_3Q_2Q_1Q_0$。因该操作必须与 CP 上升沿同步，故称 $\overline{PE}$ 为同步置数端。

当 $\overline{CR}=1$，$\overline{PE}=1$ 时，若电路使能端 CEP = 0，CET =1，则触发器输出 $Q_3Q_2Q_1Q_0$ 保持不变，且进位输出端 TC 也保持原态；若电路使能端 CET =0，则电路触发器输出仍保持，但此时进位输出端 TC =0。

当 $\overline{CR}=\overline{PE}=$ CEP = CET =1 时，电路工作于计数状态，输出 $Q_3Q_2Q_1Q_0$ 构成一个十六进制加法计数器，TC 进位输出端仅在输出 $Q_3Q_2Q_1Q_0$ 全 1 时输出进位信号 1。

由以上功能分析可知，电路具有异步清零、同步置数、保持以及计数等基本功能。

74LS161 在内部电路结构上与 74LVC161 有所区别，但在外部引脚、功能配置上完全相同。

> **注意：** 有些同步计数器如 74LS163 采用同步清零方式，与 74161 的异步清零应有所区别。同步清零方式是指清零端输入有效电平后，需要等下一时钟脉冲有效沿到来电路才能清零，受 CP 控制。

中规模集成计数器种类较多，使用非常方便。表 5.18 列出了几种具有代表性的常用集成计数器的型号及工作特点。为了便于比较，表中将结构基本相同、功能相近的计数器列在同一栏。

表 5.18　几种常用集成计数器

时钟类型	型号	模数及编码	计数方式	清零方式	置数方式	触发方式
同步	74160	模 10，8421BCD 码	加法	异步，低电平有效	同步，低电平有效	上升沿
	74161	模 16，四位二进制	加法	异步，低电平有效	同步，低电平有效	上升沿
	74162	模 10，8421BCD 码	加法	同步，低电平有效	同步，低电平有效	上升沿
	74163	模 16，四位二进制	加法	同步，低电平有效	同步，低电平有效	上升沿
	74190	模 10，8421BCD 码	单时钟，可逆	无	异步，低电平有效	上升沿
	74191	模 16，四位二进制	单时钟，可逆	无	异步，低电平有效	上升沿
	74192	模 10，8421BCD 码	双时钟，可逆	异步，高电平有效	异步，低电平有效	上升沿
	74193	模 16，四位二进制	双时钟，可逆	异步，高电平有效	异步，低电平有效	上升沿
异步	74290	模 2-5-10，8421/5421BCD 码	加法	异步，高电平有效	异步，高电平有效	下降沿

2. 集成计数器构成任意进制计数器

集成计数器虽然类型较多，但大多数为二进制或 8421BCD 码十进制计数器。实践当中常需要任意进制计数器，则可利用现有集成计数器的清零端或置数端外加适当电路连接而成。由此而实现任意进制计数器的方法被称为反馈清零法和反馈置数法。

用现有的最大计数值为 M 的 M 进制集成计数器实现 N 进制计数器时，如果 $M>N$，则只需要一片集成计数器，通过反馈清零法或反馈置数法跳过多余的 $M-N$ 个状态；如果 $M<N$，则需要采取多片集成计数器级联的方法。

【例 5.6】 用 74161 构成九进制加法计数器。

解： (1) 反馈清零法。74161 具有异步反馈清零的功能。在其计数过程中，如果在异步清零端加入一低电平使 $\overline{CR}=0$，则不论当前电路为何状态输出，$Q_3Q_2Q_1Q_0$ 都立即清零变为 0000。清零信号消失后，电路从 0000 开始进行加法计数。

因反馈清零法的计数周期只能从 0000 开始，故其计数的主循环状态转换图如图 5.45 所示。计数脉冲从 0000 开始进行加法计数，至 1000 达到九进制，但此时不能清零。由于 74161 为异步清零，当清零端 $\overline{CR}$ 出现低电平时计数器会立即清零，故清零脉冲应设计在下一状态，即输出为 1001 时出现。状态 1001 出现的时间极短即因清零脉冲的出现翻转为 0000 完成一个状态循环。由于 1001 状态仅在瞬间出现即翻转，故在主循环中用虚线表示。

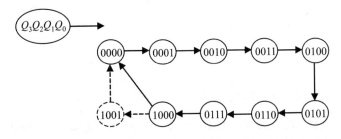

图 5.45　反馈清零法接成九进制计数器的主循环状态转换图

图 5.46 所示为 74161 用反馈清零法实现的九进制计数器的逻辑电路图。图中清零端 $\overline{CR}$ 通过与非门引入 Q_3、Q_0 输出信号。逻辑电路从 0000 开始计数,当第九个 CP 脉冲上升沿到来时,输出 $Q_3Q_2Q_1Q_0$=1001,通过与非门使清零端 $\overline{CR}$ 出现低电平从而计数器清零,输出 $Q_3Q_2Q_1Q_0$ 在极短的时间内返回到 0000 状态。此时,清零端 $\overline{CR}$ 恢复到高电平,集成计数器由输出 0000 开始新的计数循环周期。

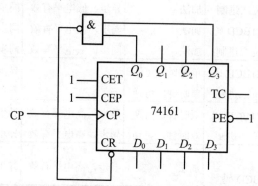

图 5.46　反馈清零法接成九进制计数器的逻辑电路图

由例题可见,异步清零法是通过去掉计数序列中最后几个多余状态来构成 N 进制计数器的。其具体方法是:用与非门对第(N+1)个计数状态进行译码,产生清零信号,即当计数器计数到第(N+1)个状态时使计数器异步清零,跳过多余的 $M-N$ 个状态,构成 N 进制计数器。

具有同步清零功能的集成计数器也可用反馈清零法构成 N 进制计数器,其方法可自行分析,这里不再举例。

(2) 反馈置数法。反馈置数法适用于具有置数功能的集成计数器,其基本思路是当计数器计到某一状态时,对此状态进行译码并产生一个置数脉冲反馈至置数控制端。这样当下一个计数脉冲到来时,计数器就将把并行数据输入端 $D_3D_2D_1D_0$ 的数据分别置入计数器的数据输出端 $Q_3Q_2Q_1Q_0$。当置数信号消失时,计数器将从被置入的状态开始计数。因反馈置数法在给电路输入置数信号后,从置入的数据开始计数,所以可以从任意位置开始计数周期。

这里我们设计数周期从 0000 开始,则电路的并行数据输入端应输入 0000,由此设计的九进制计数器的主循环状态转换图如图 5.47 所示,电路图如图 5.48(a) 所示。

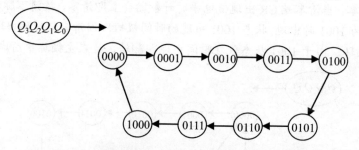

图 5.47　反馈置数法接成九进制计数器的主循环状态转换图

因反馈置数法从置入的数据开始计数,所以计数周期不是必须从 0000 开始。图 5.48(b) 所示为反馈置数法实现九进制计数器的另一种逻辑电路。由电路可看出,只有当进位输出

TC =1，即输出 $Q_3Q_2Q_1Q_0$ 为 1111 时，才会产生置数信号 0 输入到 $\overline{PE}$ 端，当下一 CP 脉冲上升沿到来时，计数器被置入输入端 $D_3D_2D_1D_0$ 的数据 0111，开始下一计数循环。此电路的主循环状态图如图 5.49 所示。

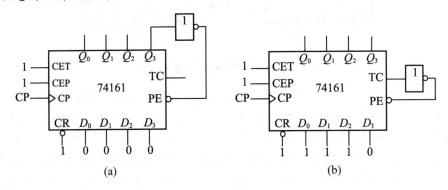

图 5.48　反馈置数法接成九进制计数器的逻辑电路图

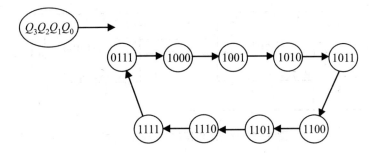

图 5.49　另一种九进制计数器的主循环状态转换图

用现有最大计数值为 M 的 M 进制集成计数器实现 N 进制计数器时，如果 $M<N$，则需要采取多片集成计数器级联的方法。各片之间的连接方式可分为串行进位方式、并行进位方式。

在串行进位方式中，以低位片的进位输出信号作为高位片的时钟脉冲输入信号；在并行进位方式中，各片的时钟脉冲输入端相同，都为计数信号输入，但高位片的计数使能端被低位片的进位输出信号所控制。

【例 5.7】用 74161 构成 256 进制加法计数器。

解：$256=16^2$，仅需两片 74161 级联即可得到 256 进制计数器。

(1) 串行进位方式。串行进位方式的连接方法如图 5.50 所示，两片 74161 的 $\overline{CR}=\overline{PE}=CEP=CET=1$，电路工作于计数状态。低位片 74161(1) 计数到 1111 时，其 TC 端输出高电平，经非门反相后在高位片时钟脉冲输入端输入低电平。下一个计数脉冲到达后，低位片输出翻转为 0000 状态，同时 TC 端输出也翻转，从而高位片时钟输入端由输入低电平转为输入高电平，即产生了一个上升沿信号，高位片加 1 计数。可见，串行进位方式下两片 74161 不是同步工作。

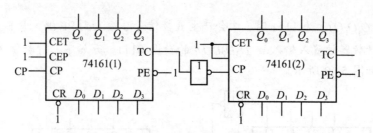

图 5.50　例 5.7 电路的串行进位方式

(2) 并行进位方式。图 5.51 所示为 256 进制计数器的并行进位方式逻辑电路图，图中两片 74161 的时钟脉冲输入端同时接入计数脉冲输入信号。低位片 74161(1)的 $\overline{\text{CR}} = \overline{\text{PE}} =$ CEP = CET =1，因此每个计数脉冲加 1 计数。高位片 74161(2)的 $\overline{\text{CR}} = \overline{\text{PE}} =1$，计数使能端 CEP、CET 由低位片的进位输出端 TC 控制，因此仅当低位片输出 1111 时高位片使能进入计数状态，下一个时钟脉冲有效沿到来时高位片加 1 计数。其他时刻由于低位片进位输出端始终为 0，高位片保持。由此电路实现了 256 进制计数器。

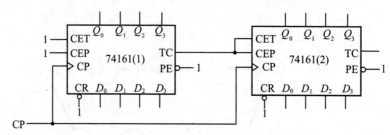

图 5.51　例 5.7 电路的并行进位方式

3. 用集成计数器和组合逻辑电路构成序列信号产生电路

用计数器输出状态的循环性，配合以数据选择器或其他组合逻辑电路，可以方便地设计出各种序列信号产生电路。其方法为：先设计出模数等于序列信号周期的计数器，再以计数器的状态输出作为数据选择器的地址输入，将要生成的序列信号依次作为数据选择器的数据输入信号，则在数据选择器的输出端即会产生一个所需要的序列信号。

图 5.52 所示即为由 74161 和 8 选 1 数据选择器 74151 构成的 8 位序列信号产生电路。电路中 74161 采用反馈清零法接成八进制计数器，再以计数器状态输出作为 74151 的地址输入端，使 74151 的地址选择随时钟脉冲输入不停变化，并将 74151 数据输入的数据 01001101 依次送入输出端 Y。该电路产生的序列波形如图 5.53 所示。

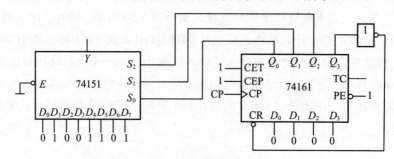

图 5.52　序列信号产生电路

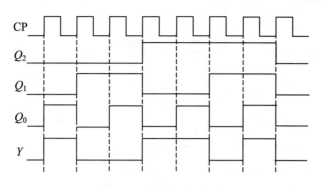

图 5.53　图 5.52 所示序列信号产生电路的输出波形

本 章 小 结

本章介绍了时序逻辑电路的特点、分析方法和设计方法，着重讨论了寄存器、移位寄存器和计数器等典型的时序逻辑电路。

时序逻辑电路与组合逻辑电路不同，时序逻辑电路的输出不仅与当前的输入信号有关，还与电路上一时刻的输出有关。因此，时序逻辑电路具有记忆功能。在电路结构上，时序逻辑电路通常是由组合逻辑电路和存储单元共同组成的。其中存储电路是必不可少的，一般由触发器构成。

时序逻辑电路可根据触发脉冲输入方式的不同分为同步和异步两大类。时序逻辑电路可采用逻辑方程组(时钟方程、驱动方程、状态方程、输出方程)、状态转换表、状态转换图、时序波形图从不同方面来描述逻辑电路的逻辑功能，这也是分析和设计时序逻辑电路的主要依据和手段。

时序逻辑电路的分析就是分析确定已知时序逻辑电路的逻辑功能和工作特点，找出电路状态和输出状态在输入变量以及时钟信号作用下的变化规律。一般步骤为：由给定电路列出各逻辑方程组，进而列出状态转换表，画出状态转换图和时序波形图，分析得到电路的逻辑功能。

同步时序逻辑电路的设计是分析的逆过程，它要求设计者根据给定的逻辑功能要求，选择适当的逻辑器件，设计出符合逻辑要求的逻辑电路。设计步骤是：首先根据逻辑功能的要求，导出原始状态转换图或原始状态转换表，必要时需进行状态化简，继而对状态进行编码，然后根据状态表导出激励方程组和输出方程组，最后画出逻辑电路图。

寄存器和移位寄存器是常用的时序逻辑器件。寄存器具有置数、保持、清零等功能；移位寄存器除具有数据存储功能外，还具有移位功能，用移位寄存器可实现数据的串行-并行转换，组成顺序脉冲发生器、扭环形计数器等。

计数器是数字系统中应用最多的一种时序逻辑电路。计数器不仅能用于统计输入时钟脉冲的个数，还能用于分频、定时、产生节拍脉冲等。用已有的 M 进制集成计数器可实现 N 进制(任意进制)计数器，如果 $M>N$，则只需要一片集成计数器，通过反馈清零法或反馈置数法跳过多余的 $M-N$ 个状态；如果 $M<N$，则需要采取多片集成计数器级联的方法。

习 题

一、选择题

1. 时序逻辑电路的主要组成电路是(　　)。
   A. 与非门和或非门　　　　　　B. 门电路和计数器
   C. 触发器和组合逻辑电路　　　D. 寄存器和门电路
2. 如果将 D 触发器的 $\overline{Q}$ 端和 D 端相连,则 Q 端输出频率为输入 CP 频率的(　　)。
   A. 二分频　　B. 二倍频　　C. 四分频　　D. 四倍频
3. N 个触发器可以构成最大计数长度(进制数)为(　　)的计数器。
   A. N　　B. 2N　　C. N^2　　D. 2^N
4. 1 位 8421BCD 码计数器至少需要(　　)个触发器。
   A. 3　　B. 4　　C. 5　　D. 8

二、填空题

1. 数字逻辑电路主要分为两大类,_____电路任一时刻的输出状态仅取决于当时的输入信号,而与电路的历史情况无关;_____电路任一时刻的输出不仅与该时刻输入状态有关,而且与电路上一时刻的输出状态有关。

2. 在时序逻辑电路状态方程中,用_____表示各个触发器的现态,_____表示各个触发器的次态。

3. 在时序逻辑电路分析中,将各触发器的_____方程代入相应触发器的_____方程中,便得到该触发器的_____方程,也称触发器的次态方程。

4. 状态转换图中,箭头线的方向表示了输出状态由_____向_____转换的方向,方向线旁会标注出现状态所对应的输入、输出情况,其中,"/"左侧为_____的逻辑值,"/"右侧为_____的逻辑值。

5. 在同步时序逻辑电路的分析中,可在导出电路输出方程和每个触发器激励方程的基础上,将各触发器的_____方程代入相应类型触发器的_____方程中,得到各触发器_____方程。再根据各触发器的状态方程和输出方程,列出电路_____表,并得出相应的_____图,画出_____图。最后由此确定电路的逻辑功能。

6. 从电路状态转换图可以看出,无论电路的初始状态为何,在经过若干个脉冲后,电路总能进入有效序列,电路具有的这种能力称为_____。

7. 在同步时序逻辑电路设计中,触发器的个数 n 与电路实现的状态数 M 之间一般应满足关系_____。

8. _____寄存器可在时钟脉冲作用下将所存储的数据依次移动;而_____寄存器则既可将数据左移,也可将其右移。

9. 4 位移位寄存器,串行输入数据,需要_____个时钟脉冲即可实现并行输出,需要再经过_____个时钟脉冲后才能由串行输出端全部移出寄存器。

10. 某时序电路输出波形周期为计数脉冲周期的_____,则称其为七分频电路。

11. 4位二进制减法计数器的四个输出端 Q_0、Q_1、Q_2、Q_3 分别实现了对输入计数脉冲的_____、_____、_____、_____分频电路。

12. 同步8421BCD码十进制加法计数器的进位信号应在输出状态为_____时产生。

13. 用现有的最大计数值为 M 的 M 进制集成计数器实现 N 进制计数器时, 如果_____, 则只需要一片集成计数器, 如果_____, 则需要采取多片集成计数器级联的方法。

14. 74161 具有_____反馈清零的功能, 当计数器计数到第_____个状态时产生清零信号, 使计数器清零, 跳过多余的 M-N 个状态, 构成 N 进制计数器; 74163 具有_____反馈清零的功能, 当计数器计数到第_____个状态时使计数器产生清零信号, 下一计数脉冲到来时清零, 构成 N 进制计数器。

三、思考题

1. 试分析图5.54(a)所示时序逻辑电路的逻辑功能。写出电路的驱动方程、状态方程和输出方程, 列出状态转换表并画出状态转换图。对应图5.54(b)所示的 $\overline{CP}$ 信号画出 Q_0、Q_1、Y 的波形图, 说明电路能否自启动。

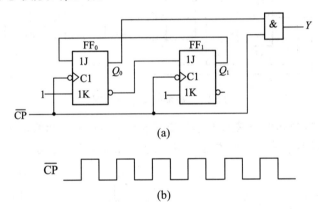

图 5.54 思考题1的电路图和波形图

2. 试分析图5.55所示时序逻辑电路的逻辑功能。写出电路的驱动方程、状态方程和输出方程, 列出状态转换表并画出状态转换图, 说明电路能否自启动。

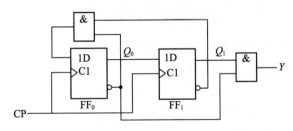

图 5.55 思考题2的电路图

3. 试分析图5.56所示时序逻辑电路的逻辑功能, 设备触发器的初始状态均为0。

(1) 写出电路的驱动方程、状态方程和输出方程。

(2) 列出状态转换表。

(3) 画出当 $A=0$ 时，在 CP 作用下，Q_0、Q_1 和输出 Y 的波形图。

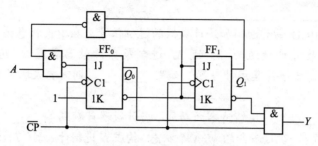

图 5.56　思考题 3 的电路图

4. 试分析图 5.57 所示时序逻辑电路的逻辑功能。写出电路的驱动方程、状态方程和输出方程，列出状态转换表并画出状态转换图，说明电路能否自启动。

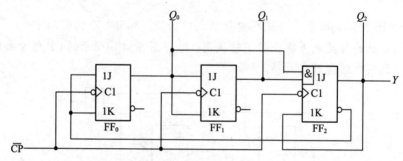

图 5.57　思考题 4 的电路图

5. 试分析图 5.58 所示时序逻辑电路的逻辑功能。写出电路的驱动方程、状态方程和输出方程，列出状态转换表并画出状态转换图，说明电路能否自启动。

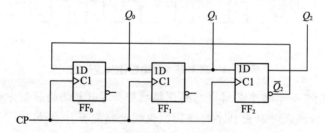

图 5.58　思考题 5 的电路图

6. 试分析图 5.59 所示时序逻辑电路的逻辑功能。写出电路的输出方程、驱动方程、状态方程，列出状态转换表并画出状态转换图和时序波形图。

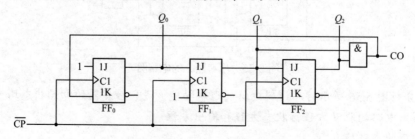

图 5.59　思考题 6 的电路图

7. 试分析图 5.60 所示时序逻辑电路的逻辑功能。写出电路的输出方程、驱动方程、状态方程，列出状态转换表并画出状态转换图。

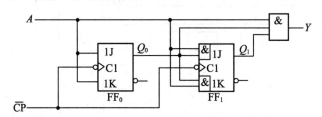

图 5.60　思考题 7 的电路图

8. 试分析图 5.61 所示电路为几进制计数器。写出电路的输出方程、驱动方程、状态方程，列出状态转换表并画出状态转换图和时序波形图。

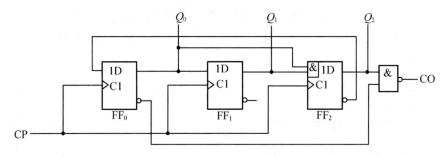

图 5.61　思考题 8 的电路图

9. 用 JK 触发器设计一个同步五进制计数器，其状态转换图为

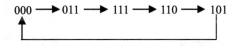

图 5.62　思考题 9 的状态转换图

10. 试用 D 触发器和门电路设计一个同步三进制减法计数器。

11. 试用主从 JK 触发器设计一个同步六进制加法计数器，并检验设计电路的自启动能力。

12. 图 5.63 所示为双向移位寄存器 74LS194 组成的两个电路，设电路输出初态均为 0000，试分析这两个电路的功能，画出完全状态转换图并分析其能否自启动。

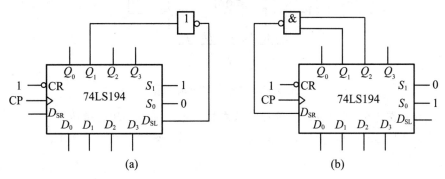

图 5.63　思考题 12 的电路图

13. 试分析图 5.64 所示电路为几分频电路(电路初始从 CR 端输入负脉冲)。

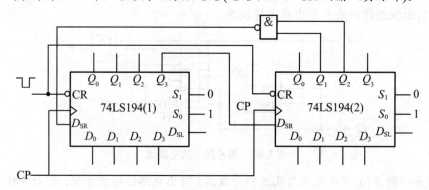

图 5.64 思考题 13 的电路图

14. 试分析图 5.65 所示电路为几进制计数器,要求画出其完全状态转换图。

15. 试分析图 5.66 所示电路为几进制计数器,要求画出其完全状态转换图(74163 是具有同步清零功能的 4 位二进制同步加法计数器)。

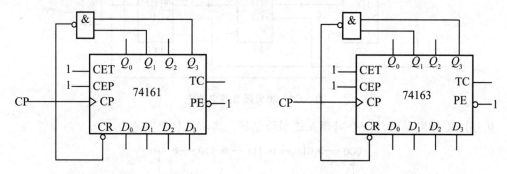

图 5.65 思考题 14 的电路图　　　　图 5.66 思考题 15 的电路图

16. 试分析图 5.67 所示电路,画出其状态转换图,说明它为几进制计数器。

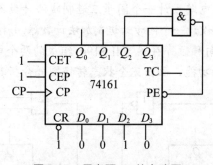

图 5.67 思考题 16 的电路图

17. 试分析图 5.68 所示电路,画出其状态转换图,说明它的逻辑功能。
18. 试分析图 5.69 所示电路,画出其状态转换图,说明它的逻辑功能。

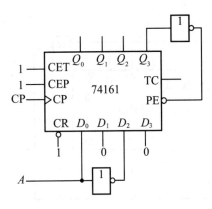
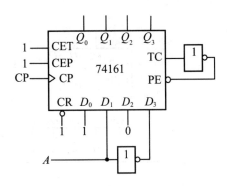

图 5.68　思考题 17 的电路图　　　　　图 5.69　思考题 18 的电路图

19. 试用 74HCT161 设计一个计数器，其计数状态为 0111～1100。

20. 试用 74HCT161 设计一个 8421BCD 码十进制计数器，要求分别用反馈清零法和反馈置数法进行设计。

21. 试用 74163 设计一个 8421BCD 码十进制计数器，要求分别用反馈清零法和反馈置数法进行设计。

22. 试用 74HCT161 设计一个余三码十进制计数器。

23. 试设计一个占空比为 50% 的十分频电路，要求用 74HCT161 设计。

24. 试分析图 5.70 所示电路为几进制计数器。

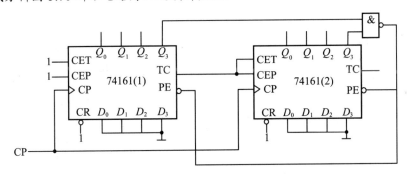

图 5.70　思考题 24 的电路图

25. 试分析图 5.71 所示电路为几进制计数器。

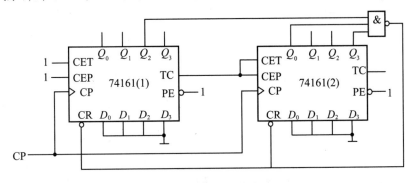

图 5.71　思考题 25 的电路图

26. 试分析图 5.72 所示电路为几进制计数器。

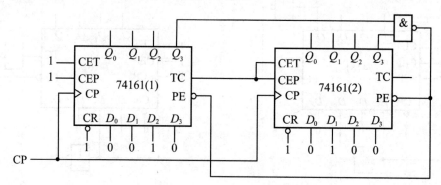

图 5.72　思考题 26 的电路图

第 6 章　半导体存储器与可编程逻辑器件

本章要点

- 半导体存储器按读写方式可以分为哪两类？
- 半导体存储器的基本组成单元是什么？
- SRAM 与 DRAM 的区别是什么？
- 如何实现存储器的字扩展和位扩展？
- PLD 有几种分类方法？每种方法是如何分类的？
- CPLD 的结构特点和工作原理是什么？
- FPGA 的结构特点和工作原理是什么？

半导体存储器是数字系统的一个重要组成部分，主要用于存储数字系统的输入和输出数据。可编程逻辑器件是在半导体存储器的基础上发展而来的，是一种可以通过用户编程实现具体逻辑功能的器件。通过学习半导体存储器的基本结构和工作原理，不仅可以掌握半导体存储器的基础知识，而且更加容易理解可编程逻辑器件的基本结构和工作原理。

6.1　半导体存储器

半导体存储器是一种可以存储大量二进制数据的半导体器件。

半导体存储器根据读/写方式可以分为两大类：只读存储器(Read Only Memory，ROM)和随机存取存储器(Random Access Memory，RAM)。ROM 的特点是：在工作状态下，只能进行读操作，不能进行写操作。断电后，ROM 中的数据不丢失。RAM 的特点是：在工作状态下，可以执行读操作，也可以执行写操作。断电后，RAM 中的数据丢失。

按是否允许用户对 ROM 执行写操作，ROM 又可以分为固定 ROM(或掩模 ROM)和可编程 ROM(Programmable ROM，PROM)。一般将 PROM 归类到可编程逻辑器件(PLD)中去。PROM 根据编程的次数可以分为一次可编程 ROM 和多次可编程 ROM。其中，多次可编程 ROM 又可分为光擦除电编程存储器(EPROM)、电擦除电编程存储器(E^2PROM)和快闪存储器(Flash Memory)。

RAM 根据内部电路结构可以分为静态 RAM(Static RAM，SRAM)和动态 RAM(Dynamic RAM，DRAM)。SRAM 利用锁存器来实现数据 0 或 1 的存储，DRAM 利用电容器存储电荷来实现数据的保存。由于 DRAM 的电容器中存储的电荷随时间的推移会逐渐消散，因此需要定时对电容器进行刷新。

如果 SRAM 的读/写操作是在同步时钟的控制下完成的，则称为同步 SRAM(Synchronous Static RAM，SSRAM)。同理，同步 DRAM(Synchronous Dynamic RAM，SDRAM)的读/写操作也是在同步时钟的控制下完成的。

半导体存储器的名称与其内部结构、工作特点是相对应的。可以通过对比不同类型半导体存储器之间的不同点，加深理解各种半导体存储器的结构、功能及工作原理。

6.1.1 只读存储器

1. ROM 的基本结构

半导体存储器的存储容量很大，但器件的引脚数目有限，不能为每个存储单元提供专用的输入/输出端口。因此，引入了译码电路，为每个存储单元分配一个地址。只有被地址译码电路选通的存储单元才能被访问，此时选中的存储单元与公用的输入/输出端口接通。

ROM 的基本结构包括三个组成部分：存储阵列、地址译码器和输出控制电路，如图 6.1 所示。

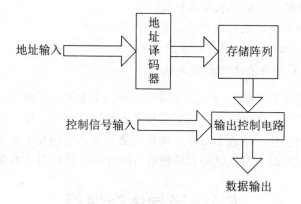

图 6.1 ROM 的基本结构框图

1) 存储阵列

存储阵列由许多存储单元按照矩阵的形式进行排列组成。每个存储单元存储 1 位二进制数据。存储单元可以用二极管、双极性晶体管或 MOS 管构成。存储阵列中由若干位组成一组，将这一组二进制数据称为一个字。因此，一个字由若干二进制位构成。一个字中所含的二进制位数称为字长。

2) 地址译码器

为了区分不同的字，给每个字分配一个地址。地址译码器的作用是将输入的地址代码进行译码，生成该地址对应字单元的控制信号，控制信号从存储阵列中选出对应的存储单元，并将存储单元的数据输出到输出控制电路。字单元又称为地址单元。地址单元的个数 N 与二进制地址码的位数 n 满足关系式 $N=2^n$。实际的 ROM 译码电路采用行译码和列译码的二维译码结构来减小译码电路的规模。

3) 输出控制电路

输出控制电路一般由三态缓冲器构成。输出控制电路的作用主要有两个：一是提高存储器的带负载能力，以便驱动数据总线；二是可以实现对输出状态的三态控制。当没有数据输出时，把输出置为高阻；当有数据输出时，把有效数据输出至数据总线。

2. ROM 电路举例

图 6.2 所示为一个用二极管作为存储阵列的 ROM 电路结构图。该 ROM 电路具有 2 位地址码输入和 4 位数据输出，$w_0 \sim w_3$ 称为字线，$d_0 \sim d_3$ 称为位线。存储单元为字线和位线交叉处的二极管。2 位地址码 $A_1 A_0$ 经过 2—4 译码器译码得到四个不同的地址，如表 6.1 中地址译码栏所示。每一个地址都只有一条字线为低电平。例如，当 $A_1 A_0 = 00$ 时，$w_0 = 0$，即字线 w_0 为低电平。此时与 w_0 连接的二极管导通，将位线 d_2 和 d_0 由高电平拉低至低电平。如果输出控制信号 $\overline{OE} = 0$，则数据输出为 0101。表 6.1 的数据输出栏中列出了 ROM 的所有四种输出数据。当 $\overline{OE} = 1$ 时，输出为高阻。由此可以看出，字线和位线交叉处相当于一个存储单元，此处若有二极管存在，则相当于存储 1，没有二极管存在时，相当于存储 0(需要考虑输出反相)。

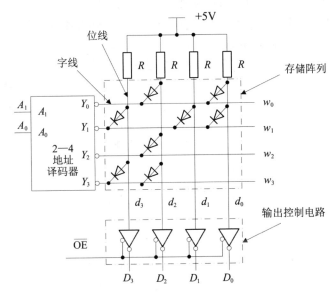

图 6.2　二极管 ROM 的电路结构图

表 6.1　地址输入对应的地址译码和数据输出

	地址输入		地址译码				数据输出			
$\overline{OE}$	A_1	A_2	w_3	w_2	w_1	w_0	D_3	D_2	D_1	D_0
0	0	0	1	1	1	0	0	1	0	1
0	0	1	1	1	0	1	1	0	1	1
0	1	0	1	0	1	1	0	1	1	1
0	1	1	0	1	1	1	1	1	0	0
1	×	×	×	×	×	×	高阻			

3. ROM 容量的计算

半导体存储器的容量计算是为数字系统选择合适容量存储器以及存储器容量扩展的基础。ROM 的容量表示存储数据量的大小。容量越大，说明能够存储的数据越多。容量通过字单元数乘以字长来表示。字单元数简称字数。

存储容量的计算表达式为：存储容量=字数×字长。

例如，一个 ROM 可以用 256×8 位来表示其容量，该 ROM 字数为 256，字长为 8 位，存储容量为 2048 位。当容量较大时，用 K、M、G 或 T 为单位来表示容量。各种单位的关系为：1T=1024G，1G=1024M，1M=1024K。

6.1.2 静态随机存储器

RAM 根据存储单元的结构不同可以分为 SRAM 和 DRAM 两大类，本节介绍 SRAM。

1. SRAM 的基本结构

SRAM 的基本结构与 ROM 类似，主要由存储阵列、地址译码器和输入/输出(I/O)电路组成。其结构框图如图 6.3 所示。其中，$A_{n-1} \sim A_0$ 是 n 条地址线，$I/O_{m-1} \sim I/O_0$ 是 m 条双向数据线。$\overline{OE}$ 是输出使能信号，$\overline{WE}$ 是读/写使能信号，当 $\overline{WE}=0$ 时，允许执行写操作；$\overline{WE}=1$ 时，允许执行读操作。$\overline{CE}$ 为片选信号，只有 $\overline{CE}=0$ 时，SRAM 才能正常执行读/写操作；否则，三态缓冲器输出为高阻，SRAM 不工作。为了实现低功耗，一般在 SRAM 中增加电源控制电路，当 SRAM 不工作时，降低 SRAM 的供电电压，使其处于微功耗状态。I/O 电路主要包括数据输入驱动电路和读出放大器。表 6.2 描述了图 6.3 中 SRAM 的工作模式。

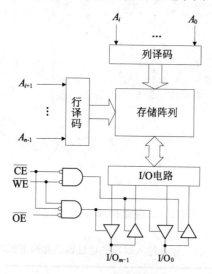

图 6.3 SRAM 的结构框图

表 6.2 SRAM 的工作模式

工作模式	$\overline{CE}$	$\overline{WE}$	$\overline{OE}$	$I/O_{m-1} \sim I/O_0$
保持(微功耗)	1	×	×	高阻
读	0	1	0	数据输出
写	0	0	×	数据输入
输出无效	0	1	1	高阻

2. SRAM 的存储单元

SRAM 存储单元是在基于锁存器(或触发器)的基础上附加门控管构成的。比较典型的

SRAM 存储单元由六个增强型 MOS 管组成，其结构如图 6.4 所示。其中，$VT_1 \sim VT_4$ 组成 RS 锁存器，用于存储 1 位二进制数据。X_i 是行选择线，由行译码器输出；Y_i 是列选择线，由列译码器输出。VT_5、VT_6 为门控管，作模拟开关使用，用来控制锁存器与位线接通或断开。VT_5、VT_6 由 X_i 控制，当 $X_i=1$ 时，VT_5、VT_6 导通，锁存器与位线接通；当 $X_i=0$ 时，VT_5、VT_6 截止，锁存器与位线断开。VT_7、VT_8 是列存储单元共用的控制门，用于控制位线与数据线的接通或断开，由列选择线 Y_i 控制。只有行选择线和列选择线均为高电平时，VT_5、VT_6、VT_7、VT_8 都导通，锁存器的输出才与数据线接通，该单元才能通过数据线传送数据。因此，存储单元能够进行读/写操作的条件是：与它相连的行、列选择线均为高电平。断电后，锁存器的数据丢失，所以 SRAM 具有掉电易失性。

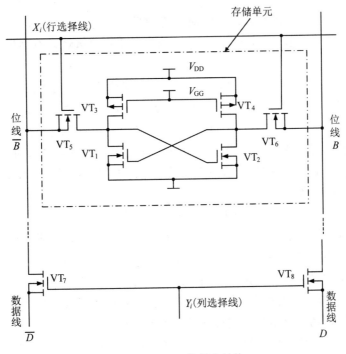

图 6.4 SRAM 的基本结构

> **注意：** SSRAM 是同步静态随机存储器，它是在 SRAM 的基础上发展起来的一种高速 RAM。SSRAM 与 SRAM 的区别是前者是在时钟脉冲控制下完成读/写操作。

6.1.3 动态随机存储器

DRAM 的存储单元是由一个 MOS 管和一个容量较小的电容器构成的，如图 6.5 所示。DRAM 存储数据的原理是源于电容器的电荷存储效应。当电容器 C 充有电荷、呈现高电压时，相当于存储 1；当电容器 C 没有电荷时，相当于存储 0。MOS 管 VT 相当于一个开关，当行选择线 X 为高电平时，VT 导通，电容器 C 与位线接通；当行选择线 X 为低电平时，VT 截止，电容器 C 与位线断开。由于电路中漏电流的存在，电容器上存储的电荷不能长久保持，为了避免存储数据丢失，必须定期给电容器补充电荷。补充电荷的操作称为刷新或再生。

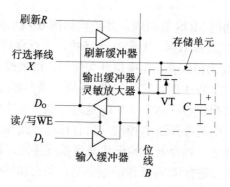

图6.5 DRAM存储单元的基本结构

比较图6.4和图6.5可以发现，DRAM的存储单元只有一个MOS管，而SRAM的存储单元有六个MOS管。由于结构上的区别，DRAM较之SRAM具有高集成度、低功耗等优点。

写操作时，行选择线X为高电平，VT导通，电容器C与位线B接通。此时读/写控制信号$\overline{WE}$为低电平，输入缓冲器被选通，数据D_I经缓冲器和位线写入存储单元。如果D_I为1，则向电容器充电；如果D_I为0，则电容器放电。未选通的缓冲器呈高阻状态。

读操作时，行选择线X为高电平，VT导通，电容器C与位线B接通。此时读/写控制信号$\overline{WE}$为高电平，输出缓冲器/灵敏放大器被选通，电容器中存储的数据(电荷)通过位线和缓冲器输出，读取数据为D_O。

由于读操作会消耗电容器C中的电荷，存储的数据被破坏，所以每次读操作结束后，必须及时对读出单元进行刷新，即此时刷新控制R也为高电平，读操作得到的数据经过刷新缓冲器和位线对电容器C进行刷新。输出缓冲器和刷新缓冲器构成一个正反馈环路，如果位线为高电平，则将位线电平拉向更高；如果位线为低电平，则将位线电平拉向更低。

由于存储单元中电容器的容量很小，所以在位线容性负载较大时，电容器中存储的电荷可能还未将位线拉高至高电平时便耗尽了，由此引发读操作错误。为了避免这种情况，通常在读操作之前先将位线电平预置为高、低电平的中间值。位线电平的变化经灵敏放大器放大，可以准确得到电容器所存储的数据。

> **提示：** SDRAM与DRAM的区别在于前者的读/写操作是在时钟的控制下完成的。

6.1.4 存储器的扩展

当使用一片ROM或RAM器件不能满足存储容量的要求时，就需要将若干片ROM或RAM组合起来，形成一个容量更大的存储器。

1. 位扩展方式

位扩展方式是对每个字单元的位数进行扩展。如图6.6所示为一个用八片1024×1位的RAM连接成的1024×8位的RAM。

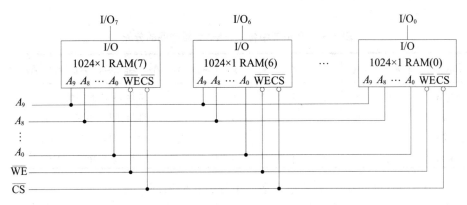

图 6.6　RAM 的位扩展方式

2. 字扩展方式

图 6.7 所示为采用字扩展方式将四片 1024×8 位的 RAM 组合成 4096×8 位的 RAM 的应用实例。四片 1024×8 位的 RAM 共 4096 个字，而每片 RAM 的地址线只有 10 位——A_9～A_0，寻址范围为 0～1023，无法辨别当前数据 I/O_7～I/O_0 对应的是四片 RAM 中的哪一片。因此，需要增加 2 位地址线 A_{11}～A_{10}，总的地址线的条数为 12，寻址范围为 0～4095。A_{11}～A_{10} 两条地址线经过译码可以选择四片 RAM 中的任意一个。如果 A_{11}～A_{10}=00，则选择 RAM(0)；如果 A_{11}～A_{10}=01，则选择 RAM(1)；如果 A_{11}～A_{10}=10，则选择 RAM(2)；如果 A_{11}～A_{10}=11，则选择 RAM(3)。表 6.3 描述了地址空间的分配。

4 片 1024×8 位的 RAM 的低 10 位地址——A_9～A_0 是相同的，在连线时将它们并联起来。需要并联连接的还有每片 RAM 的 8 位数据线 I/O_7～I/O_0。

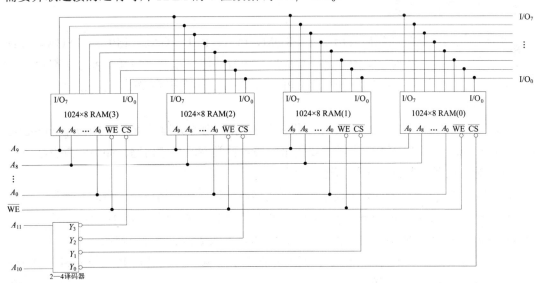

图 6.7　RAM 的字扩展方式

表 6.3　图 6.7 中各片 RAM 地址空间的分配

器件编号	A_{11}	A_{10}	$\overline{Y_3}$	$\overline{Y_2}$	$\overline{Y_1}$	$\overline{Y_0}$	A_9 A_8 A_7 A_6 A_5 A_4 A_3 A_2 A_1 A_0
RAM(0)	0	0	1	1	1	0	地址范围 0～1023
RAM(1)	0	1	1	1	0	1	地址范围 1024～2047
RAM(2)	1	0	1	0	1	1	地址范围 2048～3071
RAM(3)	1	1	0	1	1	1	地址范围 3072～4095

位扩展方式和字扩展方式对其他类型的半导体存储器同样适用。根据实际设计需求，当位长不够时，使用位扩展方式进行扩展；当字数不够时，采用字扩展方式进行扩展。

6.2　可编程逻辑器件

可编程逻辑器件(Programmable Logic Device，PLD)是 20 世纪 70 年代诞生的一种逻辑器件，其最终的逻辑结构和功能由用户编程决定。当今，可编程逻辑器件在数字系统中扮演着重要的角色。与中小规模通用逻辑器件相比，PLD 具有集成度高、速度快、功耗低、可靠性高等优点。与专用集成电路(Application Specific Integrated Circuits，ASIC)相比，由于不需要专用集成电路的版图设计及制造等后端设计流程，所以 PLD 具有开发周期短、设计复杂度低、风险小、小批量生产成本低等优点。但是与 ASIC 相比，PLD 具有功耗高、性能差等缺点。

6.2.1　PLD 的发展

PLD 的发展按照时间先后经历了从 PROM、PLA、PAL、GAL、EPLD、FPGA/CPLD 的发展历程，同时在结构、制造工艺、集成度、逻辑功能、速度、功耗等各方面都有了很大提高和改进。当前阶段的 PLD 一般指 CPLD 或 FPGA，其他几种 PLD 已经很少使用或已经退出历史舞台。

(1) 第一个 PLD 器件于 20 世纪 70 年代初期制成，称为可编程只读存储器(Programmable Read Only Memory，PROM)。当时主要用来解决各种类型的存储问题，如显示查表结果、软件存储等。此后，PLD 逐步转向逻辑应用。

(2) 20 世纪 70 年代中期，出现了一种采用熔丝编程、结构稍复杂的可编程器件，称为可编程逻辑阵列(Programmable Logic Array，PLA)。由于熔丝编程时需要将熔丝烧断而且不能再次导通，此时 PLD 器件的编程属于一次性的，写入数据后不能再修改。

(3) 20 世纪 70 年代末，MMI 公司率先推出了可编程阵列逻辑(Programmable Array Logic，PAL)。PAL 采用双极型工艺制造，熔丝编程方式。与 PLA 器件相比，由于 PAL 器件的与阵列固定，所以不如 PLA 器件编程灵活。但是 PAL 器件具有成本低、编程方便、工作速度快、输出结构丰富等优点。此外，PAL 器件还使用保密位来防止非法读出。由于采用熔丝编程方式，此时的 PAL 器件仍然存在一次性编程的缺点。

(4) 20 世纪 80 年代初，美国的 Lattice 公司和 Altera 公司先后推出了通用阵列逻辑(Generic Array Logic，GAL)。GAL 采用 UVPROM 或 E^2PROM 编程的 CMOS 工艺，可重复编程，克服了熔丝编程工艺一次性编程的缺点。在结构上，GAL 器件比 PAL 器件增加了一个可编程逻辑宏单元(OLMC)，通过对 OLMC 编程可以实现多种形式的输出和反馈。

(5) 20 世纪 80 年代中期，美国 Xilinx 公司提出了现场可编程的概念，于 1985 年率先推出了现场可编程门阵列(Field Programmable Gate Array，FPGA)器件。FPGA 器件的编程方式与早期的 PLD 器件不同，不是通过专门的编程器来完成，而是采用一套专用的设计软件生成一个编程文件。FPGA 器件采用基于 SRAM 编程的 CMOS 工艺制造，其结构主要由可配置逻辑块(Configurable Logic Block，CLB)、可编程输入/输出模块(I/O Block，IOB)和可编程互连资源(Programmable Interconnection，PI)三部分组成。FPGA 具有密度高、编程速度快、设计灵活、可重复配置等优点。

【知识拓展】

在同一时期，美国的 Altera 公司推出了一种可擦除可编程逻辑器件(Erasable Programmable Logic Device，EPLD)。EPLD 采用 UVEPROM 或 E^2PROM 编程的 COMS 工艺，集成度远高于 PAL 和 GAL。EPLD 增加了大量的输出宏单元，提供了更大的与阵列，使设计更加灵活，但是其内部互连能力较差。

(6) 20 世纪 80 年代末，美国 Altera 公司推出了复杂可编程逻辑器件(Complex Programmable Logic Device，CPLD)。CPLD 是在 EPLD 的基础上发展而来的，采用 E^2PROM 工艺。与 EPLD 相比，CPLD 增加了内部连线，对宏单元和 I/O 单元做了重大改进，使 CPLD 的功能更加强大，设计更加灵活。

(7) 20 世纪 90 年代初，Lattice 公司提出了在系统编程技术(In System Programmable，ISP)，并相继推出了一系列在系统可编程器件 ispLSI，这些器件可归属于复杂可编程逻辑器件。

(8) 20 世纪 90 年代至 21 世纪初期，高密度 PLD 在生产工艺、器件的编程和测试技术等方面都有了飞速发展。PLD 内部增加了存储模块、DSP 模块等专用模块。

(9) 进入 21 世纪之后，以 FPGA 为核心的片上系统 SoC 和可编程片上系统 SoPC 有了显著的发展。单片 FPGA 的集成规模可达千万门级，工作速度超过 300MHz。FPGA 在结构上已经实现了复杂系统所需要的主要功能，并将多种专用 IP 核集成在一片 FPGA 中，如嵌入式硬核/软核处理器、嵌入式乘法器、嵌入式存储器等。

6.2.2 PLD 的分类

1. 按编程次数划分

(1) 一次性编程 PLD(One Time Programmable，OTP)。一次性编程的 PLD 一般采用熔丝或反熔丝编程工艺。

(2) 可重复编程 PLD。可重复编程的 PLD 采用紫外线可擦除 UVPROM/EPROM、电可擦除 E^2PROM、SRAM 等编程工艺。

2. 按编程单元工艺划分

1) 熔丝/反熔丝型

(1) 采用熔丝(Fuse)编程的 PLD，在编程点处使用低熔点合金丝或多晶硅导线作为熔丝，在编程时将编程点处的熔丝烧断即可。

(2) 反熔丝(Antifuse)结构中的编程点处不是熔丝，而是一个绝缘连接体，如特殊绝缘材料或反向串联的肖特基势垒二极管。未编程时连接体不导通，编程时在连接体上施加电压，使其被永久性击穿，编程点处导通。表 6.4 总结了熔丝与反熔丝的区别。

表 6.4 熔丝与反熔丝的区别

类型	材 料	编程前状态	编程后状态
熔丝	低熔点合金丝或多晶硅导线	导通	断开
反熔丝	特殊绝缘材料或反向串联的肖特基势垒二极管	断开	导通

图 6.8(a)所示为一个由二极管和熔丝组成的编程单元。图 6.8(b)所示为在图 6.2 固定 ROM 的基础上采用熔丝编程工艺的 PROM 实例。在图 6.8(b)中，每个位线和字线的交叉点处都有一个二极管并且串联一个特殊材料制成的低熔点合金丝。因此该 PROM 可以根据实际要存储的数据进行编程，把需要断开的交叉点处的熔丝烧断，保留需要连接的交叉点处的熔丝。

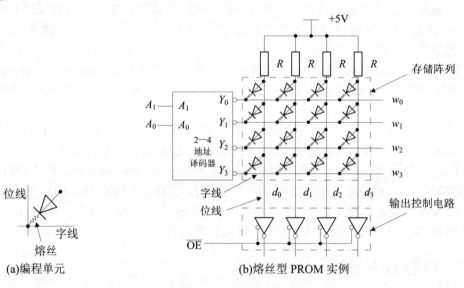

图 6.8 熔丝型 PROM

2) 浮栅型

在 CMOS 制造工艺的 PLD 中，常采用浮栅 MOS 管作为编程单元。浮栅按其结构可以划分为叠栅注入 MOS(SIMOS)管、浮栅隧道氧化层 MOS(Flotox MOS)管和快闪(Flash)叠栅 MOS 管。不同结构的浮栅 MOS 管，编程信息的擦除也不相同。基于 SIMOS 管结构的 PLD 采用紫外线照射擦除，基于 Flotox MOS 管和快闪叠栅 MOS 管的 PLD 采用电擦除方式。

(1) SIMOS 管。SIMOS 管的结构与符号如图 6.9(a)所示。它是一个 N 沟道增强型 MOS 管,有两个多晶硅栅极:控制栅 g_c 和浮栅 g_f。浮栅被绝缘 SiO_2 包围着。器件编程之前,浮栅上没有电荷,此时 SIMOS 管与普通的 MOS 管一样。当控制栅 g_c 加正常工作的高电压时,SIMOS 管处于导通状态,此时 SIMOS 管的开启电压为 V_{T1},转移特性如图 6.9(b)所示。器件编程时,SIMOS 管的源极和漏极之间加高于正常工作的正电压(大于 12V),此时漏极与衬底之间的 PN 结发生雪崩击穿,若同时在控制栅加脉冲电压(幅值大于 12V),则雪崩击穿产生的高能电子在栅极电场的作用下,穿过 SiO_2 层注入浮栅上。编程电压撤销后,因为浮栅被绝缘的 SiO_2 包围,注入的电子没有放电通路,可以长期保留,此时 SIMOS 管的开启电压升高到 V_{T2},特性曲线右移,如图 6.9(b)所示。因此,控制栅加正常工作电压时无法达到开启电压 V_{T2},SIMOS 管始终截止,相当于断开一样。

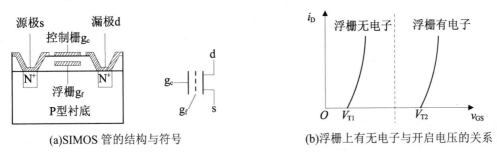

(a)SIMOS 管的结构与符号　　　　(b)浮栅上有无电子与开启电压的关系

图 6.9　SIMOS 管

SIMOS 管的擦除方法是用紫外线或 X 射线照射器件 20min,则 SiO_2 层中将产生电子空穴对,为浮栅上的电子提供放电通路,浮栅上的电子消散,SIMOS 管恢复到编程前的状态。

(2) Flotox MOS 管。Flotox MOS 管的结构与符号如图 6.10 所示。其结构与 SIMOS 管类似,不同之处是在浮栅与漏区之间有一个极薄的氧化层(0.2nm 以下),称为隧道区。当隧道区的电场强度足够大时,漏区与浮栅之间便出现导电隧道,在电场的作用下,电子通过隧道形成电流,这种现象称为隧道效应。器件编程之前,浮栅上没有电荷,与普通的 MOS 管一样。编程时源极、漏极均接地,控制栅加 20V 的脉冲电压,隧道产生强电场,吸引漏区的电子通过隧道到达浮栅。编程电压撤销后,浮栅上的电子由于处在绝缘环境中,可以长期保留。此时,Flotox MOS 管的开启电压升高,在正常工作电压下,始终截止。

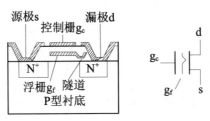

图 6.10　Flotox MOS 管的结构与符号

如果要擦除编程信息,可将管子的漏极加 20V 的正脉冲电压,控制栅接地,则浮栅上的电子在电场的作用下通过隧道回到漏区,管子恢复到编程前的状态,从而实现了擦除信息的目的。

与 SIMOS 管相比，Flotox MOS 管的编程和擦除都是通过在漏极和控制栅上加脉冲电压，向浮栅注入和清除电荷的速度快、操作简单，用户可以在电路板上实现在线操作。实际上编程和擦除是同时进行的，每次编程时，以新的信息代替旧的信息。

(3) 快闪叠栅 MOS 管。快闪叠栅 MOS 管的结构与符号如图 6.11 所示。其结构与 SIMOS 管类似。二者的最大区别在于快闪叠栅 MOS 管的浮栅与 P 型衬底之间的氧化层比 SIMOS 管更薄。快闪叠栅 MOS 管的擦除方式是通过浮栅与源极之间的超薄氧化层的电子隧道效应进行擦除；而 SIMOS 管的浮栅与源极之间的氧化层比较厚，电场不足以产生隧道效应，所以用紫外线照射，使浮栅上的电子获得足够的能量回到衬底。

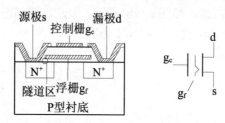

图 6.11　快闪叠栅 MOS 管的结构与符号

快闪叠栅 MOS 管编程时，漏极接正电压(6V)，源极接地，同时在控制栅上加 12V 正脉冲电压，向浮栅注入电子的方式与 SIMOS 管相同。编程后，浮栅上存有电子使开启电压升高，在正常工作电压下，快闪叠栅 MOS 管始终截止。

快闪叠栅 MOS 管擦除信息的方式与 Flotox MOS 管类似，将管子的源极加 12V 的正脉冲电压，控制栅接地，即可利用隧道效应使浮栅放电而擦除信息。快闪叠栅 MOS 管既有 SIMOS 管的结构简单、工作可靠等优点，又有 Flotox MOS 管隧道效应带来的速度快、操作简单等特点，因而被广泛使用。

3) SRAM 型

SRAM 是指静态随机存储器，大多数 FPGA 都采用 SRAM 编程工艺。SRAM 的结构与原理在 6.1.2 节已作介绍。SRAM 型存储单元利用 SRAM 存储数据的原理来实现信息编程。SRAM 型存储单元的结构如图 6.12 所示。一个 SRAM 型存储单元由两个 CMOS 反相器和一个控制读/写的 MOS 传输门构成。CMOS 反相器中包含两个晶体管，因此一个 SRAM 存储单元一般包含 5~6 个晶体管。

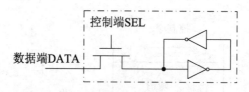

图 6.12　SRAM 型存储单元的结构

SRAM 存储单元在编程时，控制端 SEL 为高电平，MOS 传输门导通，此时数据端的数据 DATA 经传输门送入锁存器。编程结束后，控制端 SEL 为低电平，MOS 传输门截止，锁存器数据不变。

SRAM 存储单元含有 5~6 个晶体管，从每个单元消耗的硅片面积来看，SRAM 结构体积大，但是 SRAM 结构具有很突出的优点：编程速度快、静态功耗低、抗干扰能力强等。

由于 SRAM 属于易失性元件，基于 SRAM 的 PLD 在每次掉电后，需要重新加载配置数据。

3. 按集成度划分

(1) 低密度 PLD。集成度在 1000 门/片以下的 PLD 称为低密度 PLD，如 PROM、PLA、PAL 和 GAL 等。

(2) 高密度 PLD。高密度 PLD 是指集成度在 1000 门/片以上的 PLD，如 EPLD、CPLD 和 FPGA 等。

4. 按结构特点划分

(1) 基于乘积项的 PLD。乘积项即"与-或"阵列，是一种最为简单的可编程逻辑单元结构，它由与阵列和或阵列共同组成器件内部的逻辑单元结构。通过对与阵列和或阵列的编程来实现电路的功能，其逻辑设计十分方便。

(2) 基于查找表的 PLD。查找表是将一个逻辑函数表存放在 SRAM 中，通过查找该表中的函数值来实现逻辑运算。逻辑运算是通过地址线(输入变量的取值)查找相应存储单元的信息内容(即函数值)来实现的。

6.2.3 PLD 的结构原理

1. PLD 的基本结构

数字逻辑中有一个定理：任何一个逻辑函数表达式都可以变换成与或表达式。因而任何一个逻辑函数可以用一级与逻辑电路和一级或逻辑电路来实现。PLD 器件的基本结构就是基于这种思想来实现的。PLD 的基本结构由四部分组成：输入电路、与阵列、或阵列和输出电路。PLD 的基本结构如图 6.13 所示。

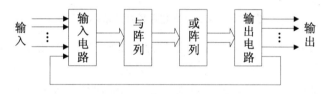

图 6.13　PLD 的基本结构

(1) 输入电路。输入电路由输入缓冲器构成。其主要作用是增强输入信号的驱动能力，产生输入信号的原变量和反变量，为与阵列提供互补的输入信号。

(2) 与阵列。与阵列由若干与门组成。其作用是选择输入信号，并进行与操作，生成乘积项。

(3) 或阵列。或阵列由若干或门组成。其作用是选择乘积项，并进行或操作，生成与或表达式。

(4) 输出电路。输出电路具有组合逻辑电路和时序逻辑电路两种结构形式。组合逻辑输出电路主要由三态门组成。时序逻辑输出电路包括三态门和触发器。输出电路的作用是对或阵列得到的与或表达式进行处理，根据设计要求选择输出组合逻辑还是时序逻辑。为了增强 PLD 的灵活性，输出电路还可以产生反馈信号给与阵列。

2. PLD 的表示方法

1) 连接符号

在描述与、或阵列的结构图时，有一套标准的连接符号来表示 PLD 中逻辑门的连接关系。根据连接点是否可编程，可将连接点分为两类：不可编程连接点和可编程连接点。

不可编程连接点是固定连接点，是厂家在生产 PLD 器件时已经固定下来的连接状态。用户不能更改。不可编程连接点有两种连接状态：固定连接和固定断开。两种连接状态的表示方法分别由图 6.14(a)和图 6.14(b)表示。

(a)固定连接　　(b)固定断开

图 6.14　PLD 不可编程连接点的表示方法

可编程连接点是用户可以更改连接状态的连接点。用户可以根据设计要求将可编程连接点编程为断开或连接。两种连接状态的表示方法分别由图 6.15(a)和图 6.15(b)表示。

(a)可编程连接　　(b)可编程断开

图 6.15　PLD 可编程连接点的表示方法

一般在同一种 PLD 中，所有的可编程连接点在未编程时，都处于相同的连接状态。若初始状态为可编程连接，在编程时，只需将要断开的连接点编程为断开状态即可；同样，若初始状态为可编程断开，在编程时，只需将要连接的连接点编程为连接状态即可。

注意： 可编程断开与固定断开连接点的表示符号是一样的，在表达逻辑时都表示连接点断开。设计者可根据具体的 PLD 器件的结构特点判断连接点的类型。

2) PLD 各组成部分的表示方法

(1) 输入电路。输入电路的输入缓冲器可以产生两个互补的变量，其结构如图 6.16 所示。

图 6.16　PLD 输入电路

(2) 与阵列。与阵列由若干逻辑与门组成。

在 PLD 与阵列中采用逻辑门的外形符号来表示逻辑门的逻辑功能。与门的外形符号如图 6.17(a)所示。图 6.17(b)中符号的等效逻辑表达式为 $P=A\cdot C$。

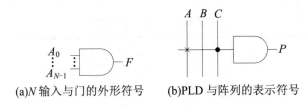

图 6.17　PLD 与阵列

(3) 或阵列。或阵列由若干逻辑或门组成。

在 PLD 或阵列中采用逻辑门的外形符号来表示逻辑门的逻辑功能。或门的外形符号如图 6.18(a)所示。图 6.18(b)中符号的等效逻辑表达式为 $P=A+C$。

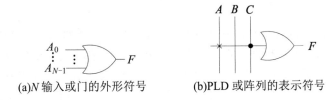

图 6.18　PLD 或阵列

(4) 输出电路。输出电路的结构根据不同的器件差别很大。PROM、PAL、PLA 等器件属于纯组合逻辑电路，输出电路中不需要触发器。GAL、CPLD、FPGA 等器件的输出既包含组合逻辑又包含时序逻辑，因此需要增加触发器电路，并根据设计要求对输出结果进行选择。图 6.19(a)和图 6.19(b)分别表示了这两种输出电路的结构原理。图中没有考虑输出反馈到输入的情况。

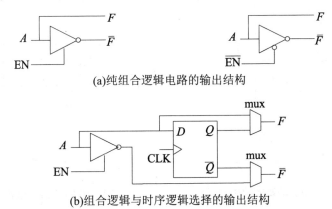

图 6.19　输出电路

6.2.4　低密度 PLD 的结构原理

低密度 PLD 包括 PROM、PLA、PAL 和 GAL 四种器件。表 6.5 总结了这四类器件的与阵列、或阵列和输出电路的特点。

表 6.5　低密度 PLD 的结构特点

器　件	与　阵　列	或　阵　列	输出电路
PROM	固定	可编程	固定
PLA	可编程	可编程	固定
PAL	可编程	固定	固定
GAL	可编程	固定	可组态

表 6.5 中只给出了每种器件的基本结构特点，随着制造工艺的不断进步，每种类型的器件在结构和功能等方面都进行了改进。在实际的工程应用中，器件的具体结构特点请参阅相关器件的数据手册。

1. PROM

PROM 是由固定的与阵列和可编程的或阵列构成的。与阵列属于"全译码"阵列，即 N 个输入变量，就有 2^N 个乘积项。因此，器件的规模将随着输入变量个数 N 的增加成 2^N 指数级增长。全译码结构的与阵列导致 PROM 的开关时间较长，因此 PROM 的速度比较慢。大多数的逻辑函数不需要使用输入的全部组合，使得 PROM 的与阵列不能得到充分使用。PROM 一般用作数据存储器。图 6.20 所示为 PROM 的基本结构。

图 6.21 所示为一个用 PROM 实现逻辑函数的实例。其实现的逻辑函数的表达式为

$$F_0 = \overline{AB} + AB, \quad F_1 = A\overline{B} + \overline{A}B, \quad F_2 = \overline{AB} + \overline{A}B + A\overline{B} + AB = 1$$

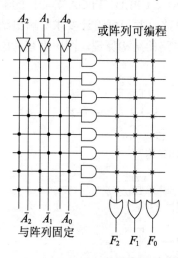

图 6.20　PROM 的基本结构

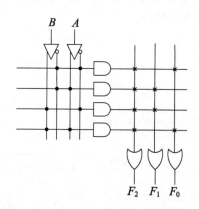

图 6.21　用 PROM 实现逻辑函数的实例

2. PLA

PLA 在有的文献中又称作 FPLA(Field Programmable Logic Array)。在诞生初期，其编程单元采用熔丝型，后来采用浮栅型的编程单元实现可重复编程，而且在输出电路中增加了触发器，可以实现时序逻辑。

注意： PLA 与 PROM 的结构类似，它们的区别在于 PROM 的与阵列是固定的，而 PLA 的与阵列是可编程的。这样的好处是可以根据设计灵活选择乘积项，因此芯片利用率高，可节省芯片面积；缺点是对开发软件要求高，优化算法复

杂，器件运行速度低。

PLA 的基本结构如图 6.22 所示。

3. PAL

PAL 具有可编程的与阵列和固定的或阵列。PAL 的基本结构如图 6.23 所示。

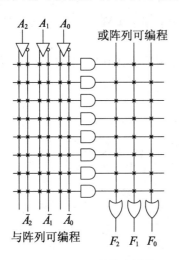

图 6.22 PLA 的基本结构

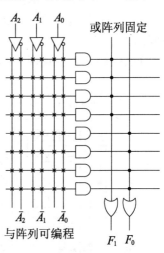

图 6.23 PAL 的基本结构

图 6.24 所示为 PAL 实现全加器的一个实例。根据全加器的逻辑表达式

$$S_n = \overline{A_n}\,\overline{B_n}C_n + \overline{A_n}B_n\overline{C_n} + A_n\overline{B_n}\,\overline{C_n} + A_nB_nC_n，\quad C_{n+1} = A_nB_n + A_nC_n + B_nC_n$$

可得出对应 PAL 的与或阵列。

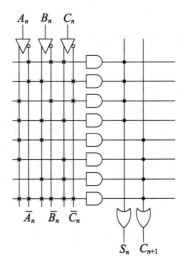

图 6.24 PAL 实现全加器

> 💡 **注意**：可以认为 PAL 同时具有了 PROM 和 PLA 的优点。与 PROM 相比，可编程的与阵列使输入变量的选择灵活。与 PLA 相比，固定的或阵列降低了设计复杂度。

4. GAL

GAL 按"与-或"阵列的结构可以分为两大类:第一类 GAL 是在 PAL 结构的基础上对输出电路作了增强和改进,这类器件有 GAL16V8、ispGAL16Z8 和 GAL20V8 等,该类 GAL 又称为通用型 GAL;第二类 GAL 是在 PLA 结构的基础上对输出电路作了增强和改进,即该类 GAL 的与阵列和或阵列都是可编程的,GAL39v18 属于这一类。GAL 器件的输出电路设置了可编程的输出逻辑宏单元(Output Logic Macro Cell, OLMC),通过编程可将 OLMC 设置成不同的工作状态。

下面以 GAL16V8 为例说明 GAL 的结构和工作原理。GAL16V8 的基本结构如图 6.25 所示。

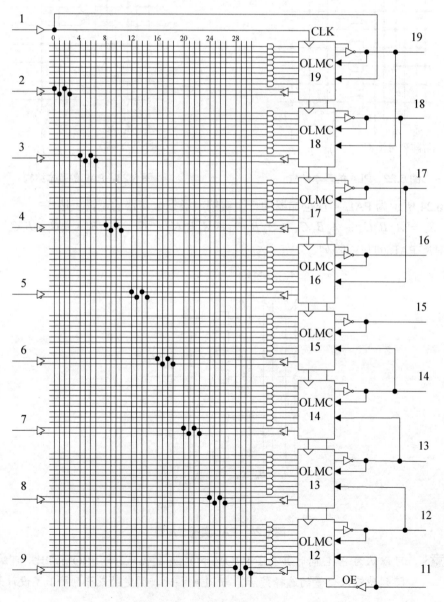

图 6.25　GAL16V8 的基本结构

GAL16V8 主要由九部分组成。

(1) 八个输入缓冲器(引脚 2~9 固定为输入端)。

(2) 八个输出缓冲器(引脚 12~19 为输出缓冲器的输出端)。

(3) 八个输出逻辑宏单元 OLMC(OLMC12~19)。

(4) 可编程与阵列(由 8×8 个与门构成，形成 64 个乘积项，每个与门有 32 个输入端)。

(5) 八个输出反馈/输入缓冲器。

(6) 一个系统时钟 CLK 输入端(引脚 1)。

(7) 一个输出三态控制端 OE(引脚 11)。

(8) 电源 V_{CC}(引脚 20，未画出)。

(9) 接地端(引脚 10，未画出)。

GAL 的每一个输出端都有一个 OLMC，其基本结构如图 6.26 所示。OLMC 主要由四部分组成。

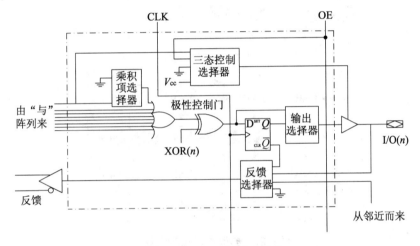

图 6.26　OLMC 的基本结构

(1) 或门，为一个八输入或门，与其他 OLMC 中的或门构成 GAL 的或阵列。

(2) 异或门，用于控制输出信号和八输入或门输出的相位关系。或门输出与 XOR(n)进行异或运算后，输出至 D 触发器的输入端。n 表示 OLMC 对应的 I/O 引脚号。

(3) D 触发器，为一个上升沿 D 触发器，存储经过异或运算后得到的逻辑值。D 触发器使 GAL 用于时序逻辑电路设计。

(4) 四个数据选择器。

① 乘积项选择器：用于控制来自与阵列的第一个乘积项。

② 三态控制选择器：用于选择三态缓冲器的选通信号。

③ 反馈选择器：用于选择反馈信号的来源。

④ 输出选择器：用于选择组合逻辑输出或时序逻辑输出。

6.2.5　CPLD 的结构原理

复杂可编程逻辑器件(CPLD)是在 EPLD 的基础上通过改进内部结构发展而来的一种新器件。与 EPLD 相比，CPLD 增加了内部连线，改进了逻辑宏单元和 I/O 单元，从而改善了器件的性能，提高了器件的集成度，同时又保持了 EPLD 传输时间可预测的优点。CPLD 多采用 E²PROM 工艺制作，具有集成度高、速度快、功耗低等优点。

生产 CPLD 的厂家主要有 Altera、Xilinx、Lattice、AMD 等公司。每个公司的 CPLD 多种多样，内部结构也有很大差异，但是大多数公司的 CPLD 都是基于乘积项的阵列型单元结构。一般情况下，CPLD 至少包含三个组成部分：可编程逻辑单元、可编程 I/O 和可编程互连线。有些 CPLD 内部集成了 RAM、FIFO(先进先出)、双端口 RAM 等存储器。比较典型的 CPLD 有：Altera 公司的 MAX 系列 CPLD、Xilinx 公司的 7000 和 9000 系列 CPLD、Lattice 公司的 PLSI/ispLSI 系列 CPLD。典型的 CPLD 结构如图 6.27 所示。

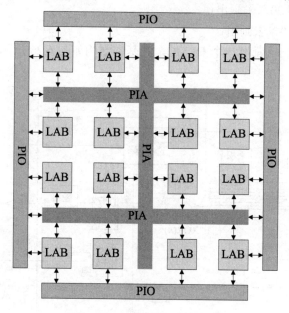

图 6.27 典型的 CPLD 结构

下面以 Altera 公司的 MAX7000S 器件为例介绍 CPLD 的基本结构和工作原理。MAX7000S 器件采用第二代 MAX(多阵列矩阵)结构，其基本结构如图 6.28 所示。

MAX7000S 主要由三大部分组成。

(1) 逻辑阵列块(Logic Array Block，LAB)。

(2) 可编程连线阵列(Programmable Interconnect Array，PIA)。

(3) 输入/输出控制模块(I/O Control Block，IOB)。

除三大组成部分外，MAX7000S 还包含四个全局输入信号引脚。这四个引脚可以作为专用引脚，也可以作为通用输入引脚。这四个全局信号为：①全局输入/时钟 1(Global clock1，GCLK1)；②全局输入/输出使能 2(Output Enable2，OE2)/时钟 2(Global clock2，GCLK2)；③全局输入/输出使能 1(Output Enable1，OE1)；④全局输入/低电平有效复位信号(Global Clear negative，GCLRn)。

这些全局信号在器件内部有专用的连线与相应的宏单元(Macrocells，MC)进行连接，可以保证这些信号到每个宏单元的延迟时间相同且延时最小。

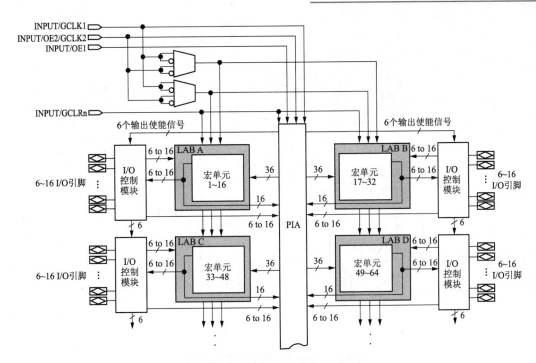

图 6.28 MAX7000S 器件的基本结构

1. 逻辑阵列块

逻辑阵列块(LAB)是 CPLD 实现逻辑功能的基本单元。从图 6.28 中可以发现，MAX7000S 器件的每个 LAB 含有 16 个宏单元，而且每个宏单元与各自对应的 I/O 控制模块相连接。各 LAB 之间通过可编程连线阵列(PIA)进行连接。PIA 是一个全局总线，总线的信号包含所有的专用输入信号、I/O 引脚信号和来自宏单元的信号。

每个 LAB 具有以下输入信号。

(1) 36 个来自 PIA 的通用逻辑输入信号。

(2) 用于寄存器控制功能的全局控制信号。

(3) 从 I/O 引脚到寄存器的直接输入信号，用来保证快速地建立时间。

2. 宏单元

宏单元(MC)是构成 LAB 的主要组成部分。每个宏单元独立地实现组合逻辑或时序逻辑。每个宏单元包含三个功能模块：逻辑阵列(Logic Array，LA)、乘积项选择矩阵(Product-Term Select Matrix，PTSM)、可编程寄存器(Programmable Registers，PR)。MAX7000S 的宏单元结构如图 6.29 所示。

(1) 逻辑阵列与乘积项选择矩阵。逻辑阵列用来实现组合逻辑功能，为每个宏单元提供五个乘积项。乘积项选择矩阵对这些乘积项进行功能选择。这五个乘积项可以作为或门、异或门的输入，也可以作为宏单元寄存器的控制信号，如复位、置位、时钟信号、时钟使能等。

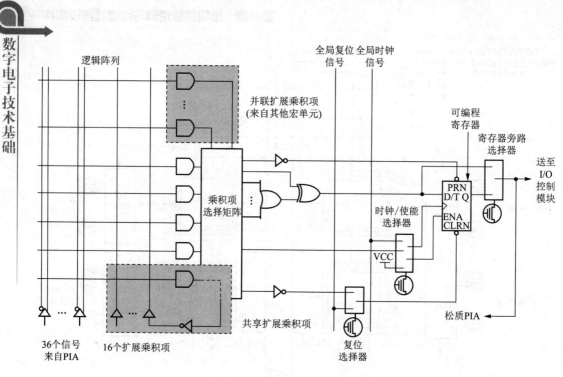

图 6.29 MAX7000S 的宏单元结构

(2) 扩展乘积项。尽管大多数逻辑功能都可以由每个宏单元的五个乘积项来实现,但实现复杂的逻辑功能时,一个宏单元的逻辑资源往往不能完成,因此需要更多的逻辑资源。MAX7000S 器件提供了共享扩展乘积项和并联扩展乘积项来直接为在同一个 LAB 中的所有宏单元提供额外的乘积项。这两类扩展乘积项可以在逻辑综合时使用最少的逻辑资源获得最快的速度。MAX7000S 开发系统可以根据具体设计的资源需求自动优化乘积项的分配。

① 共享扩展(Shareable Expanders)乘积项:共享扩展乘积项是反馈回逻辑阵列的经过反相的乘积项。

每个 LAB 含有 16 个共享扩展乘积项,这些乘积项是由同一个 LAB 中的 16 个宏单元共同提供的。每一个宏单元提供一个未使用的乘积项,经过反相后反馈到逻辑阵列中去。每一个共享扩展乘积项可以被该 LAB 中其他所有宏单元使用和共享。采用扩展乘积项后,设计会增加一个延时。共享扩展乘积项的基本结构和工作原理如图 6.30 所示。

② 并联扩展(Parallel Expanders)乘积项:并联扩展乘积项是没有被使用的、可以被邻近宏单元借用的乘积项。

并联扩展乘积项可以为一个或门提供多达 20 个直接乘积项输入,其中五个是本宏单元的乘积项,其他 15 个乘积项由邻近宏单元提供。MAX7000S 器件支持提供三组扩展乘积项,每组最多含有五个乘积项。使用扩展乘积项后会增加一定的延时 t_{PEXP}。例如,一个宏单元需要 14 个乘积项,除了本宏单元自己的五个乘积项外,需要使用两组并联扩展乘积项,其中一组包含五个乘积项,另一组包含四个乘积项,则增加的延时为 $2 \times t_{PEXP}$。

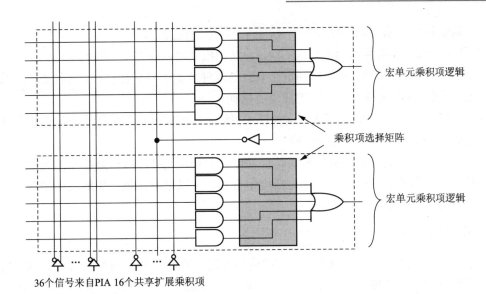

图 6.30 共享扩展乘积项的基本结构和工作原理

每个 LAB 中的 16 个宏单元分为两组,每组八个宏单元(例如,图 6.28 中的 LAB A,宏单元 1~8 为一组,9~16 为另一组),因此形成了两条借用或借出并联扩展乘积项的链。一个宏单元只能从比自己小的宏单元编号中借用并联扩展乘积项。例如,8 号宏单元可以从 7 号宏单元借用,或者从 7 号和 6 号宏单元借用,或者从 7 号、6 号和 5 号宏单元借用。对于每一组八个宏单元来说,最小编号的宏单元只能借出并联扩展乘积项,最大编号的宏单元只能借用并联扩展乘积项。并联扩展乘积项的基本结构和工作原理如图 6.31 所示。

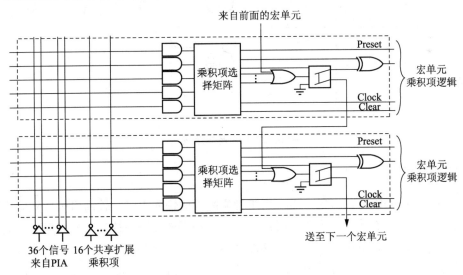

图 6.31 并联扩展乘积项的基本结构和工作原理

(3) 可编程寄存器。宏单元中的触发器可以独立地被配置为 D、T、JK 或 SR 等功能,且时钟控制可编程。在设计需要输出组合逻辑时,可以将触发器旁路。一般设计者在设计输入中指定具体的触发器类型,开发软件会为每一个寄存器功能选择最有效的操作方式以实现最优化的资源利用率。

每个可编程寄存器可以工作在三种不同的时钟控制模式下。

① 使用全局时钟信号 GCLK1、GCLK2。这种模式可以获得最小的 t_{co}。

② 使用全局时钟信号，并使用高电平有效的时钟使能信号进行控制。这种模式在获得最小的 t_{co} 的同时可以对每个触发器进行使能控制。

③ 使用乘积项产生的时钟信号。这种模式下触发器的时钟可以使用宏单元产生的派生时钟信号或由 I/O 引脚输入的时钟信号。

每一个寄存器也具有异步复位和置位的功能。乘积项选择矩阵选择相应的乘积项来控制这些功能。复位和置位控制信号都是低电平有效，可以把乘积项产生的高电平信号反相作为复位或置位控制信号。

3. 可编程连线阵列

可编程连线资源(PIA)实现 LAB 之间的逻辑连接。通过对 PIA 进行编程，可以实现任意源信号到目的端的连接。所有专用输入信号、I/O 引脚、宏单元输出都可以作为 PIA 的输入信号。只有 LAB 需要的信号才经 PIA 传输到 LAB。PIA 的基本结构如图 6.32 所示。图中描述了 PIA 信号如何传输到 LAB 中去。E^2PROM 编程单元作为二输入与门的一个输入信号，控制 PIA 信号的选通。MAX7000S 的 PIA 具有固定延时，因此消除了信号之间的偏移，使时序性能容易预测。

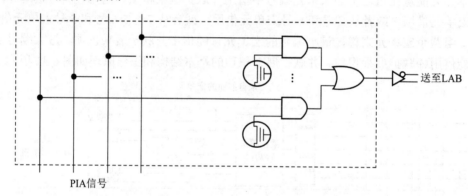

图 6.32　PIA 基本结构

4. I/O 控制模块

I/O 控制模块(IOB)可以将每个 I/O 引脚独立配置成输入引脚、输出引脚或双向引脚。每一个 I/O 引脚都具有一个三态输出缓冲器。三态输出缓冲器的控制信号可以是全局输入使能信号、V_{CC} 或 GND 其中之一。MAX7000S 器件有六个全局输出使能信号。这六个全局使能信号可以是相同的或互为反相的两个输出使能信号、I/O 引脚的一个子集或 I/O 宏单元的一个子集。

当控制信号接地时，缓冲器输出为高阻，此时 I/O 引脚作为输入引脚使用。

当控制信号接 V_{CC} 时，三态缓冲器被使能，此时 I/O 引脚作为输出引脚使用。

当控制信号接全局使能信号时，I/O 引脚可根据全局使能信号的不同逻辑被配置为输入引脚、输出引脚或双向引脚。

IOB 的基本结构和工作原理如图 6.33 所示。

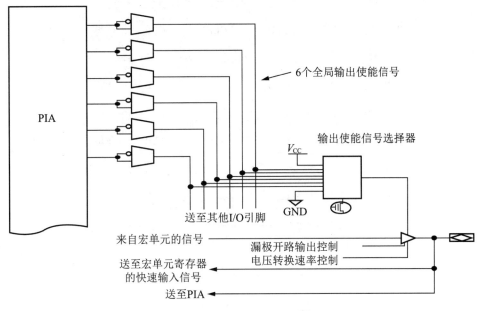

图 6.33　IOB 的基本结构和工作原理

6.2.6　FPGA 的结构原理

现场可编程门阵列(FPGA)是美国 Xilinx 公司在 20 世纪 80 年代中期率先提出的一种高密度 PLD。和采用"与-或"阵列结构的 PLD 不同，FPGA 由若干独立的可编程逻辑模块组成，用户可以通过编程将这些模块连接起来组成所需要的数字系统。

由于可编程逻辑阵列模块的排列形式和门阵列(GA)中的单元的排列形式相似，所以沿用了门阵列这个名词。FPGA 既有 GA 高集成度和通用性的特点，又具有 PLD 可编程的灵活性。FPGA 的典型结构如图 6.34 所示。

下面以 XC4000 系列器件为例，介绍 FPGA 的基本结构和工作原理。

XC4000 系列器件是 Xilinx 公司的一款 FPGA。XC4000 系列器件的主要结构由三部分组成：可配置逻辑块(Configurable Logic Block，CLB)、输入/输出模块(I/O Blcok)和可编程互连资源(Programmable Interconnection，PI)。

1. 可配置逻辑块

可编程逻辑块(CLB)是 FPGA 实现逻辑功能的主体。每个 CLB 内部都包含组合逻辑电路和存储电路两部分，可以配置成组合逻辑电路或时序逻辑电路。CLB 的基本结构如图 6.35 所示。从图中可以看出，CLB 由函数发生器、数据选择器、触发器和控制电路等部分构成。在 FPGA 器件中，函数发生器一般由查找表(LDT)结构实现。

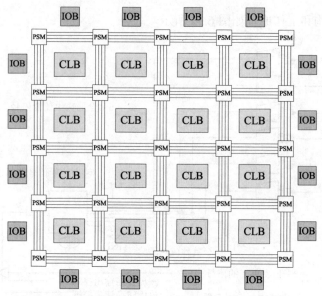

图 6.34 FPGA 的典型结构

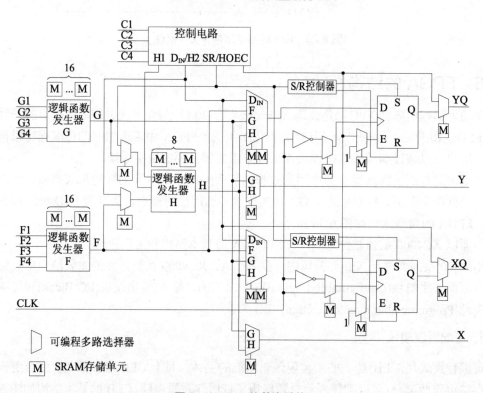

图 6.35 CLB 的基本结构

查找表通过将逻辑函数值存放在 SRAM 中，根据输入变量的取值查找相应存储单元中的函数值来实现逻辑运算。输入变量的取值作为地址线，函数值作为存储单元中的信息内容。

N 输入的查找表可以实现任意 N 输入变量的逻辑函数。从理论上讲,只要增加输入信号线和扩大存储器的容量,用查找表可以实现任意输入变量的逻辑函数。但在实际应用中,查找表受技术和成本因素的限制。每增加一个输入变量,查找表 SRAM 的容量就要扩大一倍,SRAM 的容量与输入变量个数 N 呈 2^N 关系。实际的 FPGA 器件中查找表的输入变量一般不超过五个,多于五个输入变量的逻辑函数可由多个查找表组合或级联实现。

【例 6.1】用查找表实现三输入与门的逻辑功能。

表 6-6 为三输入与门的逻辑真值表。为了用查找表实现该真值表的功能,需要采用如图 6.36(a)所示的 3 输入 8×1 查找表,三输入代表有三条输入地址线,8×1 代表查找表的存储容量,共八个地址单元,每个地址单元字长为 1 位。图 6.36(b)所示为三输入查找表的地址与对应内容,可以发现与表 6.6 的内容一致,从而实现三输入与门的功能。

表 6.6 三输入与门的逻辑真值表

输入变量			函 数 值
A	B	C	L
0	0	0	0
0	0	1	0
0	1	0	0
0	1	1	0
1	0	0	0
1	0	1	0
1	1	0	0
1	1	1	1

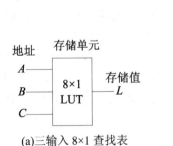

(a)三输入 8×1 查找表　　(b)三输入查找表的地址与对应内容

图 6.36 查找表实现三输入与门原理

【例 6.2】用 LUT 实现 1 位全加器。

表 6-7 为 1 位全加器的真值表。为了用查找表实现该真值表的功能,需要采用如图 6.37(a)所示的三输入 8×2 查找表,三输入代表有三条输入地址线,8×2 代表查找表的存储容量,共八个地址单元,每个地址单元字长为 2 位。图 6.37(b)为三输入查找表的地址与对应内容,可以发现与表 6.7 的内容一致,从而实现 1 位全加器的功能。

表 6.7　1 位全加器的真值表

输入变量			输出变量	
A	B	C_{i-1}	S	C_i
0	0	0	0	0
0	0	1	1	0
0	1	0	1	0
0	1	1	0	1
1	0	0	1	0
1	0	1	0	1
1	1	0	0	1
1	1	1	1	1

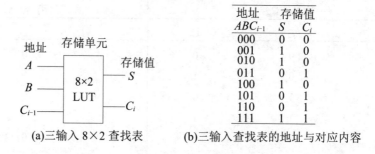

(a)三输入 8×2 查找表　　(b)三输入查找表的地址与对应内容

图 6.37　查找表实现 1 位全加器原理

1) 函数发生器

每个 CLB 包含三个函数发生器 G、F、H。其中 G 和 F 是两个独立四输入变量函数发生器。G1～G4 和 F1～F4 分别为函数发生器 G 和 H 的四个输入变量，函数发生器的输出用 G 和 F 来表示。函数发生器 H 为三输入变量函数发生器。H1 为其中一个输入变量，另外两个输入变量通过选择器可以选择不同的变量。第二个输入变量可以为 G 或 SR/HO，第三个输入变量可以为 F 或 D_{IN}/H2。通过三个函数发生器的组合，可以实现多达九个输入变量的逻辑函数。由查找表原理可知，函数发生器 G 和 F 分别具有 16 个存储单元，函数发生器 H 具有八个存储单元。

2) 触发器

每个 CLB 中有两个 D 触发器。D 触发器可以通过 4 选 1 多路选择器选择 D_{IN}/H2、F、G 和 H 其中之一作为输入数据。D 触发器的时钟信号可以通过 2 选 1 多路选择器选择 CLB 的输入时钟信号 CLK 或 CLK 的反相信号。D 触发器的使能信号可以在信号 EC 和高电平之间进行选择。D 触发器的复位和置位信号由 CLB 内部控制信号 S/R 产生。

2. 输入/输出模块

输入/输出模块(IOB)是 FPGA 外部引脚与内部逻辑之间的接口电路，IOB 分布在芯片的四周，如图 6.34 所示。每个 IOB 对应一个引脚。通过对 IOB 进行编程，可以将引脚定义为输入、输出或双向功能，同时还可以实现三态控制。XC4000 系列 IOB 的结构如图 6.38 所示。

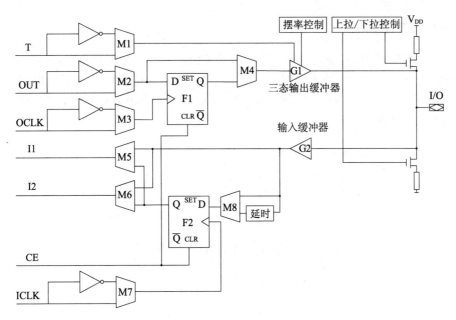

图 6.38　IOB 的结构

IOB 由三态输出缓冲器 G1、输入缓冲器 G2、输入 D 触发器 F2、输出 D 触发器 F1、上拉/下拉控制电路，以及若干多路选择器构成。

输入通路由多路选择器 M2、M4、D 触发器 F1、三态输出缓冲器 G1 组成。

输出通路由输入缓冲器 G2、D 触发器 F2、延时电路、多路选择器 M5、M6、M8 组成。

输入、输出通道使用独立的时钟，输入通路的时钟为 ICLK，可以对 M7 编程，选择 ICLK 或 ICLK 的反相时钟作为 D 触发器 F2 的时钟信号。输出通路的时钟为 OCLK，通过对 M3 编程，选择 OCLK 或 OCLK 的反相时钟作为 D 触发器 F1 的时钟信号。

三态输出缓冲器的使能信号 T 可通过对 M1 编程，定义为高电平有效或低电平有效。此外，输出缓冲器 G2 可以进行摆率(电平跳变的速率)控制，实现快速或慢速两种输出方式。快速方式适合频率较高的信号输出，慢速方式则可减小功耗和降低噪声。

当引脚定义为输入时，可以设置成 TTL 或 CMOS 阈值电压。输入信号首先经过缓冲器 G2；然后经过 M8 编程可以选择是否将输入信号加入延时；然后经过 M5 和 M6 编程，输入信号直接由 I1 和 I2 输入至内部电路，也可以经触发器同步后再由 I1 和 I2 输入至内部电路。

当引脚定义为输出时，内部逻辑信号 OUT 输入至 IOB。首先经过 M2 的同相或反相选择；然后经过 M4 选择是否对输出信号进行触发器同步，既可以实现组合逻辑输出，又可以实现时序逻辑输出；最后通过三态门 G1 实现三态输出。

为了补偿时钟信号的延时，在输入通道增加了一个延时电路。输入信号经过输入缓冲器 G2 到达 D 触发器之前，可以根据实际需要，对 M8 编程选择延时几纳秒或不延时，从而实现对时钟信号的补偿。

没有定义的引脚可由上拉/下拉控制电路控制，通过上拉电阻接电源或下拉电阻接地，避免由于引脚悬空所产生的振荡而引起的附加功耗和系统噪声。

3. 可编程互连资源

可编程互连资源(PI)主要用来实现芯片内部 CLB 之间、CLB 和 IOB 之间的连接，使 FPGA 成为用户所需要的电路逻辑网络。PI 由可编程连线和可编程开关矩阵(PSM)组成，分布在 CLB 阵列的行、列之间，贯穿整个芯片。可编程互连资源出水平和垂直的两层金属线组成网状结构，如图 6.39 所示。

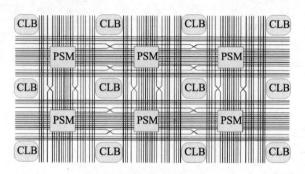

图 6.39 可编程互连资源

1) 可编程开关矩阵

可编程开关矩阵可根据设计要求通过编程实现单长线之间的直线连接、拐弯连接或多路连接。

2) 可编程连线

可编程连线共有五种类型：单长线、双长线、长线、全局时钟线和进位逻辑线。

(1) 单长线是指可编程开关矩阵之间的水平金属线和垂直金属线，用来实现局部区域信号的传输。它的长度相当于两个 CLB 之间的距离。由于信号每经过一个开关矩阵都要产生一定的延时，所以单长线不适合长距离传输信号。

(2) 双长线的长度是单长线的两倍，每根双长线都是从一个开关矩阵出发，绕过相邻的开关矩阵进入下一个开关矩阵，并在线路中成对出现。它类似于单长线，在 CLB 中除了时钟输入 CLK 外，所有输入端均可由相邻的双长线驱动，而 CLB 的每个输出都可驱动邻近的水平或垂直双长线。双长线与单长线相比，减少了经过开关矩阵的数量，因此它更有效地提供了中距离的信号通路，加快了系统的工作速度。

(3) 长线由贯穿整个芯片的水平和垂直的金属线组成，并以网格状分布。它不经过开关矩阵，通常用于高扇出和时间要求苛刻的信号网，可实现高扇出、遍布整个芯片的控制线，如复位/置位线等。每根长线的中点处有一个可编程的分离开关，可根据需要形成两个独立的布线通道，提高长线的利用率。

(4) 全局时钟线只分布在垂直方向，主要用来提供全局的时钟信号和高扇出的控制信号。

(5) 每个 CLB 仅有两根进位逻辑线，分布在垂直方向，主要用来实现 CLB 的进位链。

本 章 小 结

本章主要介绍了半导体存储器与可编程逻辑器件的基本知识。

半导体存储器根据读写方式可以分为只读存储器(ROM)和随机存取存储器(RAM)两大类。在工作状态下，ROM 只读不能写，RAM 可读可写。

半导体存储器的基本结构包括三个组成部分：存储阵列、地址译码器和输出控制电路。

RAM 根据存储单元的结构可以分为 SRAM 和 DRAM 两大类。其中，SRAM 存储单元比 DRAM 存储单元使用的晶体管数量多，不需要动态刷新数据；而 DRAM 存储单元使用的晶体管少，但需要动态刷新数据。

存储器的字扩展是通过扩展存储器的地址宽度实现的，而位扩展是通过扩展存储器的数据宽度实现的。

PLD 的分类方法主要有按编程次数、按编程单元工艺、按集成度和按结构特点四种。

CPLD 主要包含三个组成部分：可编程逻辑单元、可编程 I/O 和可编程互连线。可编程逻辑单元实现逻辑功能；可编程连线资源(PIA)实现可编程逻辑单元之间的逻辑连接，通过对 PIA 进行编程，可以实现任意源信号到目的端的连接；I/O 控制模块可以将每个 I/O 引脚独立配置成输入引脚、输出引脚或双向引脚。

FPGA 的主要结构由三部分组成：可配置逻辑块(CLB)、输入/输出模块(IOB)和可编程互连资源(PI)。CLB 是 FPGA 实现逻辑功能的主体。IOB 是 FPGA 外部引脚与内部逻辑之间的接口电路，IOB 分布在芯片的四周，每个 IOB 对应一个引脚。通过对 IOB 进行编程，可以将引脚定义为输入、输出或双向功能，同时还可以实现三态控制。PI 主要用来实现芯片内部 CLB 之间、CLB 和 IOB 之间的连接，使 FPGA 成为用户所需要的电路逻辑网络。

目前，CPLD 和 FPGA 已经成为 PLD 的主流器件，它们具有各自的特点和优势。CPLD 的特点是：基于乘积项技术，采用宏单元阵列结构和 E^2PROM(或 Flash)编程工艺，具有编程数据掉电不丢失、互连通路延时可预测等优点。FPGA 的特点是：多采用查找表技术、SRAM 编程工艺和单元结构，具有集成度高、寄存单元多等优点，但配置数据易丢失，需外挂 E^2PROM 等配置器件，多用于较大规模的设计，适合于实现复杂的时序逻辑电路等。

习　　题

一、填空题

1. 半导体存储器根据读写方式可以分为_____和_____两大类。
2. ROM 的基本结构包括_____、_____、_____。
3. 一般情况下，SRAM 的存储单元由_____个 MOS 管组成，而 DRAM 的存储单元由_____个 MOS 管组成。
4. 存储器的扩展方式有_____和_____两大类。
5. PLD 的基本结构由_____、_____、_____和_____四部分组成。
6. 低密度 PLD 包括_____、_____、_____和_____四种器件。
7. 一般情况下，CPLD 至少包含_____、_____和_____三个组成部分。
8. 典型 FPGA 结构的三个组成部分为_____、_____和_____。
9. 存储容量为 16×8 的 LUT 的地址线为_____位二进制数，数据为_____位二进制数。

二、思考题

1. 存储容量为 1M×32 位的 ROM，其地址线需要几位二进制数？

2. 一 RAM 存储器的地址线为 16 位二进制数，数据线宽为 32 位二进制数，试计算该 RAM 的最大存储容量。

3. 用两片 512×8 位的 ROM 组成 512×16 位的存储器。

4. 用两片 512×8 位的 ROM 组成 1024×8 位的存储器。

5. 用 PAL 实现逻辑函数 $L = \overline{ABC} + \overline{A}BC + A\overline{B}C$。

6. 用 LUT 实现 3—8 译码器。

第 7 章　脉冲波形的变换与产生

本章要点

- 单稳态触发器可分为哪几类？单稳态电路的参数有哪些？如何计算？单稳态触发器有哪些主要应用？
- 可重复触发与不可重复触发的单稳态触发器在电路构成和工作特点上有什么区别？
- 施密特触发器的工作特点是什么？有哪些主要应用？
- 多谐振荡器电路的构成特点和工作特点是什么？
- 什么是 555 定时器？555 定时器的典型应用电路有哪些？其参数如何计算？

在时序电路中，常常需要用到不同幅度、宽度以及具有陡峭边沿的脉冲信号。脉冲信号在数字系统中占有极为重要的作用，获取这些脉冲信号的方法通常有两种：直接产生或者利用已有信号变换得到。

本章主要讨论常用的脉冲产生和整形电路的结构、工作原理、性能分析等，常见的脉冲电路有：单稳态触发器、施密特触发器和多谐振荡器。

脉冲电路的分析方法是本章的难点。无论脉冲电路的具体结构如何，凡是含有 RC 元件的脉冲电路，其分析的关键点都在于电容的充、放电过程中，电压变化对门电路输入端的影响。脉冲电路的分析采用的是非线性电路中过渡过程的分析方法，另外，在分析过程中还要考虑门电路在不同输入信号情况下对输出信号状态的影响。

7.1　脉冲电路与脉冲信号概述

在数字系统中，时钟脉冲信号起着控制和协调系统的重要作用，因此时钟脉冲信号的产生电路以及脉冲信号的特性必将直接关系到数字系统能否正常工作。本章以最为常见的矩形脉冲为例介绍相关内容，首先对脉冲信号及其产生电路的相关基本知识作简要叙述。

1. 脉冲电路

从获取矩形脉冲的途径来看，矩形脉冲的产生电路大致有两类：一是不需要外加输入信号，当电源接通后能自动产生脉冲信号的电路，如多谐振荡电路；二是整形电路，这类电路虽然不能像多谐振荡电路那样自动产生矩形脉冲，但它们能把其他形状的周期信号变换为满足要求的矩形脉冲信号，如施密特触发器。

从脉冲电路的结构来看，脉冲电路往往具有两大特点：一是电路中的晶体管工作在开关状态；二是脉冲信号的产生往往伴随着电容的充、放电过程。

2. 脉冲信号

脉冲信号是一种持续时间短的电压或电流波形，有周期性和非周期性两种，最常见的有矩形脉冲,另外还有钟形波、尖峰波等形式。

以矩形脉冲为例,为定量描述矩形脉冲的特性,通常需要给出几个主要参数,如图 7.1 所示。

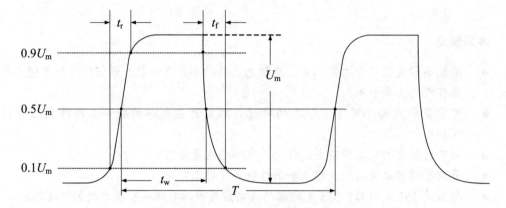

图 7.1 矩形脉冲的主要参数

(1) 脉冲幅度 U_m:脉冲波形电压的最大变化幅度。

(2) 脉冲周期 T:在周期性重复的脉冲序列中,两个相邻脉冲间的时间间隔。

(3) 脉冲宽度 t_w:从脉冲上升沿 $0.5U_m$ 到脉冲下降沿 $0.5U_m$ 所持续的时间。

(4) 上升时间 t_r:脉冲上升沿从 $0.1U_m$ 上升到 $0.9U_m$ 所需的时间。

(5) 下降时间 t_f:脉冲下降沿从 $0.9U_m$ 下降到 $0.1U_m$ 所需的时间。

(6) 脉冲频率 f:单位时间内脉冲重复的次数,$f = \dfrac{1}{T}$。

(7) 占空比 q:脉冲宽度与脉冲周期的比值,$q = \dfrac{t_w}{T}$。

7.2 单稳态触发器

与双稳态触发器不同,单稳态触发器的工作特性具有如下特点。

(1) 单稳态触发器具有一个稳态和一个暂稳态。

(2) 在外加有效信号作用下,电路由稳态进入暂稳态并保持一段时间,之后电路自动从暂稳态返回稳态。

(3) 暂稳态的持续时间由电路本身的参数决定,与外加触发信号的参数无关。

鉴于单稳态触发器的以上特性,它被广泛应用于脉冲整形、延时以及不精确定时等方面。

7.2.1 CMOS 门电路构成的单稳态触发器

用 CMOS 门电路和 RC 电路可以构成单稳态触发器,其暂稳态由 RC 电路的充、放电过程来实现,按照 RC 电路的连接形式,由门电路构成的单稳态触发器可分为微分型和积分型两种。

1. CMOS 门电路构成的微分型单稳态触发器

1) 电路结构

图 7.2 所示为由 CMOS 门电路和 RC 微分电路实现的单稳态触发器。图中，U_I 为触发输入，U_O 为单稳态触发器的输出；G_1、G_2 为 CMOS 门电路。

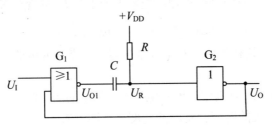

图 7.2 微分型单稳态触发器

2) 工作原理

图 7.3 所示为单稳态触发器的各点工作电压波形。

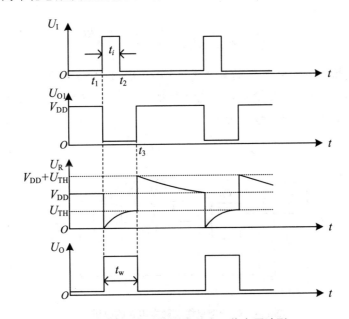

图 7.3 单稳态触发器的各点工作电压波形

结合电路结构图及波形图，电路的工作原理如下。

(1) 稳态。

电路没有外加有效触发输入，即 $U_I = 0$；$U_R = V_{DD}$，即 $U_R = 1$，因此 $U_{O1} = 1$，$U_O = 0$。

(2) 暂稳态。

t_1 时刻，外加有效触发输入，即 $U_I = 1$，U_{O1} 立即由高电平跳变为低电平，即 U_{O1}：$1 \to 0$，U_O：$0 \to 1$，电路进入暂稳态。此时 U_R 由 1 到 0，电容 C 开始充电，其充电电流通路为：$V_{DD} \to R \to C \to G_1$ 门的 T_N 管 $\to \perp$。

t_2 时刻，U_I 由 1 到 0，但 U_R 尚未达到 U_{TH}，U_O 仍为高电平 1，此时的 U_O 代替了 U_I 的高电平。

t_3 时刻，U_R 达到 U_{TH}，使 $U_O = 0$，与 $U_I = 0$ 共同作用，导致 $U_{O1} = 1$，电路返回到稳态。当电路刚进入稳态的时刻，即 t_3 时刻，U_R 的值由 U_{TH} 跳变为 $U_{TH} + V_{DD}$，电容开始放电，其放电电流通路为：$C \to R \to V_{DD} \to G_1$ 门的 VT_P 管。

3) 特性参数 t_w 的计算

由 RC 电路充、放电过程的分析可知，电容上的电压 U_C 的变化过程满足以下公式：

$$U_C(t) = U_C(\infty) + [U_C(0^+) - U_C(\infty)]e^{-\frac{t}{\tau}} \tag{7.1}$$

式中，$U_C(0^+)$ 是电容电压的初始值；$U_C(\infty)$ 是电容电压充、放电的最终值；τ 是电容充、放电回路的时间常数。

由图 7.3 可见，如果把 t_1 时刻作为电容电压充、放电的初始时刻，那么 t_3 时刻电容电压从 0 充电到 U_{TH}，期间经过的时间就是脉冲宽度 t_w，因此有

$$t_w = RC \ln \frac{U_R(\infty) - U_R(0^+)}{U_R(\infty) - U_{TH}} \tag{7.2}$$

式(7.2)中，变量 U_R 即为式(7.1)中的 U_C，$U_R(\infty) = V_{DD}$，$U_R(0^+) = 0$，$U_{TH} = \frac{1}{2}V_{DD}$，得到

$$t_w = RC \ln \frac{V_{DD} - 0}{V_{DD} - U_{TH}} = RC \ln 2 \approx 0.7RC \tag{7.3}$$

💡 **注意：** 正常情况下，要求 U_I 的脉冲宽度 t_i 小于输出脉冲 U_O 的脉冲宽度 t_w，但如果 $t_i > t_w$，则需要对输入脉冲先进行处理，可以在输入脉冲后面加一个微分电路，如图 7.4 中虚框内所示。

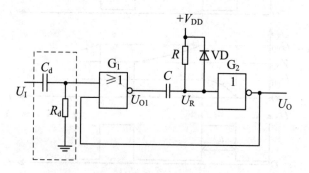

图 7.4 微分型单稳态触发电路的改进

在图 7.4 所示的电路中，电容的瞬间电压值达到约 $\frac{3}{2}V_{DD}$，可能会造成电路的损坏，为此可在电路中增加一个起保护作用的二极管 VD，使 U_R 的最大值被钳位于 $V_{DD}+0.7V$ 左右；同时，由于二极管的正向导通电阻值很小，可以大大缩短电容的放电时间。二极管 VD 如图 7.4 中所示。

2. CMOS 门电路构成的积分型单稳态触发器

图 7.5(a)所示为由门电路构成的积分型单稳态触发器，电路采用正脉冲触发。

稳态时 $U_I = 0$，$U_O = U_{OH}$，$U_C = U_{OH}$。

t_1 时刻，$U_I = 1$，所以 $U_{O1} = 0$。由于电容 C 上的电压不能突变，所以 U_C 将伴随电容 C

的放电逐渐减小，在 U_C 小于与非门 G_2 的 U_{TH} 之前，$U_O = U_{OL}$，电路进入暂稳态。

随着电容 C 放电的进行，U_C 不断降低，当 $U_C = U_{TH}$ 时，U_O 回到高电平。当 U_I 变为低电平时，U_{O1} 又回到高电平 U_{OH}，电容 C 开始充电，电路自动返回到稳态。电路中各点工作电压波形如图 7.5(b)所示。

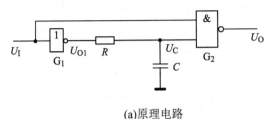

(a)原理电路

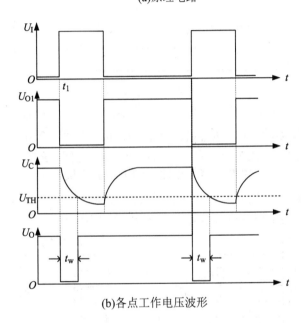

(b)各点工作电压波形

图 7.5　积分型单稳态触发器

7.2.2　单稳态集成触发器

单稳态触发器的应用广泛，除了可以用门电路实现单稳态触发器外，为了提高单稳态触发器的性能，使电路的连接和使用更加方便，在 TTL 电路和 CMOS 电路的产品中，都生产了单片的集成单稳态触发器，如 74LS121、74HCT123、MC14528 等。根据单稳态触发电路的工作特性，集成单稳态触发器分为不可重复触发和可重复触发两种。

1. 不可重复触发的集成单稳态触发器

不可重复触发的集成单稳态触发器的典型器件如 74121，它是 TTL 集成电路，其引脚图和功能表分别如图 7.6 和表 7.1 所示。

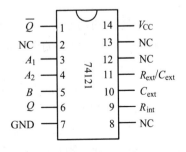

图 7.6　74121 的引脚图

表 7.1　74121 的功能表

输入			输出	
A_1	A_2	B	Q	$\bar{Q}$
0	×	1	0	1
×	0	1	0	1
×	×	0	0	1
1	1	×	0	1
1	↓	1	⊓	⊔
↓	1	1	⊓	⊔
↓	↓	1	⊓	⊔
0	×	↑	⊓	⊔
×	0	↑	⊓	⊔

74121 既可以采用上升沿触发，也可以采用下降沿触发。表 7.1 中，A_1、A_2 为下降沿有效的触发信号输入端；B 为上升沿有效的触发信号输入端；Q 和 $\bar{Q}$ 为互补的状态输出，其中 Q 作为单稳态触发器的输出；R_{ext}/C_{ext}、C_{ext} 为外接电阻和电容的连接端，外接电阻 R 接在 V_{CC} 和 R_{ext}/C_{ext} 之间，外接电容 C 接在 C_{ext} 和 R_{ext}/C_{ext} 之间，R 的阻值为 2～30 kΩ，电容 C 的取值为 10pF～10μF，如果电容有极性，则电容的正极接 11 端。74121 内部已设置了一个 2 kΩ 的定时电阻，使用时只需将 R_{int} 和 V_{CC} 连接起来即可。采用外接电阻和内部电阻组成单稳态触发器，其电路连接分别如图 7.7(a)和图 7.7(b)所示。

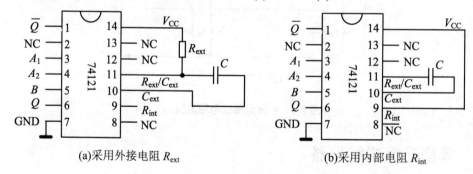

(a)采用外接电阻 R_{ext}　　　　　　　　(b)采用内部电阻 R_{int}

图 7.7　芯片外部连接图

由 74121 的功能表可见，在下述情况下，电路有正脉冲输出。

(1) 采用触发脉冲的上升沿触发时，将 B 端作为触发信号输入端，同时 A_1、A_2 端中至少有一端为低电平。

(2) 采用触发脉冲的下降沿触发时，以 A_1、A_2 或者将 A_1 和 A_2 并联作为触发信号输入端，同时 B 端和 A_1、A_2 中未作为触发信号输入的一端为高电平。

图 7.8 所示为 74121 在触发脉冲作用下的工作波形。由图可见，U_0 波形中左侧的 t_w 为 B 端输入的上升沿触发产生，中间的 t_w 为 A_2 端输入的下降沿触发产生，右侧的 t_w 则为由 A_1 端输入的下降沿触发产生。电路的输出脉冲宽度为

$$t_w \approx 0.7RC \tag{7.4}$$

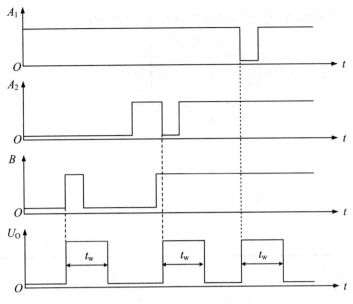

图 7.8　74121 的工作波形

2. 可重复触发的集成单稳态触发器

TTL 可重复触发的集成单稳态触发器有 74122、74123 等，CMOS 可重复触发的集成单稳态触发器有 MC14528、74HCT123 等。

注意： 不可重复触发的单稳态触发器进入暂稳态后将不再受外加触发信号的影响，只有在暂稳态结束后，电路才会接收下一个触发信号而再次进入暂稳态；但可重复触发的单稳态触发器在暂稳态期间可以接收新的触发信号，并且电路被重新触发，使输出脉冲再继续维持一个暂稳态的时间。两者工作波形之间的区别如图 7.9 所示。

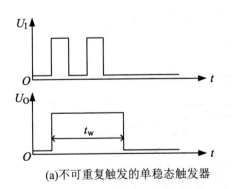
(a) 不可重复触发的单稳态触发器

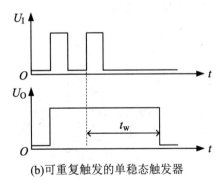
(b) 可重复触发的单稳态触发器

图 7.9　单稳态触发器的工作波形

MC14528 的引脚图和功能表分别如图 7.10 和表 7.2 所示。

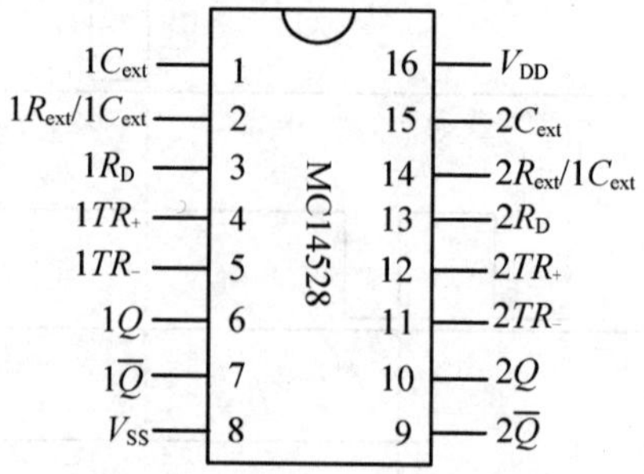

图 7.10 MC14528 的引脚图

表 7.2 MC14528 的功能表

输入			输出		功能
R_D	TR_+	TR_-	Q	$\overline{Q}$	
0	×	×	0	1	清除
×	1	×	0	1	禁止
×	×	0	0	1	禁止
1	1	↑	⊓	⊔	单稳
1	↓	0	⊓	⊔	单稳

7.2.3 单稳态触发器的应用

1. 单稳态触发器用于不精确定时

单稳态触发器可用于对精确度要求不苛刻条件下的定时，其电路结构和工作波形分别如图 7.11(a) 和图 7.11(b) 所示。

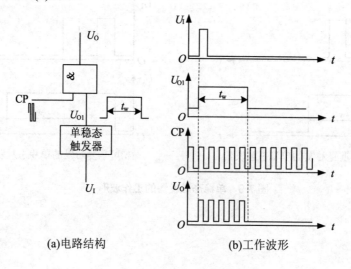

(a) 电路结构 (b) 工作波形

图 7.11 定时工作原理

由单稳态触发器的特点可知,只有在单稳态触发器的输出脉冲为高电平期间(即 t_w 时间内),与门处于开门状态,U_I 信号才能通过与门,其他时间内与门封锁,U_I 信号不能通过。脉冲信号 U_I 通过与门的时间 t_w 取决于单稳态触发器 R、C 的取值。

2. 单稳态触发器用于信号的延时

单稳态触发器可用于对脉冲信号的延时,其电路结构和工作波形分别如图 7.12(a)和图 7.12(b)所示。

由图 7.12(b)所示的波形图可知,输入信号脉冲的上升沿被延迟了一个 t_{w1} 的时间后才得到输出脉冲信号的上升沿。

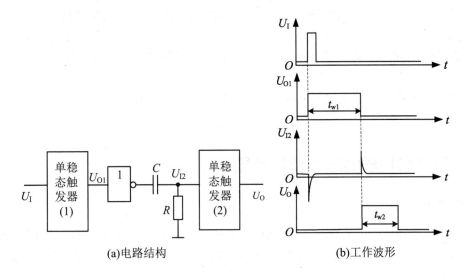

图 7.12 延时工作原理

3. 单稳态触发器用于噪声消除

噪声多表现为尖脉冲形式,如果合理选择 R、C 的值,使单稳态触发器的输出脉冲宽度大于噪声宽度而小于信号的脉宽,即可消除噪声。依据这一思路,由单稳态触发器组成的噪声消除电路的电路结构和工作波形分别如图 7.13(a)和图 7.13(b)所示。图中虚框内的部分用来消除输入信号 U_I 中的噪声。

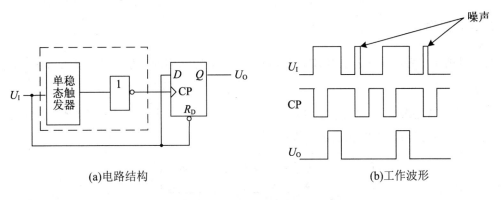

图 7.13 噪声消除工作原理

7.3 施密特触发器

施密特触发器在电子电路中常用来实现脉冲波形的变换,它不同于通常所说的双稳态触发器,它的触发方式并非边沿触发而是电平触发,因此对于缓慢变化的输入信号依旧适用。

施密特触发器可以采用门电路搭接组成,集成施密特触发器无论是 TTL 电路还是 CMOS 电路都有单片的产品,如 74LS114、CC40106D 等。

施密特触发器具有以下特点。

(1) 在输入电压的控制下,输出有两个状态"0"和"1",即 U_{OL} 和 U_{OH}。

(2) 在输入信号由小到大变化的情况下,若某时刻输出的状态发生了转换,则此刻的输入信号的电压值称为上触发电平,用 U_{T+} 表示。同样,在输入信号由大到小变化的情况下,若某时刻输出的状态发生了转换,则此刻的输入信号的电压值称为下触发电平,用 U_{T-} 表示。

(3) 上、下触发电平之间的差值称为回差电压,用 ΔU_T 表示,有

$$\Delta U_T = U_{T+} - U_{T-} \tag{7.5}$$

7.3.1 门电路构成的施密特触发器

1. 电路结构

图 7.14 所示电路是由 CMOS 门电路构成的施密特触发器。电路中采用了两个 CMOS 反相器串接构成正反馈的方式,电阻 R_1、R_2 为分压电阻,电路的输出电压由分压电阻反馈到 G_1 门的输入端。

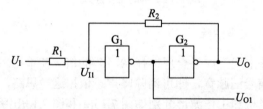

图 7.14　CMOS 门电路构成的施密特触发器

2. 工作原理

图 7.14 所示电路中两个反相器均为 CMOS 电路,假定它们的阈值电压均为 $U_{TH} \approx \frac{1}{2}V_{DD}$,且 $R_1 < R_2$。

假设 U_I 从 0 逐渐升高,当 U_{I1} 达到 $U_{I1} = U_{TH}$ 时,由于 G_1 进入了电压传输特性的转折区,所以 U_I 的增加将形成如下的正反馈过程:

$$U_I\uparrow \longrightarrow U_{I1}\uparrow \longrightarrow U_{O1}\downarrow \longrightarrow U_O\uparrow$$

因此，电路的状态迅速地转换为 $U_O = U_{OH} \approx V_{DD}$。由此可以求出 U_I 上升过程中电路状态发生转换时对应的上触发电平 U_{T+}。根据叠加原理，有

$$U_{I1} = \frac{R_2}{R_1 + R_2}U_I + \frac{R_1}{R_1 + R_2}U_O \tag{7.6}$$

由于在 U_{I1} 达到 U_{TH} 之前，U_O 的值为 0，所以当 $U_{I1} = U_{TH}$ 时，有

$$U_{I1} = U_{TH} = \frac{R_2}{R_1 + R_2}U_{T+} \tag{7.7}$$

所以

$$U_{T+} = \left(1 + \frac{R_1}{R_2}\right)U_{TH} \tag{7.8}$$

如果 U_{I1} 上升到超过 U_{TH} 后又开始逐渐下降，当降至 $U_{I1} = U_{TH}$ 时，门 G_1 又进入其电压传输特性的转折区，电路又形成如下的正反馈过程：

$$U_I\downarrow \longrightarrow U_{I1}\downarrow \longrightarrow U_{O1}\uparrow \longrightarrow U_O\downarrow$$

于是，电路的输出状态迅速地转换为 $U_O = U_{OL} \approx 0$。由此可以求出 U_I 下降过程中电路状态发生转换时对应的输入电平，即下触发电平 U_{T-}。由式(7.6)得

$$U_{I1} = U_{TH} = \frac{R_2}{R_1 + R_2}U_{T-} + \frac{R_1}{R_1 + R_2}V_{DD} \tag{7.9}$$

将上式中的 V_{DD} 用 $2U_{TH}$ 代入，得

$$U_{T-} = \left(1 - \frac{R_1}{R_2}\right)U_{TH} \tag{7.10}$$

若 U_{I1} 继续下降，达到最小值后又开始上升，只要 $U_{I1} < U_{TH}$，输出状态将维持不变。根据回差电压的定义式(7.5)，此电路的回差电压为

$$\Delta U_T = U_{T+} - U_{T-} = 2\frac{R_1}{R_2}U_{TH} = \frac{R_1}{R_2}V_{DD} \tag{7.11}$$

由式(7.11)可知，电路的回差电压 ΔU_T 与 R_1/R_2 成正比，改变 R_1、R_2 的比值可调节回差电压的大小。

3. 电路的工作波形及电压传输特性

根据上述分析，可得出施密特触发器的工作波形及电压传输特性曲线，分别如图 7.15 和图 7.16 所示。由图 7.15 可知，若以 U_O 端作为电路的输出端，则当输入电压为高电平时输出电压也为高电平，当输入电压为低电平时输出电压也为低电平，称此类施密特触发器为同相输出施密特触发器；若以 U_{O1} 端作为电路的输出端，则输入与输出的情况正好相反，称此类施密特触发器为反相输出施密特触发器，它们的电压传输特性分别如图 7.16(a)和图 7.16(b)所示。

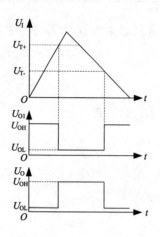
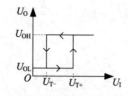
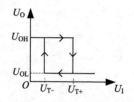

(a) 同相输出施密特触发器　　　　(b) 反相输出施密特触发器

图 7.15　施密特触发器的工作波形　　　图 7.16　施密特触发器的电压传输特性曲线

反相输出施密特触发器和同相输出施密特触发器的逻辑符号分别如图 7.17(a) 和图 7.17(b) 所示。

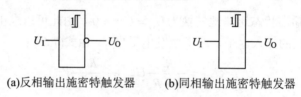

(a) 反相输出施密特触发器　　　　(b) 同相输出施密特触发器

图 7.17　施密特触发器的逻辑符号

7.3.2　施密特触发器的应用

1. 波形变换

施密特触发器可用于信号波形的变换，利用施密特触发器在状态转换过程中的正反馈作用，可以将非矩形波(如正弦波、三角波等边沿变化缓慢的波形)输入信号变换为矩形脉冲信号。如图 7.18(a) 中，施密特触发器输入的是一个正弦波信号；图 7.18(b) 中，输入的是一个三角波信号。图中采用同相输出施密特触发器，要调节输出脉冲 U_O 的宽度，只需改变施密特触发器的上触发电平 U_{T+} 和下触发电平 U_{T-} 的值即可。

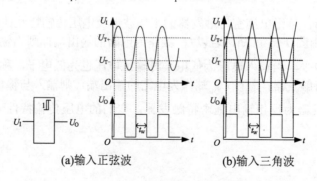

(a) 输入正弦波　　　　(b) 输入三角波

图 7.18　波形变换示意图

2. 波形整形和干扰消除

在数字系统中，脉冲信号经传输后往往会产生波形的畸变，此时需要对畸变的信号进行整形。

当传输线上电容较大时，矩形波的上升沿和下降沿都会明显地被延缓，如图 7.19 所示。如果传输线较长，且接收端的阻抗与传输线的阻抗不匹配，则会在波形的上升沿和下降沿产生阻尼振荡，如图 7.20 所示。若回差电压选取合适，用施密特触发器可以有效地将畸变的波形整形为良好的矩形脉冲。

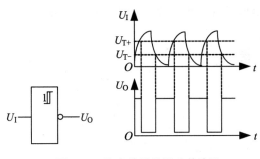
图 7.19　施密特触发器改善边沿

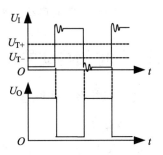
图 7.20　施密特触发器消除干扰

3. 脉冲幅度鉴别

利用施密特触发器的输出状态取决于输入信号幅值的特点，施密特触发器可以用来作为脉冲幅度鉴别电路。如图 7.21 所示，在施密特触发器的输入端输入一串幅度不等的矩形脉冲，要鉴别幅度大于某个值的脉冲，只要令 U_{T+} 等于该值即可。根据施密特触发器的特点，只有当输入信号的幅度大于 U_{T+} 时，施密特触发电路才有脉冲输出；对于幅度小于 U_{T+} 的输入信号，电路没有脉冲输出，从而可达到脉冲幅度鉴别的目的。

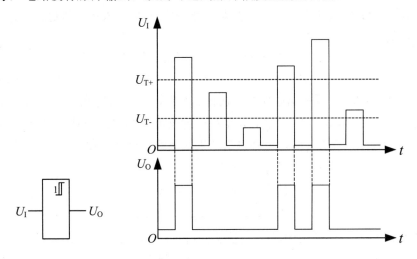
图 7.21　用施密特触发器进行幅度鉴别

除上述应用外，利用施密特触发器电压传输特性的迟滞比较性还可构成多谐振荡器，具体内容将在本章 7.4 节中加以介绍。

7.4 多谐振荡器

振荡器是在不需要外加输入信号的情况下,当电路接通电源后能自动产生一定频率和幅值的输出信号的电路。由于矩形脉冲波中含有丰富的谐波分量,故而产生矩形脉冲信号的振荡器称为多谐振荡器。

> **注意:** 从电路的工作状态来看,多谐振荡器没有稳态,只有两个暂稳态并且相互转换;从电路结构来看,多谐振荡器包含有开关器件和反馈延时环节两部分。

7.4.1 门电路构成的多谐振荡器

1. 电路结构及工作原理

1) 电路结构

用 CMOS 门电路和 RC 延时电路构成的多谐振荡器如图 7.22 所示。

2) 工作原理

(1) 第一暂稳态及其自动转换过程。假设在 $t=0$ 时刻接通电源,此时 $U_{O1}=U_{OH}\approx V_{DD}$,$U_C=U_O=U_{OL}\approx 0$,电容 C 尚未充电,电路处于第一暂稳态。由于接通电源后 U_{O1} 为高电平,U_O 为低电平,所以电源 V_{DD} 通过 G_1 门的导通管经电阻 R 向电容 C 充电。随着充电的进行,U_C 的值不断上升,当 U_C 达到 U_{TH} 时,电路发生如下正反馈过程:

$$U_C\uparrow \longrightarrow U_{O1}\downarrow \longrightarrow U_O\uparrow$$

正反馈使得 G_1 门快速打开,G_2 门快速关闭,电路开始转入第二暂稳态,$U_{O1}=U_{OL}\approx 0$,$U_O=U_{OH}\approx V_{DD}$。

(2) 第二暂稳态及其自动转换过程。电路进入第二暂稳态的瞬间,U_O 从低电平跳变到高电平,由于电容两端的电压不能突变,因此 U_C 也将跟着上跳 V_{DD},使 U_C 的瞬间电压达到 $U_{TH}+V_{DD}$,由于 CMOS 反相器中保护二极管的存在,如图 7.23 所示,U_C 的值将被钳位在 $U_{TH}+0.7\text{V}$。由于 $U_{O1}\approx 0$,$U_O\approx V_{DD}$,电容 C 通过电阻 R 和 G_1 门的导通管 VT_N 放电,使 U_C 逐渐下降,当 U_C 下降至 U_{TH} 时,电路再次产生如下的正反馈过程:

$$U_C\downarrow \longrightarrow U_{O1}\uparrow \longrightarrow U_O\downarrow$$

正反馈使得 G_1 门快速关闭,G_2 门快速开启,$U_{O1}\approx V_{DD}$,$U_O\approx 0$。由于电容两端的电压不能突变,因此 U_C 将跟着 U_O 下跳一个 V_{DD} 的值,即 $U_C=U_{TH}-V_{DD}$,但由于保护二极管的作用,U_C 的值只能下降到 -0.7V 左右。此刻电路又自动返回到第一暂稳态。

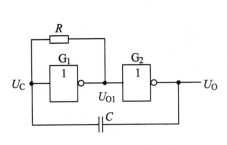

图 7.22 门电路构成的多谐振荡器

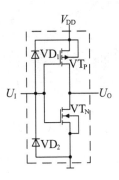

图 7.23 CMOS 反相器的内部结构

这样，电路通过电容 C 的反复充、放电过程，实现了两个暂稳态之间周而复始的交替转换，从而在多谐振荡器的输出端形成了矩形脉冲信号。电路的工作波形如图 7.24 所示。

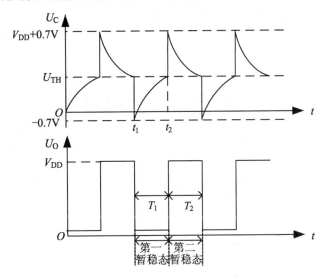

图 7.24 多谐振荡器的工作波形

2. 多谐振荡器的振荡周期

多谐振荡器的振荡周期等于两个暂稳态的时间和，两个暂稳态的时间分别由电容的充、放电时间决定。由图 7.24 可知，假设电路的第一暂稳态时间和第二暂稳态时间分别为 T_1 和 T_2，根据上述分析可以计算出电路的振荡周期。

(1) 第一暂稳态时间 T_1。将图 7.24 中的 t_1 时刻作为第一暂稳态的起始时刻，则第一暂稳态的时间 $T_1 = t_2 - t_1$。由式(7.1)，$U_C(t)$ 的变化满足 $U_C(t) = U_C(\infty) + [U_C(0^+) - U_C(\infty)]e^{-\frac{t}{\tau}}$，式中 $U_C(0^+) = U_C(t_1) = -0.7\text{V} \approx 0\text{V}$，$U_C(\infty) = V_{DD}$，时间常数 $\tau = RC$，所以

$$T_1 = RC \ln \frac{V_{DD}}{V_{DD} - U_{TH}} \tag{7.12}$$

(2) 第二暂稳态时间 T_2。同理，将图 7.19 中的 t_2 作为第二暂稳态的起始时刻，则 $U_C(0^+) = V_{DD} + 0.7\text{V} \approx V_{DD}$，$U_C(\infty) = 0\text{V}$，$\tau = RC$，所以

$$T_2 = RC \ln \frac{V_{DD}}{U_{TH}} \tag{7.13}$$

由以上分析，多谐振荡器的周期 T 为

$$T = T_1 + T_2 = RC \ln \frac{V_{DD}^2}{(V_{DD} - U_{TH})U_{TH}} \tag{7.14}$$

将 $U_{TH} = \dfrac{V_{DD}}{2}$ 代入式(7.14)得

$$T = RC \ln 4 \approx 1.4 RC \tag{7.15}$$

7.4.2 施密特触发器构成的多谐振荡器

1. 电路结构及工作原理

将施密特触发器的输出端经 RC 积分电路接回其输入端，利用施密特触发器的电压传输特性，使其输入信号在上、下触发电平 U_{T+}、U_{T-} 之间反复变化，就可以在输出端得到矩形脉冲信号，电路如图 7.25 所示。

假设接通电源的瞬间，电容 C 上的电压为 0，由于采用的是反相输出施密特触发器，所以输出电压 U_O 为高电平。于是输出电压 U_O 通过电阻 R 对电容 C 进行充电，随着充电的进行，电容 C 上的电压 U_C 由 0 开始逐渐升高，当 U_C 达到 U_{T+} 时，施密特触发器发生状态翻转，使输出电压由高电平跳变到低电平。之后，电容 C 又开始经过电阻 R 放电，U_C 逐渐下降，当 U_C 下降到 U_{T-} 时，电路状态又发生翻转，输出电压 U_O 由低电平跳变到高电平，电容 C 又开始充电。如此往复的周期性变化，在电路的输出端得到周期性的矩形波。U_C 和 U_O 的波形如图 7.26 所示。

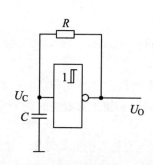

图 7.25 施密特触发器构成的多谐振荡器　　图 7.26 施密特触发器构成的多谐振荡器的工作波形

2. 多谐振荡器的振荡周期

设 $U_{OH} \approx V_{DD}$，$U_{OL} \approx 0\text{V}$，图 7.26 中振荡电路的周期 $T = T_1 + T_2$。

(1) 计算 T_1。将图 7.26 中的 t_1 作为起始时刻，根据 RC 电路的充、放电过渡公式(7.1)，将以下参数代入式中，$U_C(0^+) = U_{T-}$，$U_C(\infty) = V_{DD}$，$U_C(T_1) = U_{T+}$，$\tau = RC$，所以

$$T_1 = RC \ln \frac{V_{DD} - U_{T-}}{V_{DD} - U_{T+}} \qquad (7.16)$$

(2) 计算 T_2。将图 7.26 中的 t_2 作为起始时刻，则相关参数值为 $U_C(0^+) = U_{T+}$，$U_C(\infty) = 0$，$U_C(T_2) = U_{T-}$，$\tau = RC$，所以

$$T_2 = RC \ln \frac{U_{T+}}{U_{T-}} \qquad (7.17)$$

由以上分析，振荡周期 T 为

$$T = T_1 + T_2 = RC \left(\ln \frac{V_{DD} - U_{T-}}{V_{DD} - U_{T+}} + \ln \frac{U_{T+}}{U_{T-}} \right)$$

$$= RC \ln \left(\frac{V_{DD} - U_{T-}}{V_{DD} - U_{T+}} \cdot \frac{U_{T+}}{U_{T-}} \right) \qquad (7.18)$$

7.4.3 石英晶体多谐振荡器

在电子系统中，许多情况下对多谐振荡器振荡频率的稳定性有严格的要求。例如，将多谐振荡器作为数字时钟的脉冲源使用时，其频率稳定性将直接影响计时的准确性。此时，前面所述的几种多谐振荡器都难以满足要求，因为在这些多谐振荡器中，振荡频率主要取决于门电路的输入电压在充、放电过程中达到转换电平所需要的时间，同时 U_{TH} 的大小容易受到温度、电源电压以及外界干扰的影响，所以电路的频率稳定性不够高，只能应用在对频率稳定性要求不高的场合。

如果要求产生频率稳定性很高的脉冲波形，目前普遍采用的一种稳定频率的方法是在多谐振荡器电路中接入石英晶体，组成石英晶体多谐振荡器。石英晶体的符号和阻抗频率特性如图 7.27 所示。

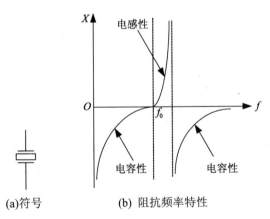

图 7.27 石英晶体的符号和阻抗频率特性

由石英晶体的阻抗频率特性可知，当外加电压的频率为 f_0 时它的阻抗最小，所以把它接入多谐振荡器的正反馈环路中以后，频率为 f_0 的信号最易通过并在电路中形成正反馈，而其他频率的信号在经过石英晶体时被迅速衰减，因此，振荡器的工作频率为 f_0。石英晶体多谐振荡器如图 7.28 所示。

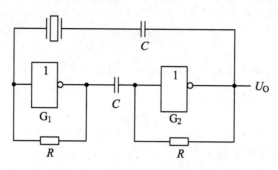

图 7.28 石英晶体多谐振荡器

💡 **注意**： 石英晶体多谐振荡器的振荡频率取决于石英晶体的固有谐振频率，而与外接电阻、电容无关。其谐振频率由石英晶体的内部特性和外在尺寸所决定，具有极高的频率稳定性。

7.5 555 定时器及其应用

555 定时器是一种集模拟、数字于一体的混合集成电路，利用它能很方便地构成前面几节介绍过的单稳态触发器、施密特触发器和多谐振荡器。由于使用方便、灵活，所以其应用极为广泛，不仅可用于信号的产生和变换，还常用于测控、家电、电子玩具等许多领域。

555 定时器有 TTL 和 CMOS 两种类型的产品，尽管产品型号繁多，但它们的结构和功能基本相同，并且无论是 TTL 还是 CMOS 产品，产品型号的后 3 位数码都为 555，555 定时器也由此得名。

7.5.1 555 定时器

555 定时器的引脚图和电路结构如图 7.29 所示。其内部电路由分压器、电压比较器 C_1 和 C_2、SR 锁存器、放电管 VT 以及缓冲器 G_3 组成。

图 7.29(b)中，(1)~(8)为器件引脚的编号，三个 5 kΩ 的电阻串联组成分压器，为比较器提供参考电压 U_{R1} 和 U_{R2}。

U_{IC} 为控制电压端；U_{I1} 为阈值输入端；U_{I2} 为触发输入端；(7)为放电端；V_{CC} 为电源；U_O 为输出端。U_{R1} 和 U_{R2} 分别为内部比较器 C_1 和 C_2 的基准电压。

R_D 为复位输入端且低电平有效，当该端输入为低电平时，输出端便立即被置成低电平，不受其他输入端的影响。在正常工作时，必须使 R_D 端为高电平。

当控制电压端悬空时，比较器 C_1 和 C_2 的基准电压分别为 $\frac{2}{3}V_{CC}$ 和 $\frac{1}{3}V_{CC}$。

如果控制电压端外接电压 U_{IC}，则比较器 C_1 和 C_2 的基准电压就分别变为 $U_{R1} = U_{IC}$ 和 $U_{R2} = \frac{1}{2}U_{IC}$。比较器 C_1 和 C_2 的输出 R、S 控制 SR 锁存器和放电管 VT 的状态。

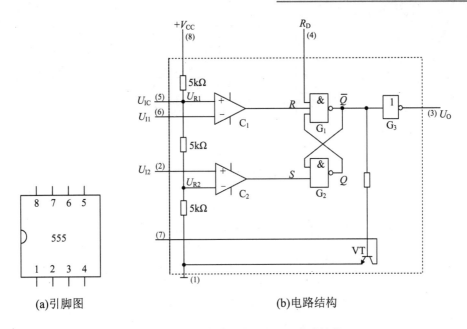

(a)引脚图　　　　　　　　　(b)电路结构

图 7.29　555 定时器的引脚图和电路结构

由图 7.29(b)可知，当 $U_{I1} > \frac{2}{3}V_{CC}$，$U_{I2} > \frac{1}{3}V_{CC}$ 时，比较器 C_1 输出为低电平，比较器 C_2 输出为高电平，锁存器 Q 端置 0，放电管 VT 导通，输出端 U_O 为低电平。

当 $U_{I1} < \frac{2}{3}V_{CC}$，$U_{I2} < \frac{1}{3}V_{CC}$ 时，比较器 C_1 输出为高电平，比较器 C_2 输出为低电平，锁存器 Q 端置 1，放电管 VT 截止，输出端 U_O 为高电平。

当 $U_{I1} < \frac{2}{3}V_{CC}$，$U_{I2} > \frac{1}{3}V_{CC}$ 时，比较器 C_1 和 C_2 输出均为高电平，锁存器状态保持不变，放电管 VT 的状态也不变，输出端 U_O 的状态也保持不变。

综上分析，可得 555 定时器的功能表，如表 7.3 所示。

表 7.3　555 定时器的功能表

输入			输出		说　明
复位端 R_D	阈值输入端 U_{I1}	触发输入端 U_{I2}	输出端 U_O	放电管 VT	
0	×	×	0	导通	(7)脚对地短路
1	>U_{R1}	>U_{R2}	0	导通	(7)脚对地短路
1	<U_{R1}	<U_{R2}	1	截止	(7)脚对地开路
1	<U_{R1}	>U_{R2}	不变	不变	(7)脚对地状态不变

7.5.2　555 定时器构成的单稳态触发器

将 555 定时器的 U_{I2} 端作为触发信号的输入端，同时在 U_{I1} 和地端之间接入电容 C，就可构成单稳态触发器，如图 7.30 所示。

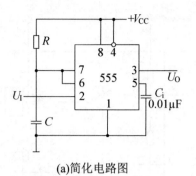

(a)简化电路图

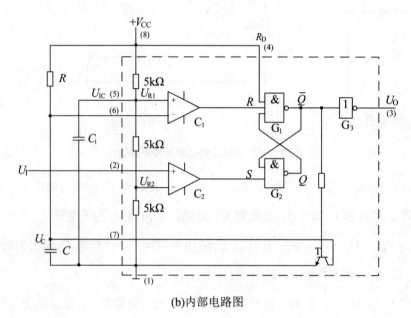

(b)内部电路图

图 7.30　555 定时器构成的单稳态触发器

假设没有触发信号时 U_I 为高电平，那么稳态时电路的输出 U_O 一定为低电平。

这是因为如果接通电源后锁存器的状态为 0，那么放电管 VT 导通，$U_C \approx 0$，所以 $R=S=1$，$Q=0$ 以及 $U_O = 0$ 的状态将保持不变；如果接通电源后锁存器的状态为 1，那么放电管 VT 截止，V_{CC} 便经过电阻 R 向电容 C 充电，当充电到 $U_C = \frac{2}{3}V_{CC}$ 时，R 变为 0，于是将锁存器置 0，即 $Q=0$，$\bar{Q}=1$。同时，VT 导通，电容 C 经 VT 迅速放电，使 $U_C \approx 0$。之后由于 $R=S=1$，锁存器保持 0 的状态不变，U_O 将稳定在 0 状态。

当触发信号的下降沿到达 $\frac{1}{3}V_{CC}$（即 $U_I < \frac{1}{3}V_{CC}$）时，$S=0$（此时 $R=1$），锁存器 $Q=1$，U_O 跳变为高电平，电路进入暂稳态。与此同时放电管 VT 截止，V_{CC} 经电阻 R 向电容 C 充电。随着充电的进行，电容 C 上的电压 U_C 不断上升，当 U_C 达到 $\frac{2}{3}V_{CC}$ 时，SR 锁存器的 $R=0$，$\bar{Q}=1$，U_O 由高电平跳变为低电平，同时放电管 VT 导通，电容 C 迅速放电，电路返回到稳态。电路的工作波形如图 7.31 所示。

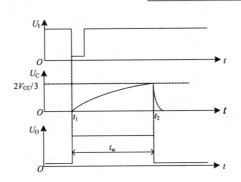

图 7.31　555 定时器构成的单稳态触发器的工作波形

若忽略放电管 VT 的饱和压降,则单稳态触发器的输出电压 U_O 的脉冲宽度 t_w 即为 U_C 从 t_1 时刻 $U_C \approx 0$ 上升到 t_2 时刻 $U_C = \frac{2}{3}V_{CC}$ 所需的时间。根据电容充、放电的过渡公式(7.1)可得到输出电压 U_O 的脉宽 t_w 为

$$t_w = RC \ln 3 \approx 1.1RC \tag{7.19}$$

注意：通常电阻 R 的取值在几百欧到几兆欧之间,电容 C 的取值为几百皮法到几百微法,那么脉宽 t_w 的范围为几微秒到几分钟,而且随着 t_w 的增加,电路的精度和稳定度将会有所下降。

7.5.3　555 定时器构成的施密特触发器

将 555 定时器的阈值电压输入端(6)和触发输入端(2)连在一起作为信号输入端,即可构成施密特触发器,如图 7.32 所示。电路中 0.01 μF 的电容 C_i 为滤波电容,用于提高比较器基准电压 U_{R1} 和 U_{R2} 的稳定性。

由于 555 定时器内部的比较器 C_1 和 C_2 的基准电压不同,所以基本 SR 锁存器的状态 Q 为 0 或 1 取决于输入信号 U_I 的大小。因此,输出电压 U_O 由高电平跳变为低电平和由低电平跳变为高电平所对应的 U_I 值也不同,这就具备了施密特触发器的特性。

若 U_I 由 0 开始逐渐增加,起始时刻输出 U_O 为高电平；如果 U_I 继续增加,在 $\frac{1}{3}V_{CC} < U_I < \frac{2}{3}V_{CC}$ 期间,输出 U_O 保持高电平不变；U_I 再增加,当 $U_I > \frac{2}{3}V_{CC}$ 时,输出 U_O 就由高电平跳变为低电平。

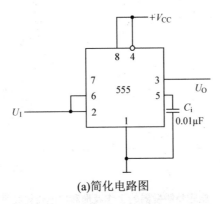

(a)简化电路图

图 7.32　555 定时器构成的施密特触发器

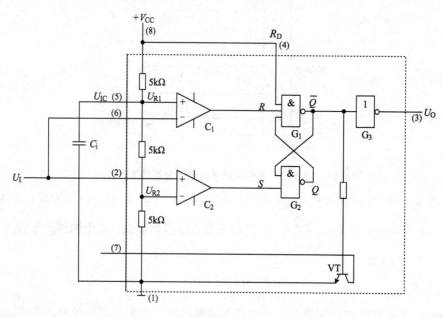

(b) 内部电路图

图 7.32 （续）

如果 U_I 由大于 $\frac{2}{3}V_{CC}$ 的电压值开始逐渐下降，在 $\frac{1}{3}V_{CC} < U_I < \frac{2}{3}V_{CC}$ 期间，电路的输出状态不变，U_O 仍然为低电平；当 $U_I < \frac{1}{3}V_{CC}$ 时，电路发生翻转，U_O 由低电平跳变为高电平。

假设输入信号为三角波，则电路的工作波形和电压传输特性曲线分别如图 7.33(a) 和图 7.33(b) 所示。

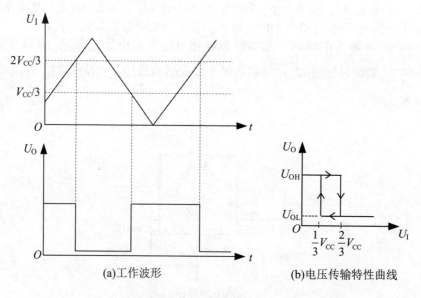

(a) 工作波形　　(b) 电压传输特性曲线

图 7.33　施密特触发器的工作波形和电压传输特性曲线

由电路分析得到回差电压 $\Delta U_T = U_{T+} - U_{T-} = \frac{1}{3}V_{CC}$。

由图 7.33(b)可知，这是一个典型的反相输出施密特触发器。

注意： 如果外接控制电压 U_{IC}，则不难得到 $U_{T+} = U_{IC}$，$U_{T-} = \frac{1}{2}U_{IC}$，$\Delta U_T = \frac{1}{2}U_{IC}$，通过改变 U_{IC} 的值可以调节回差电压的大小。

7.5.4　555 定时器构成的多谐振荡器

由 555 定时器构成的多谐振荡器的外围元件连接图和内部原理电路图如图 7.34(a)和图 7.34(b)所示。

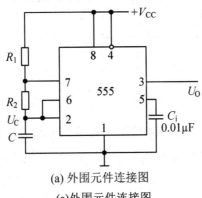

(a) 外围元件连接图

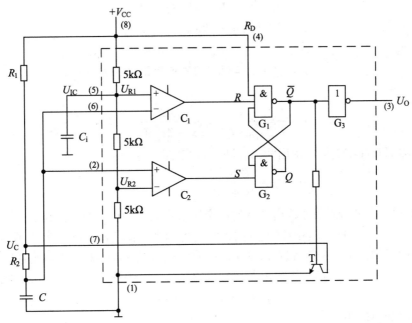

(b) 内部原理电路图

图 7.34　555 定时器构成的多谐振荡器

由图 7.34(b)分析可知，当接通电源后，电容 C 开始充电。当 U_C 上升到 $\frac{2}{3}V_{CC}$ 时，U_O 为低电平，放电管 VT 导通，此时电容 C 通过 R_2 和 VT 放电，U_C 开始下降。当 U_C 下降到 $\frac{1}{3}V_{CC}$ 时，U_O 跳变为高电平，放电结束。VT 由导通转为截止，电容 C 又开始充电，如此反复。由此，在电路的输出端就得到一个周期性的矩形波。电路的工作波形如图 7.35 所示。

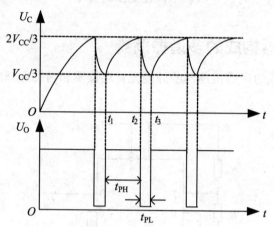

图 7.35　555 定时器构成的多谐振荡器的工作波形

由图 7.35 可得，输出信号 U_O 的高电平持续时间 t_{pH} 即为电容 C 的充电时间($t_1 \sim t_2$)，U_O 的低电平持续时间即为电容 C 的放电时间($t_2 \sim t_3$)，由电容充、放电的过渡公式(7.1)可得到 t_{pH} 和 t_{pL} 的值分别为

$$t_{PH} = (R_1 + R_2)C\ln 2 \approx 0.7(R_1 + R_2)C \tag{7.20}$$

$$t_{PL} = R_2 C \ln 2 \approx 0.7 R_2 C \tag{7.21}$$

周期 T 为

$$T = t_{PH} + t_{PL} = (R_1 + 2R_2)C\ln 2 \approx 0.7(R_1 + 2R_2)C \tag{7.22}$$

振荡频率为

$$f = \frac{1}{T} = \frac{1}{t_{PH} + t_{PL}} \approx \frac{1.43}{(R_1 + 2R_2)C} \tag{7.23}$$

由式(7.20)和式(7.22)可以求出输出脉冲的占空比为

$$q = \frac{t_{PH}}{T} = \frac{R_1 + R_2}{R_1 + 2R_2} \tag{7.24}$$

式(7.24)说明，多谐振荡器输出脉冲的占空比必定大于 50%。为了得到占空比小于或等于 50%的脉冲波形，可以采用经过改进的占空比可调多谐振荡器，如图 7.36 所示。

图中，由于接入了二极管 VD_1 和 VD_2，电容的充电电流通路和放电电流通路不同，充电时电流只经过电阻 R_1，而放电时电流只经过电阻 R_2，因此电容 C 的充电时间变为

$$t_{PH} = R_1 C \ln 2 \approx 0.7 R_1 C$$

而放电时间仍然为

$$t_{PL} = R_2 C \ln 2 \approx 0.7 R_2 C$$

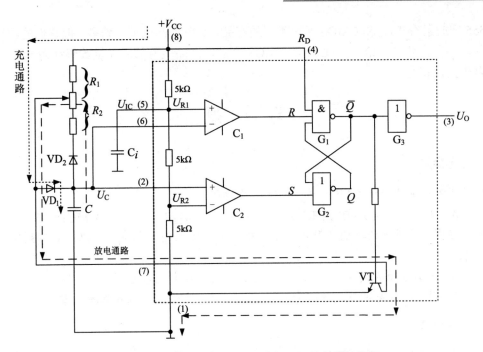

图 7.36　555 定时器构成的占空比可调的多谐振荡器

所以，输出脉冲的占空比为

$$q = \frac{t_{PH}}{T} = \frac{R_1}{R_1 + R_2} \tag{7.25}$$

如果令 $R_1 = R_2$，则 $q = 50\%$；振荡周期相应变为

$$T = t_{PH} + t_{PL} = (R_1 + R_2) C \ln 2 \approx 0.7(R_1 + R_2) C \tag{7.26}$$

本 章 小 结

本章主要介绍了两类电路：一类是脉冲产生电路，如多谐振荡器；另一类是脉冲整形电路，如施密特触发器和单稳态触发器。

多谐振荡器的特点是：从电路的工作状态来看，多谐振荡器没有稳态，只有两个暂稳态并且相互转换；从电路结构来看，多谐振荡器包含有开关器件和反馈延时环节两部分。

施密特触发器和单稳态触发器是最为常用的两种整形电路。因为施密特触发器输出的高、低电平随不断变化的输入信号电平而改变，所以输出脉冲的宽度是由输入信号决定的。由于施密特触发器的电压传输特性和输出电平转换过程中具有正反馈的作用，因此输出信号波形的边沿会得到明显改善。

单稳态触发器具有三个特点：一是单稳态触发器具有一个稳态和一个暂稳态；二是电路进入暂稳态后保持一段时间自动返回稳态；三是暂稳态的持续时间由电路本身的参数决定，与外加触发信号的参数无关。单稳态触发器被广泛应用于脉冲整形、延时以及不精确定时等方面。

555 定时器是一种集模拟、数字于一体的混合集成电路，利用它不仅能很方便地构成单稳态触发器、施密特触发器和多谐振荡器，还可以连接成各种应用电路。

555 定时器有 TTL 和 CMOS 两种类型的产品，尽管产品的型号繁多，但它们的结构和功能基本相同，并且无论是 TTL 还是 CMOS 产品，产品型号的后 3 位数码都为 555，555 定时器也因此得名。

习　题

一、选择题

1. 下列产品中属于 CMOS 集成电路产品的是(　　)。
   A. 74121　　　　B. 74HC123　　　　C. 74122　　　　D. MC14528
2. 在图 7.2 所示的单稳态触发器电路中，为了加大输出脉宽，可以采取下列哪些措施(　　)。
   A. 减小电阻 R 的值　　　　　　　　B. 加大电容 C 的值
   C. 增加输入脉冲低电平部分的宽度　　D. 降低输入触发脉冲的重复频率

二、填空题

1. 获取脉冲信号的途径有两种：一是_____；二是_____。
2. 矩形脉冲信号的占空比是指_____与_____的比值，占空比为 50%的矩形波称为_____。
3. 单稳态触发器有一个_____和一个_____。
4. 在_____的作用下，单稳态触发器从稳态进入暂稳态，暂稳态的持续时间由_____决定，与_____无关。
5. 单稳态触发器可用于_____、_____和_____。
6. 施密特触发器可用于_____、_____和_____。
7. 施密特触发器的触发方式属于_____触发。
8. 由于矩形波中含有丰富的_____，所以习惯上将矩形波振荡器称为_____。
9. 多谐振荡器有两个_____，并且两者之间相互转换。
10. 石英晶体多谐振荡器的振荡频率取决于石英晶体的_____，而与外接的_____和_____无关。
11. 用 555 定时器可以方便地构成_____、_____和_____。

三、思考题

1. 单稳态触发器如图 7.37 所示，稳态时 U_O=0.3V。试问：
(1) 稳态时三极管 VT 处于什么工作状态？如何设计电路参数，以保证这一状态？
(2) 定性画出在触发信号 U_I 的作用下，A、B 两点及输出电压 U_O 的波形。
(3) 计算暂稳态的持续时间 t_w。

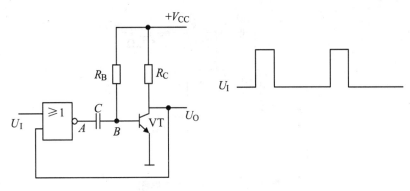

图 7.37 思考题 1 的电路图和波形图

2. 由 CMOS 逻辑门组成的微分型单稳态电路如图 7.38 所示。其中 t_{pi} 为 3μs，C_d=50pF，R_d=10 kΩ，C=0.01 μF，R=10 kΩ，试对应画出 U_I、U_d、U_{O1}、U_R、U_{O2} 和 U_O 的波形，并求出输出脉冲宽度。

3. COMS 或非门构成的单稳态触发器如图 7.39 所示，试回答下列问题：
(1) 分析电路的工作原理。
(2) 画出加入触发脉冲后 U_{O1}、U_O 及 U_R 的工作波形。
(3) 写出输出脉宽 t_w 的表达式。

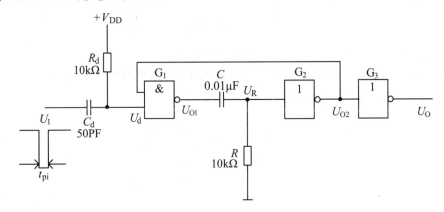

图 7.38 思考题 2 的电路图

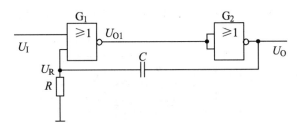

图 7.39 思考题 3 的电路图

4. 由集成电路 74121 构成的延时电路及输入的触发脉冲如图 7.40 所示。
(1) 计算输出脉宽的变化范围。
(2) 解释为什么使用电位器时要串接一个电阻。

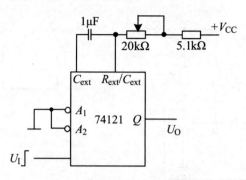

图 7.40 思考题 4 的电路图

5. 已知反相施密特触发器的电压传输特性及其输入信号波形如图 7.41 所示，试对应画出其输出波形。

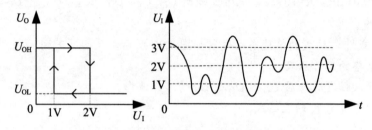

图 7.41 思考题 5 的电路图和波形图

6. 如图 7.42 所示电路，已知 CMOS 反相器 G_1 和 G_2 的电源电压 V_{DD} 等于 5V，$U_{OH} \approx 5V$，$U_{OL} \approx 0V$，$U_{TH} \approx 2.5V$。若 $R_A = 22k\Omega$，$R_B = 51k\Omega$，试求电路的上触发电平 U_{T+}、下触发电平 U_{T-} 和回差电压 ΔU_T，并画出电路的电压传输特性。

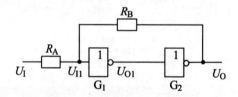

图 7.42 思考题 6 的电路图

7. 由门电路构成的多谐振荡器如图 7.43 所示，试求输出信号的周期 T 和占空比 q，并定性画出 U_O 的波形。

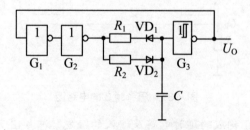

图 7.43 思考题 7 的电路图

8. 信号产生电路如图 7.44 所示。试:
(1) 简述各虚框部分电路的功能。
(2) 定性画出 U_{O1}、U_{O2} 和 U_O 的对应波形。

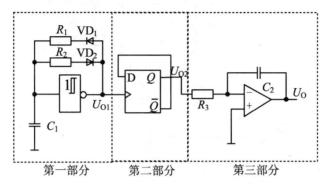

图 7.44　思考题 8 的电路图

9. 由 555 定时器构成的多谐振荡器如图 7.45 所示，试分析其工作原理并画出工作波形图。

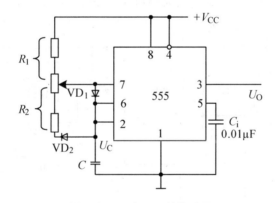

图 7.45　思考题 9 的电路图

10. 用 555 定时器搭接成的延时电路如图 7.46 所示。若图中 $C=25\mu F$，$R=91 k\Omega$，$V_{CC}=12V$，试计算常闭开关 S 断开以后经过多长的延迟时间 U_O 才跳变为高电平。

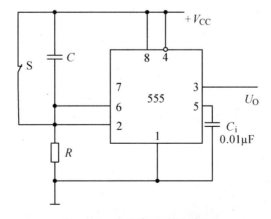

图 7.46　思考题 10 的电路图

11. 电路如图 7.47 所示，图中假设 555 的控制输入电压值 U_{IC} 调在 2.4V，试分析该电路实现的逻辑功能。

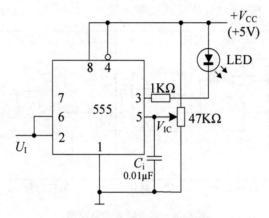

图 7.47　思考题 11 的电路图

12. 由 555 构成的报警电路如图 7.48 所示。当出现异常情况时，按下开关 S，报警灯 VD_4 将会自动闪亮。试问报警灯 VD_4 闪灭的周期，并对应画出 U_{O1}、U_{O2} 和 U_{O3} 的波形。

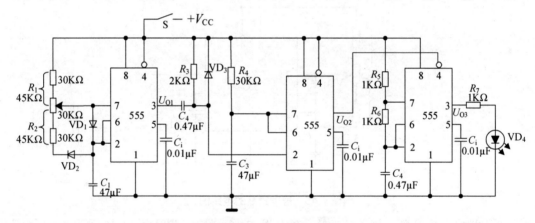

图 7.48　思考题 12 的电路图

第 8 章　数/模与模/数转换器

本章要点

- 如何实现数/模转换？
- 数/模转换器的典型电路结构有哪几种类型？各有什么使用特点？
- 如何实现数/模转换器的双极性输出？
- 直接型模/数转换器的转换过程包括哪些环节？
- 模/数转换器的典型电路结构有哪些？各有什么优缺点？
- 数/模转换器和模/数转换器的主要技术指标有哪些？

与模拟信号相比，数字信号具有抗干扰能力强、便于存储、保密性和可靠性好等优点。因此，数字技术广泛应用于自动控制、现代通信、自动检测等领域。自然界中的物理量，如压力、温度、位移、语音等都是模拟量，要对这些物理量进行控制和检测，往往需要一种能在模拟信号和数字信号之间起转换作用的电路——数/模转换器和模/数转换器。

能把数字信号转换为模拟信号的电路称为数/模转换器(Digital to Analog Converter)，简称 DAC 或 D/A 转换器；反之，能把模拟信号转换成数字信号的电路称为模/数转换器(Analog to Digital Converter)，简称 ADC 或 A/D 转换器。典型的计算机测控系统结构框图如图 8.1 所示。其中，模拟传感器将温度、压力、流量、应力等物理量转换为模拟电量；计算机进行数字处理，如计算、滤波、存储等；模拟控制器用模拟量作为控制信号。

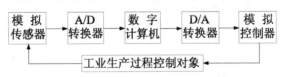

图 8.1　典型的计算机测控系统结构框图

8.1　D/A 转换器

D/A 转换器将数字量转换为与之成正比的模拟量。实现 D/A 转换的基本思想是将二进制数转换为十进制数。一个多位二进制数中每一位的 1 所代表的数值大小称为该位的位权。如果一个 n 位二进制数用 $D_n = d_{n-1}, d_{n-2}, \cdots, d_1, d_0$ 表示，则从最高位(Most Significant Bit，MSB)到最低位(Least Significant Bit，LSB)的权值将依次为 $2^{n-1}, 2^{n-2}, \cdots, 2^1, 2^0$。如能将每一位代码按其权值的大小转换成相应的模拟量，然后将这些模拟量相加，即可得到与数字量成正比的模拟量，从而实现数字量到模拟量的转换。

8.1.1　D/A 转换器的基本原理

n 位 D/A 转换器的组成框图如图 8.2 所示。数字量以串行或并行方式输入并存储于数码寄存器中，基准电压和解码网络提供各数位的权值，寄存器的输出控制电子开关将数码为 1 数位的权值送入求和电路。求和电路将各位权值相加，得到与数字量对应的模拟量。

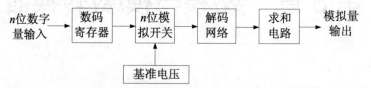

图 8.2 n 位 D/A 转换器的组成框图

按解码网络结构的不同，D/A 转换器可分为权电阻网络 D/A 转换器、倒 T 形电阻网络 D/A 转换器、权电流型 D/A 转换器、权电容网络 D/A 转换器以及开关树型 D/A 转换器等几种类型。按模拟电子开关电路的不同，D/A 转换器可分为 CMOS 开关型和双极性开关型。按输入方式的不同，D/A 转换器可分为并行输入和串行输入两种。

权电阻网络 D/A 转换器的结构比较简单，下面以 4 位权电阻网络 D/A 转换器为例介绍 D/A 转换器的基本原理。

4 位权电阻网络 D/A 转换器的原理电路如图 8.3 所示。经锁存器并行输入的代码 $d_3 \sim d_0$ 控制电子开关 $S_3 \sim S_0$。当 $d_i = 1$ 时，开关 S_i 接到参考电压 V_{REF} 上，支路电流 I_i 流向求和放大器；当 $d_i = 0$ 时，开关 S_i 接地，支路电流 I_i 为 0。

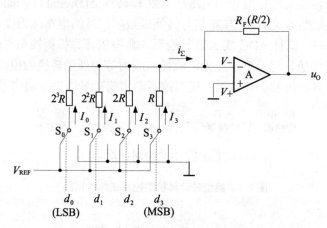

图 8.3 4 位权电阻网络 D/A 转换器的原理电路

分析权电阻网络和运算放大器 A 组成的求和电路，可得输出电压为

$$u_O = -R_F i_\Sigma \\ = -R_F(I_3 + I_2 + I_1 + I_0) \tag{8.1}$$

各支路电流分别为

$$I_3 = \frac{V_{REF}}{R} d_3 \left(当 d_3 = 1 时，I_3 = \frac{V_{REF}}{R}；当 d_3 = 0 时，I_3 = 0 \right)$$

$$I_2 = \frac{V_{REF}}{2R} d_2$$

$$I_1 = \frac{V_{REF}}{2^2 R} d_1$$

$$I_0 = \frac{V_{\text{REF}}}{2^3 R} d_0$$

> **提示：** 要善于运用集成运算放大器线性电路的"虚短"和"虚断"分析方法。

取 $R_F = R/2$，则由式(8.1)得

$$u_O = -\frac{V_{\text{REF}}}{2^4}(d_3 2^3 + d_2 2^2 + d_1 2^1 + d_0 2^0) \tag{8.2}$$

对于 n 位的权电阻网络 D/A 转换器，当反馈电阻取为 $R/2$ 时，输出电压可表示为

$$\begin{aligned} u_O &= -\frac{V_{\text{REF}}}{2^n}(d_{n-1} 2^{n-1} + d_{n-2} 2^{n-2} + \cdots + d_1 2^1 + d_0 2^0) \\ &= -\frac{V_{\text{REF}}}{2^n} D_n \end{aligned} \tag{8.3}$$

式(8.3)表明，输出的模拟电压正比与输入的数字量，从而实现了从数字量到模拟量的转换。当 $D_n = 0$ 时，$u_O = 0$；当 $D_n = 11\cdots 11$ 时，$u_O = -\frac{2^n - 1}{2^n} V_{\text{REF}}$，故 u_O 的变化范围是 $0 \sim -\frac{2^n - 1}{2^n} V_{\text{REF}}$。

【知识拓展】

权电阻网络 D/A 转换器的优点是结构简单，所用的电阻元件很少；其缺点是各个电阻的阻值相差较大，尤其在输入信号的位数较多时，这个问题就更加突出。例如，当输入信号增加到 8 位时，如果取权电阻网络中最小的电阻为 $R = 10\text{k}\Omega$，那么最大的电阻阻值将达到 $2^7 R = 1.28\text{M}\Omega$，两者相差 128 倍之多。要想在极为宽广的阻值范围内保证每个电阻都有很高的精度是十分困难的，尤其对制作集成电路更加不利。

8.1.2 倒 T 形电阻网络 D/A 转换器

在单片集成 D/A 转换器中，使用最多的是倒 T 形电阻网络 D/A 转换器，电阻网络中只有 R、$2R$ 两种阻值的电阻，给集成电路的设计和制作带来了很大的方便。4 位倒 T 形电阻网络 D/A 转换器如图 8.4 所示，倒 T 形的电阻解码网络与运算放大器组成求和电路。

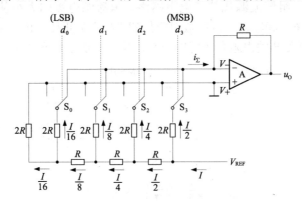

图 8.4　4 位倒 T 形电阻网络 D/A 转换器

注意： 因为求和放大器反相输入端 V_- 的电位始终接近于 0，所以无论开关 S_3、S_2、S_1、S_0 合到哪一边，与开关相连的 $2R$ 电阻都相当于接到了"地"电位上，流过每条 $2R$ 电阻支路的电流也始终不变。

从 R - $2R$ 电阻网络的每个节点向左看，每个二端网络的等效电阻都是 R，因此从参考电源流入倒 T 形电阻网络的总电流为 $I = V_{REF}/R$，而每个开关支路的电流从右向左依次为 $I/2$、$I/4$、$I/8$、$I/16$。

由图 8.4 可得

$$i_\Sigma = \frac{V_{REF}}{R}\left(\frac{I}{2}d_3 + \frac{I}{4}d_2 + \frac{I}{8}d_1 + \frac{I}{16}d_0\right)$$

在求和放大器的反馈电阻阻值等于 R 的条件下，输出电压为

$$u_O = -Ri_\Sigma$$

$$= -\frac{V_{REF}}{2^4}(d_3 2^3 + d_2 2^2 + d_1 2^1 + d_0 2^0)$$

上式与式(8.2)相同。

对于 n 位输入的倒 T 形电阻网络 D/A 转换器，在求和放大器的反馈电阻阻值为 R 的条件下，输出模拟电压可表示为

$$u_O = -\frac{V_{REF}}{2^n}(d_{n-1} 2^{n-1} + d_{n-2} 2^{n-2} + \cdots + d_1 2^1 + d_0 2^0)$$

$$= -\frac{V_{REF}}{2^n} D_n$$

上式与式(8.3)具有相同的形式，输出的模拟电压与输入的数字量成正比。

8.1.3 权电流型 D/A 转换器

在前面分析权电阻网络 D/A 转换器和倒 T 形电阻网络 D/A 转换器的过程中，都把模拟开关当作理想开关处理，而实际上这些开关总有一定的导通电阻和导通压降，无疑将引入转换误差，影响转换精度。

解决此问题的一种方法就是采用权电流型 D/A 转换器。在图 8.5 所示的 4 位权电流型 D/A 转换器中，用一组恒流源代替了电阻网络。恒流源电流的大小从高位到低位依次为 $I/2$、$I/4$、$I/8$、$I/16$，和输入二进制数对应位的"权"成正比。由于采用了恒流源，每个支路电流的大小不再受开关内阻和压降的影响，从而降低了对开关电路的要求。

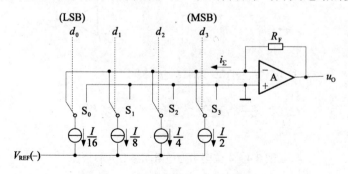

图 8.5 权电流型 D/A 转换器

当输入数字量的某位代码为 1 时,对应的开关将恒流源接至运算放大器的输入端;当输入代码为 0 时,对应的开关接地,故输出电压为

$$u_O = i_\Sigma R_F$$
$$= R_F \left(\frac{I}{2}d_3 + \frac{I}{2^2}d_2 + \frac{I}{2^3}d_1 + \frac{I}{2^4}d_0 \right) \tag{8.4}$$
$$= \frac{R_F I}{2^4}(d_3 2^3 + d_2 2^2 + d_1 2^1 + d_0 2^0)$$

可见,u_O 正比于输入的数字量。

为减少电阻阻值的种类,在实用的权电流型 D/A 转换器中经常利用倒 T 形电阻网络的分流作用产生所需的一组恒流源,如图 8.6 所示。

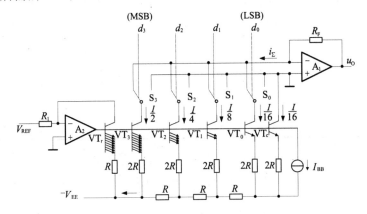

图 8.6 实用的权电流型 D/A 转换器

运算放大器 A_2 经 VT_r 的 cb 结组成电压并联负反馈电路,以稳定 VT_r 的基极电压。VT_3、VT_2、VT_1、VT_0 和 VT_c 的基极连接在一起,若所有三极管的发射结压降 V_{BE} 相等,则它们的发射极处于相同的电位。在计算支路的电流时,可以认为所有 2R 电阻的上端都接到了同一个电位上,因而电路的工作状态与图 8.4 中的倒 T 形电阻网络的工作状态一样。这时流过每个 2R 电阻的电流自左而右依次减少 1/2。为保证所有三极管的发射结压降相等,在发射极电流较大的三极管中按比例地加大了发射结的面积,在图中用增加发射极的数目来表示。图中的恒流源 I_{BB} 用来给 VT_r、VT_C、$VT_0 \sim VT_3$ 提供必要的基极偏置电流。

运算放大器 A_2、三极管 VT_r 和电阻 R_1、R 组成了基准电流发生电路。基准电流 I_{REF} 由外加的基准电压 V_{REF} 和电阻 R_1 决定,有

$$I_{REF} = \frac{V_{REF}}{R_1} = I \tag{8.5}$$

将式(8.5)代入式(8.4)中,得

$$u_O = \frac{R_F V_{REF}}{2^4 R_1}(d_3 2^3 + d_2 2^2 + d_1 2^1 + d_0 2^0) \tag{8.6}$$

对于输入为 n 位二进制数码的这种电路结构的 D/A 转换器,输出电压可表示为

$$u_O = \frac{R_F V_{REF}}{2^n R_1}(d_{n-1} 2^{n-1} + d_{n-2} 2^{n-2} + \cdots + d_1 2^1 + d_0 2^0)$$
$$= \frac{R_F V_{REF}}{2^n R_1} D_n \tag{8.7}$$

单片集成的权电流型 D/A 转换器一般采用高速电子开关，转换速度高。

8.1.4 D/A 转换器的输出方式

当 D/A 转换器的数字输入量采用自然二进制码时，其工作于单极性输出方式。依据电路形式或参考电压的极性不同，输出为 0V 到正的满刻度值，或输出为 0V 到负的满刻度值。8 位 D/A 转换器单极性输出时，数字量输入与模拟量输出之间的关系如表 8.1 所示。

表 8.1 8 位 D/A 转换器单极性输出时的输入与输出对应关系

自然二进制码	输出模拟量/V_{LSB}
(MSB)1 1 1 1 1 1 1 1(LSB)	±255
⋮	⋮
1 0 0 0 0 0 0 0	±128
0 1 1 1 1 1 1 1	±127
⋮	⋮
0 0 0 0 0 0 0 1	±1
0 0 0 0 0 0 0 0	0

当需要 D/A 转换器双极性输出时，常用的数字输入量编码方式有 2 的补码、偏移二进制码、符号位加数值码等。8 位 D/A 转换器双极性输出时，数字量输入与模拟量输出之间的关系如表 8.2 所示。

表 8.2 8 位 D/A 转换器双极性输出时的输入与输出对应关系

2 的补码	偏移二进制码	输出模拟量/V_{LSB}
(MSB)0 1 1 1 1 1 1 1(LSB)	(MSB)1 1 1 1 1 1 1 1(LSB)	127
⋮	⋮	⋮
0 0 0 0 0 0 0 1	1 0 0 0 0 0 0 1	1
0 0 0 0 0 0 0 0	1 0 0 0 0 0 0 0	0
1 1 1 1 1 1 1 1	0 1 1 1 1 1 1 1	-1
⋮	⋮	⋮
1 0 0 0 0 0 0 1	0 0 0 0 0 0 0 1	-127
1 0 0 0 0 0 0 0	0 0 0 0 0 0 0 0	-128

图 8.7 所示为采用 2 的补码输入的双极性输出 8 位 D/A 转换器。输入 2 的补码经最高位取反(加 80H)变为偏移二进制码，然后送入单极性 8 位 D/A 转换器，A_1 的输出电压 u_O' 经 A_2 构成的求和电路实现减去 $\frac{V_{REF}}{2}$ 的运算，得到双极性的输出电压 u_O，实现了表 8.2 所描述的对应关系。

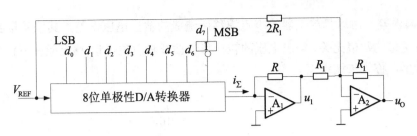

图 8.7 具有双极性输出电压的 D/A 转换器

8.1.5 D/A 转换器的主要技术指标

1. 分辨率

分辨率表征 D/A 转换器对输入微小变化的敏感程度。有时用输入二进制数码的位数给出分辨率。在分辨率为 n 位的 D/A 转换器中,给出 2^n 个不同等级的输出电压。

通常,用 D/A 转换器能够分辨出来的最小输出电压(此时输入的数字代码只有最低有效位为1)与最大输出电压之比给出分辨率。例如,10 位 D/A 转换器的分辨率可以表示为

$$\frac{1}{2^{10}-1} = \frac{1}{1023} \approx 0.001$$

2. 转换精度

D/A 转换器的转换精度由转换误差决定。转换误差表示实际的 D/A 转换特性和理想转换特性之间的最大偏差,如图 8.8 所示。图中连接坐标原点和满量程输出(输入为全 1 时)理论值的虚线表示理想的 D/A 转换特性,实线表示实际的 D/A 转换特性。转换误差一般用最低有效位的倍数表示。例如,给出转换误差为 LSB/2,就表示输出模拟电压与理论值之间的绝对误差小于等于当输入为 00…01 时的输出电压的一半。有时也用输出电压满刻度 FSR(系 Full Scale Range,FSR)的百分数表示输出电压误差绝对值的大小。

由于受到电路元件参数、基准电压不稳和运算放大器零点漂移等因素的影响,D/A 转换器实际输出的模拟量与理想值之间存在误差。转换误差包括比例系数误差、失调误差和非线性误差等。下面以图 8.4 所示的倒 T 形电阻网络 D/A 转换器为例进行讨论。

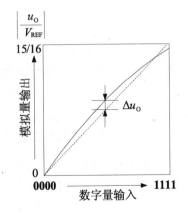

图 8.8 D/A 转换器的转换特性曲线

(1) 比例系数误差。由式(8.3)可知,如果 V_{REF} 相对标准值的偏移量为 ΔV_{REF},则输出将产生误差电压

$$\Delta u_{O1} = -\frac{1}{2^4}(d_3 2^3 + d_2 2^2 + d_1 2^1 + d_0 2^0)\Delta V_{REF} \tag{8.8}$$

式(8.8)说明,由 V_{REF} 的变化所引起的误差和输入数字量的大小是成正比的。因此,将由 ΔV_{REF} 引起的转换误差称为比例系数误差。图 8.9 中以虚线表示出了当 ΔV_{REF} 一定时输出偏离理论值的情况。

(2) 失调误差。由运算放大器的零点漂移所造成的输出电压误差,其偏移量 Δu_{O2} 的大小与输入数字量的数值无关,输出电压的转换特性曲线将发生平移(移上或移下),如图 8.10 中的虚线所示,称为失调误差。

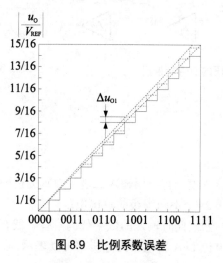

图 8.9 比例系数误差

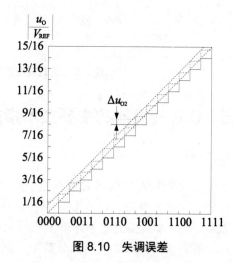

图 8.10 失调误差

(3) 非线性误差。由于模拟开关的导通内阻和导通压降都不可能真正等于零,因而它们的存在也必将在输出产生误差电压。每一个开关的导通压降未必相等,而且开关在接地时和接 V_{REF} 时的压降也不一定相同,因此该误差 Δu_{O3} 既非常数也不与输入数字量成正比,没有一定的变化规律,称为非线性误差。产生非线性误差的另一个原因是倒 T 形电阻网络中电阻阻值的偏差。由于每个支路电阻的误差不一定相同,而且不同位置上的电阻的偏差对输出电压的影响也不一样,所以在输出端产生的误差电压 Δu_{O4} 与输入数字量之间也不是线性关系。

注意: 非线性误差的存在有可能导致 D/A 转换特性在局部出现非单调性(即输入数字量不断增加的过程中 u_O 发生局部减小的现象)。这种非单调性的转换特性有时会引起系统工作不稳定,应力求避免。在选用 D/A 转换器器件时应注意,如果某一产品的说明指出它是一个具有 9 位单调性的 10 位 D/A 转换器,那么它只保证在最高 9 位被运用时转换特性是单调的。

因为以上几种误差电压之间不存在固定的函数关系,所以最坏的情况下输出总的误差电压等于它们的绝对值相加,即

$$|\Delta u_O| = |\Delta u_{O1}| + |\Delta u_{O2}| + |\Delta u_{O3}| + |\Delta u_{O4}|$$

因此,为了获得高精度的 D/A 转换器,单纯依靠选用高分辨率的 D/A 转换器器件是不够的,还必须有高稳定度的参考电压源 V_{REF} 和低漂移的运算放大器与之配合使用,才可能获得较高的转换精度。

目前常见的集成 D/A 转换器器件有两大类,一类器件的内部只包含电阻网络(或恒流源电路)和模拟开关,而另一类器件内部还包含了运算放大器以及参考电压源的发生电路。

注意: 在使用前一类器件时必须外接参考电压和运算放大器,此时应注意合理地确定对参考电压源的稳定度和运算放大器零点漂移的要求。

以上所讨论的转换误差都是在输入和输出已经处于稳定状态下得出的,属于静态误差。此外,在动态过程中(即输入的数码发生突变时)还有附加的动态转换误差发生。假定在输入数码突变时有多个模拟开关需要改变开关状态,则由于它们的动作速度不同,在转换过程中就会在输出端产生瞬时的尖峰脉冲电压,形成很大的动态转换误差。

3. 转换速度

当D/A转换器输入的数字量发生变化时,输出的模拟量并不能立即达到所对应的量值,要延迟一段时间。通常用建立时间t_{set}和转换速率来定量描述D/A转换器的转换速度。

(1) 建立时间。建立时间t_{set}指输入数字量发生变化时输出电压达到规定误差范围(一般为$\pm\frac{1}{2}$LSB)所需要的时间。

【知识拓展】

一般产品说明中给出的都是输入从全0跳变为全1(或从全1跳变为全0)时的建立时间,如图8.11所示。

D/A转换器的建立过程较快,不包含运算放大器的单片集成D/A转换器的建立时间可小于0.1μs;包含运算放大器的集成D/A转换器的建立时间最短的也不超过1.5μs。在外加运算放大器组成完整的D/A转换器时,如果采用普通的运算放大器,则运算放大器的建立时间将成为D/A转换器建立时间t_{set}的主要成分。因此,为了获得较快的转换速度,应该选用转换速率(即输出电压的变化速度)较快的运算放大器,以缩短运算放大器的建立时间。

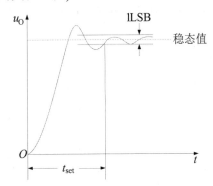

图8.11 D/A转换器的建立时间

(2) 转换速率。转换速率是指大信号工作状态下,模拟输出电压的最大变化率。通常以V/μs为单位表示。

(3) 温度系数。温度系数是指在输入量不变的情况下,输出模拟电压随温度变化产生的变化量。一般用满刻度输出条件下温度每升高1℃输出电压变化的百分数表示。

8.1.6 集成D/A转换器及其应用

1. CB7520(AD7520)

图8.12所示为采用倒T形电阻网络的单片集成D/A转换器CB7520(AD7520)的电路原

理图。它的输入为10位二进制数，采用 CMOS 电路构成模拟开关。

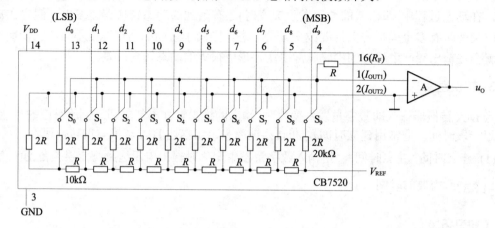

图 8.12　CB7520(AD7520)的电路原理图

> **注意：** 使用 CB7520(AD7520)时需要外加运算放大器。运算放大器的反馈电阻可以使用 CB7520(AD7520)内设的反馈电阻 R，也可以另选反馈电阻接到 I_{OUT1} 与 u_O 之间。外接的参考电压 V_{REF} 必须保证有足够的稳定度，才能确保应有的转换精度。

由 AD7520、运算放大器和同步二进制计数器74HC163组成的阶梯波产生电路如图8.13(a)所示。74HC163采用反馈清零法组成模10的计数器。图8.13(b)所示为有10个阶梯的输出电压波形。如果改变计数器的模值，输出波形的阶梯数将随之改变。如果采用可逆计数器，则输出电压经低通滤波后可获得三角波。

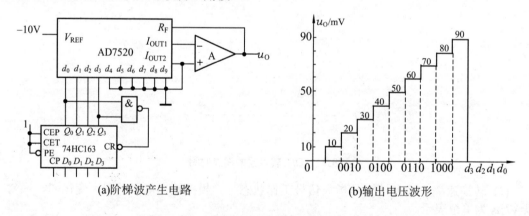

(a)阶梯波产生电路　　　　　　　(b)输出电压波形

图 8.13　阶梯波产生电路及其输出电压波形

2. DAC0808

图8.14(a)所示为DAC0808的电路结构框图。图中，$d_0 \sim d_7$是8位数字量的输入端，I_O是求和电流的输出端，COMP外接补偿电容，V_{CC} 和 V_{EE} 为正、负电源。实际应用中，DAC0808需要外接 R_R，如图8.14(b)所示。

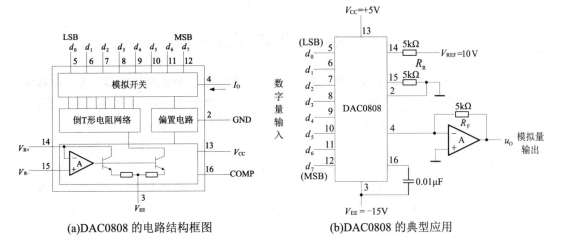

(a)DAC0808 的电路结构框图　　(b)DAC0808 的典型应用

图 8.14　DAC0808 的电路结构及其典型应用

图 8.15 所示为由 DAC0808 构成的数控电流源电路。图中的晶体管为射极跟随器，用于提高电路带载能力，扩大电流输出范围。输出电流 I_O 受 DAC0808 输入的数字量控制，其关系表达式为

$$I_O = \frac{V_{REF}}{2^8 R_R}(d_7 2^7 + \cdots + d_1 2^1 + d_0 2^0)$$

又由

$$I_O R_2 = I_L R_1$$

得

$$I_L = \frac{V_{REF} R_2}{2^8 R_R R_1}(d_7 2^7 + \cdots + d_1 2^1 + d_0 2^0)$$

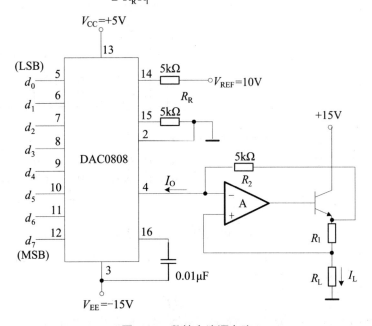

图 8.15　数控电流源电路

8.2　A/D 转换器

A/D 转换器将时间和幅值都连续的模拟量转换为时间和幅值都离散的数字量。按数字量的输出方式不同，A/D 转换器可以分为并行输出和串行输出两种类型。按实现原理不同，A/D 转换器可以分为直接型 A/D 转换器和间接型 A/D 转换器两大类。在直接型 A/D 转换器中，输入的模拟电压信号直接被转换成相应的数字信号，具有较快的转换速度；而在间接型 A/D 转换器中，输入的模拟信号首先被转换成某种中间变量(如时间、频率等)，然后再将这个中间变量转换为输出的数字信号，转换速度较慢。常见的直接型 A/D 转换器有并行比较型和逐次逼近型两种类型。常见的间接型 A/D 转换器有双积分型、电压频率转换型和 $\Delta-\Sigma$ 型 A/D 转换器。

8.2.1　直接型 A/D 转换器的工作原理

直接型 A/D 转换器一般要经过采样、保持、量化和编码四个过程。采样过程将随时间连续变化的模拟量转换为在时间上离散的模拟量。量化和编码过程将采样过程输出的模拟信号转换为数字信号。量化和编码过程需要一定的时间，因此在采样电路后要求将采样输出的模拟信号保持一段时间，为量化和编码过程提供稳定的数值。

1. 采样和保持

采样过程如图 8.16 所示，当 $S(t)=1$ 时，开关闭合，输出 u_O 跟踪输入 u_I 的变化；当 $S(t)=0$ 时，开关断开，输出为 0。

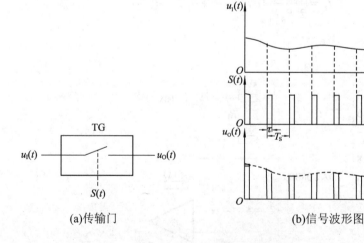

(a) 传输门　　　　　　　　(b) 信号波形图

图 8.16　采样过程示意图

采样定理：为了能从采样输出信号 u_O 真实地复现模拟信号 u_I，采样信号必须有足够高的频率，即必须满足条件

$$f_s \geqslant 2 f_{I(max)} \tag{8.9}$$

式中，f_s 为采样频率；$f_{I(max)}$ 为输入模拟信号 u_I 的最高频率分量的频率。

【知识拓展】

在满足采样定理的条件下，可以通过低通滤波器从 u_O 真实地还原 u_I。兼顾转换电路的工作速度，通常采样频率取 $f_s = 3 \sim 5 \cdot f_{I(\max)}$ 已能满足工程应用要求。

采样—保持电路的原理图及波形图如图 8.17 所示。$t_0 \sim t_1$ 阶段，S 开关闭合，电路处于采样阶段，电容 C_H 被充电，输出 u_O 跟踪输入 u_I 的变化；$t_1 \sim t_2$ 阶段，S 开关断开，若 A_2 的输入阻抗无穷大且 S 为理想开关，电容 C_H 没有放电回路，输出 u_O 不变，电路处于保持阶段。

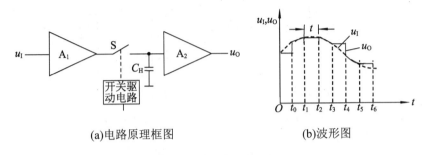

(a) 电路原理框图　　　　　　(b) 波形图

图 8.17　采样—保持电路的原理图及波形图

注意： 实用的采样-保持电路中，A_1 具有高输入阻抗，用于减小对输入信号的影响；A_2 具有高输入阻抗和低输出阻抗，用于在减小保持电容 C_H 泄漏效应的同时提高带负载能力；电路增益应趋近于 1。

2. 量化和编码

将采样—保持电路输出的时间上离散的模拟电压值表示为最小数量单位的整数倍，称为量化过程。所取的最小数量单位称为量化单位，用 Δ 表示，即数字信号最低有效位(LSB)的 1 所对应的模拟量大小。将量化的结果用代码(可以是二进制，也可以是其他进制)表示出来，称为编码。这些代码就是 A/D 转换的输出结果。

采样—保持电路输出的时间上离散的模拟电压值不一定能被 Δ 整除，因而量化过程不可避免地会引入误差，称为量化误差，用 ε 表示。量化的方法包括舍尾取整法和四舍五入法两种。舍尾取整法量化过程中把不足一个量化单位的部分舍弃；对于等于或大于一个量化单位的部分，按一个量化单位处理。四舍五入法量化过程中将不足半个量化单位的部分舍弃，对于等于或大于半个量化单位的部分，按一个量化单位处理。

例如，将 $0 \sim 1\text{V}$ 的模拟电压信号转换成 3 位二进制代码，取 $\Delta = \frac{1}{8}\text{V}$，如果采用舍尾取整法，凡是 $0 \sim \frac{1}{8}\text{V}$ 的模拟电压都当作 $0 \cdot \Delta$ 对待，用二进制数 000 表示；凡是 $\frac{1}{8} \sim \frac{2}{8}\text{V}$ 的模拟电压都当作 $1 \cdot \Delta$ 对待，用二进制数 001 表示；等等，如图 8.18(a) 所示。不难看出，这种量化方法可能带来的最大量化误差可达 Δ，即 $\frac{1}{8}\text{V}$。

为了减小量化误差，通常采用图 8.18(b) 所示的四舍五入法。取量化单位 $\Delta = \frac{2}{15}\text{V}$，并将输出代码000对应的模拟电压范围规定为$0\sim\frac{1}{15}$V，即$0\sim\frac{1}{2}\Delta$，这样可以将最大量化误差减小到$\frac{1}{2}\Delta$，即$\frac{1}{15}$V。

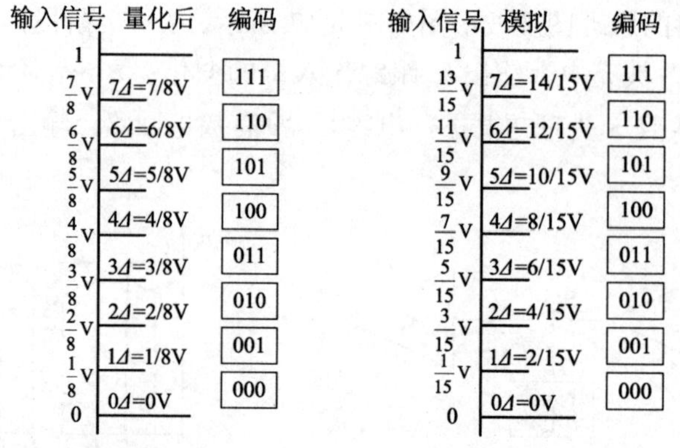

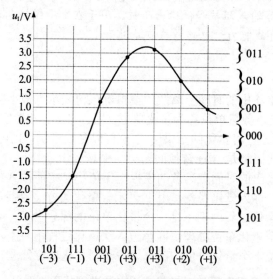

图 8.18 量化方法示意图

当输入的模拟电压在正、负范围内变化时，一般要求采用二进制补码的形式编码，如图 8.19 所示。在这个例子中取 $\Delta=1$V，输出为3位二进制补码，最高位为符号位。

图 8.19 双极性模拟电压的量化编码示意图

8.2.2 并行比较型 A/D 转换器

图 8.20 所示为 3 位并行比较型 A/D 转换器原理电路图，它由电阻分压器、电压比较器、寄存器和优先编码器组成。优先编码器输入信号的优先级为 I_7 最高。电阻分压器将基准电压 V_{REF} 分为 $\frac{1}{15}V_{REF}$；$\frac{3}{15}V_{REF}$；…；$\frac{13}{15}V_{REF}$ 共七个比较参考电压，接到七个电压比较器 $C_1\sim$

C_7 的输入端，量化单位为 $\Delta = \frac{2}{15}V_{REF}$。若 $u_I < \frac{1}{15}V_{REF}$，则所有比较器的输出全是低电平，CLK 上升沿到来后寄存器中所有的触发器($FF_1 \sim FF_7$)都被置成 0 状态；若 $\frac{1}{15}V_{REF} \leq u_I < \frac{3}{15}V_{REF}$，则只有 C_1 输出为高电平，CLK 上升沿到达后 FF_1 被置1，其余触发器被置0；以此类推，便可列出 u_I 为不同电压时寄存器的状态。比较器的输出状态由 D 触发器存储，经优先编码器编码，得到数字量输出，如表 8.3 所示。

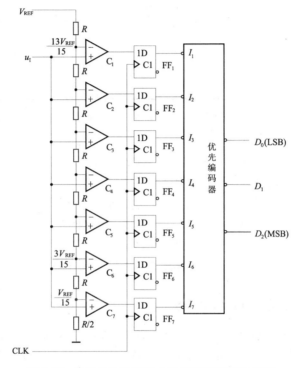

图 8.20 3 位并行比较型 A/D 转换器原理电路图

表 8.3 图 8.20 所示电路的代码转换

输入模拟电压 u_I	触发器状态 (代码转换器输入)							数字量输出 (代码转换器输出)		
	Q_7	Q_6	Q_5	Q_4	Q_3	Q_2	Q_1	D_2	D_1	D_0
$\left[0, \frac{1}{15}\right)V_{REF}$	0	0	0	0	0	0	0	0	0	0
$\left[\frac{1}{15}, \frac{3}{15}\right)V_{REF}$	0	0	0	0	0	0	1	0	0	1
$\left[\frac{3}{15}, \frac{5}{15}\right)V_{REF}$	0	0	0	0	0	1	1	0	1	0
$\left[\frac{5}{15}, \frac{7}{15}\right)V_{REF}$	0	0	0	0	1	1	1	0	1	1

续表

输入模拟电压 u_I	触发器状态 (代码转换器输入)							数字量输出 (代码转换器输出)		
	Q_7	Q_6	Q_5	Q_4	Q_3	Q_2	Q_1	D_2	D_1	D_0
$\left[\dfrac{7}{15}, \dfrac{9}{15}\right)V_{REF}$	0	0	0	1	1	1	1	1	0	0
$\left[\dfrac{9}{15}, \dfrac{11}{15}\right)V_{REF}$	0	0	1	1	1	1	1	1	0	1
$\left[\dfrac{11}{15}, \dfrac{13}{15}\right)V_{REF}$	0	1	1	1	1	1	1	1	1	0
$\left[\dfrac{13}{15}, 1\right)V_{REF}$	1	1	1	1	1	1	1	1	1	1

在并行比较型 A/D 转换器中，输入电压 u_I 同时加到所有比较器的输入端，其最大优点是转换速度快；缺点是电路复杂，如 3 位 ADC 需七个比较器、七个触发器、八个电阻。并行比较型 A/D 转换器的位数越多，转换精度越高，但电路越复杂。为了解决提高分辨率和增加元件数的矛盾，可以采取分级并行转换的方法。

使用图 8.20 所示这种含有寄存器的 A/D 转换器的另一个优点是，可以不用附加采样-保持电路，因为比较器和寄存器这两部分也兼有采样-保持功能。

单片集成并行比较型 A/D 转换器的产品很多，如 ADI 公司的 AD9012 (TTL 工艺，8 位)、AD9002 (ECL 工艺，8 位)、AD9020 (TTL 工艺，10 位)等。

8.2.3　逐次逼近型 A/D 转换器

逐次逼近型 A/D 转换器是应用最广泛的直接型 A/D 转换器。其转换过程与天平称物相似。天平称物的过程是：先用最重的砝码与被称物体比较，若物体重则砝码保留，否则换次重砝码比较，如此反复，直到最小砝码，将所有留下的砝码重量相加就是物体的重量。逐次逼近型 A/D 转换器将输入模拟电压信号与不同的参考电压多次比较，使得转换所得的数字量在数值上逐次逼近输入的模拟量。

8 位逐次逼近型 A/D 转换器由电压比较器、控制逻辑电路、移位寄存器、数据寄存器和 D/A 转换器构成，其组成原理图如图 8.21 所示。转换启动后，在第一个时钟作用下，移位寄存器被置成1000…00，经数据寄存器送入 D/A 转换器，转换成相应的参考电压 $\dfrac{V_{REF}}{2}$，并与输入信号 u_I 进行比较。如果 $u_I < \dfrac{V_{REF}}{2}$，则比较器输出为 0；如果 $u_I \geqslant \dfrac{V_{REF}}{2}$，则比较器输出为 1，比较的结果存于数据寄存器的最高位。在第二个时钟作用下，移位寄存器为 0100…00，如果数据寄存器最高位在第一个时钟周期存入的是 1，则 D/A 转换器输出电压 $\dfrac{3V_{REF}}{4}$；如果数据寄存器最高位在第一个时钟周期存入的是 0，则 D/A 转换器输出电压 $\dfrac{V_{REF}}{4}$，并与输入信号 u_I 进行比较，比较的结果存于数据寄存器的次高位。以此类推，通过逐次比

较可以得到 8 位输出数字量。

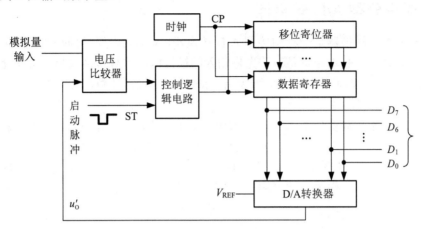

图 8.21　8 位逐次逼近型 A/D 转换器的组成原理图

作为示例，设 8 位逐次逼近型 A/D 转换器的输入模拟量为 4.78V，基准电压为-10V，其转换过程中各信号的波形变化如图 8.22 所示。逐次逼近后的转换结果为 $D_7 \sim D_0$=01111010，对应模拟电压为 4.765625V，与实际输入电压之间的相对误差为 0.3%。

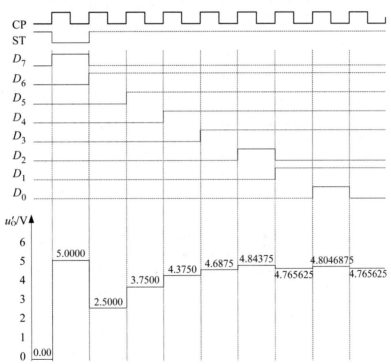

图 8.22　8 位逐次逼近型 A/D 转换器的信号波形变化示例

> **注意：** 逐次逼近型 A/D 转换器完成一次转换所需时间与其位数和时钟脉冲频率有关，位数越少，时钟频率越高，转换所需时间越短；但是输出数字量的位数越多，转换精度越高。

8.2.4 双积分型 A/D 转换器

双积分型 A/D 转换器是一种间接型 A/D 转换器，又称为电压-时间变换型(简称 V-T 变换型)A/D 转换器。其基本原理是：首先将输入的模拟电压信号转换成与之成正比的时间宽度信号，然后在这个时间宽度内对固定频率的时钟脉冲进行计数，计数的结果就是正比于输入模拟电压的数字信号。

如图 8.23 所示，双积分型 A/D 转换器由积分器、比较器、计数器、控制逻辑和时钟信号源组成。控制逻辑电路由一个 n 位计数器、附加触发器 FF_A、模拟开关 S_0 和 S_1 的驱动电路 L_0 和 L_1、控制门 G 所组成。以输入正极性的输入电压($u_1 < V_{REF}$)为例，图 8.24 所示为双积分型 A/D 转换器的工作电压波形图。

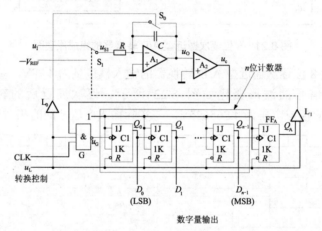

图 8.23 双积分型 A/D 转换器的结构框图

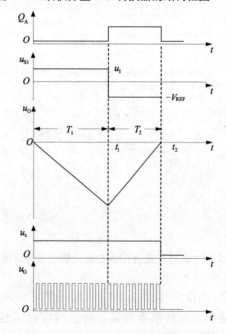

图 8.24 双积分型 A/D 转换器的工作电压波形图

双积分型 A/D 转换器的工作过程包括以下几个阶段。

(1) 准备阶段：转换开始前，由于转换控制信号 $u_L=0$，因而计数器和附加触发器均被置零，同时开关 S_0 闭合，使积分电容 C 充分放电。

(2) 第一次积分阶段：$u_L=1$ 启动转换，S_0 断开，S_1 接到输入信号 u_I 一侧，积分器对 u_I 进行固定时间 T_1 的积分。因为积分过程中积分器的输出为负电压，所以比较器输出为高电平，将门 G 打开，计数器对 u_G 端的脉冲计数。

积分结束时积分器的输出电压为

$$u_O = \frac{1}{C}\int_0^{T_1}\left(-\frac{u_I}{R}\right)dt = -\frac{T_1}{RC}u_I \tag{8.10}$$

式(8.10)说明，在 T_1 固定的条件下积分器的输出电压 u_O 与输入电压 u_I 成正比。

(3) 第二次积分阶段：当计数器计满 2^n 个脉冲以后，自动返回全 0 状态，同时给 FF_A 一个进位信号，使 FF_A 置 1。于是 S_1 转接到参考电压 $-V_{REF}$ 一侧，开始进行反向积分。待积分器的输出回到 0 以后，比较器的输出变成低电平，将门 G 封锁，至此转换结束。

如果积分器的输出电压上升到 0 时所经过的积分时间为 T_2，则第二次积分阶段结束时有

$$u_O = \frac{1}{C}\int_0^{T_2}\frac{V_{REF}}{R}dt - \frac{T_1}{RC}u_I = 0$$

$$\frac{T_2}{RC}V_{REF} = \frac{T_1}{RC}u_I$$

故得到

$$T_2 = \frac{T_1}{V_{REF}}u_I \tag{8.11}$$

可见，反向积分到 $u_O=0$ 的这段时间 T_2 与输入信号 u_I 成正比。令计数器在 T_2 这段时间里对固定频率为 $f_c\left(f_c=\dfrac{1}{T_c}\right)$ 的时钟脉冲 CLK 计数，则计数结果也一定与 u_I 成正比，即

$$D = \frac{T_2}{T_c} = \frac{T_1}{T_c V_{REF}}u_I \tag{8.12}$$

式中，D 为表示计数结果的数字量。

因为 $T_1 = 2^n T_c$，故代入式(8.12)以后得出

$$D = \frac{2^n}{V_{REF}}u_I \tag{8.13}$$

只要 $u_I < V_{REF}$，T_2 期间计数器不会产生溢出问题，转换器就能正常地将输入模拟电压转换为数字量。双积分型 A/D 转换器的工作性能稳定。由于在两次积分期间采用的是同一积分器，因此 R、C 的参数和时钟源周期的变化对转换精度的影响可以忽略。

另外，双积分型 A/D 转换器在 T_1 时间内取的是输入电压的平均值，因此抗干扰能力强，对平均值为零的各种噪声有很强的抑制能力。在积分时间 T_1 等于工频周期的整数倍时，能有效地抑制来自电网的工频干扰。

双积分型 A/D 转换器的主要缺点是工作速度低。如果采用图 8.23 所给出的控制方案，那么每完成一次转换的时间应取在 $2T_1$ 以上，即不应小于 $2^{n+1}T_c$。如果再加上转换前的准备

时间(积分电容放电及计数器复位所需的时间)和输出转换结果的时间,则完成一次转换所需的时间还要长一些。双积分型 A/D 转换器的转换速度一般都在每秒几十次以内。

双积分型 A/D 转换器的转换精度受计数器的位数、比较器的灵敏度、运算放大器和比较器的零点漂移、积分电容的漏电、时钟频率的瞬时波动等多种因素的影响。因此,为了提高转换精度,仅靠增加计数器的位数是不够的。特别是运算放大器和比较器的零点漂移对精度影响甚大,必须采取措施予以消除。为此,在实用的电路中都增加了零点漂移自动补偿电路。为防止时钟信号频率在转换过程中发生波动,可以使用石英晶体振荡器作为脉冲源。同时,还应选择漏电非常小的电容器作为积分电容。

【知识拓展】

常见的单片集成芯片,如 CB7106/7126、CB7107/7127,只需外接少量的电阻和电容元件,就能方便地构成 A/D 转换器。其输出部分附加了数据锁存器和译码、驱动电路,可以直接驱动 LCD 或 LED 数码管。为便于驱动二-十进制译码器,计数器常采用二-十进制接法。此外,在芯片模拟信号输入端还都设置了输入缓冲器,以提高电路的输入阻抗。同时,集成电路内部还有自动调零电路,以消除比较器和放大器的零点漂移和失调电压,保证输入为零时输出为零。

8.2.5　V-F 变换型 A/D 转换器

电压-频率变换型 A/D 转换器(简称 V-F 变换型 A/D 转换器)也是一种间接型 A/D 转换器。其转换原理是:首先将输入的模拟电压信号转换成与之成比例的频率信号,然后在一个固定的时间间隔里对得到的频率信号进行计数,计数的结果就是正比于输入模拟电压的数字量。

如图 8.25 所示,V-F 变换型 A/D 转换器由 V-F 变换器(也称为压控振荡器,Voltage Controlled Oscillator,VCO)、计数器及其时钟信号控制闸门、寄存器、单稳态触发器组成。控制信号 u_G 的上升沿启动转换,V-F 变换器的输出脉冲通过闸门 G,计数器对此脉冲进行计数。由于 u_G 是固定宽度 T_G 的脉冲信号,而 V-F 变换器的输出脉冲的频率 f_{out} 与输入的模拟电压成正比,所以每个 T_G 周期期间计数器所记录的脉冲数目也与输入的模拟电压成正比。电路的输出端设有输出寄存器,以避免转换过程中输出的数字信号不稳定。在 u_G 的下降沿,计数器的状态被写入寄存器中;同时,单稳态触发器的输出脉冲将计数器清零。

因为 V-F 变换器输出的调频信号具有很强的抗干扰能力,所以 V-F 变换型 A/D 转换器可应用于遥测、遥控系统中。一般将 V-F 变换器放置在信号发送端,而计数器及其时钟闸门、寄存器位于接收端,从而实现远距离模拟信号传输和 A/D 转换功能。

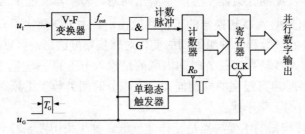

图 8.25　V-F 变换型 A/D 转换器的电路结构框图

V-F 变换型 A/D 转换器的主要缺点是转换速度比较低。因为每次转换都需要在 T_G 时间内令计数器计数，而计数脉冲的频率一般不可能很高，计数器的容量又要求足够大，所以计数时间 T_G 势必较长，转换速度必然比较慢。

目前，单片集成的 V-F 变换器一般采用电荷平衡式电路结构，又分为积分器型和定时器型两种常见的形式。

1．积分器型电荷平衡式 V-F 变换器

如图 8.26 所示，积分器型电荷平衡式 V-F 变换器由积分器、电压比较器、单稳态触发器、恒流源及其控制开关几部分组成。

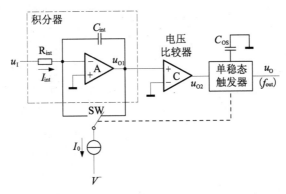

图 8.26　积分器型电荷平衡式 V-F 变换器的结构框图

单稳态触发器稳态输出为低电平，此时开关 SW 将恒流源 I_0 接到积分放大器的输出端，积分器对输入电压 u_I 作正向积分，积分器的输出电压 u_{O1} 逐渐降低。当 u_{O1} 降至 0 V 时，电压比较器的输出 u_{O2} 产生负跳变，单稳态触发器被触发，进入暂稳态，u_O 变为高电平，同时 SW 将 I_0 转接到积分器的输入端。因为 I_0 大于 u_I 产生的输入电流 I_{int}，所以积分器开始反向积分，u_{O1} 逐渐升高。单稳态触发器返回稳态后，又开始第二个积分周期。

在一个正、反向积分周期期间，如果 u_I 保持不变，积分电容 C_{int} 在反向积分期间增加的电荷量和正向积分期间减少的电荷量必然相等。若以 t_{int} 表示正向积分的时间，同时又知道反向积分时间等于单稳态触发器的暂稳态持续时间，也就是单稳态输出脉冲的宽度 t_w，则有

$$I_{int} t_{int} = (I_0 - I_{int}) t_w$$

将 $I_{int} = u_I / R_{int}$ 代入上式得

$$I_0 t_w = u_I (t_w + t_{int}) / R_{int}$$

式中 $(t_w + t_{int})$ 为单稳态触发器输出脉冲的周期，因此可得输出脉冲 u_O 的频率 f_{out} 与输入电压 u_I 之间的关系为

$$f_{out} = (1 / I_0 t_w R_{int}) u_I \tag{8.14}$$

显然，单稳态触发器输出脉冲的频率与输入的模拟电压成正比。

【知识拓展】

常见的单片集成的积分器型电荷平衡式 V-F 变换器，包括 ADI 公司生产的 AD650 和

AD651，Burr-Brown 公司生产的 VFC110、121、320。这类产品具有转换精度高的优点，转换误差可减小至 ±0.01% 以内，而且输出脉冲频率与输入模拟电压之间有良好的线性关系。

2. 定时器型电荷平衡式 V-F 变换器

如图 8.27 所示，定时器型电荷平衡式 V-F 变换器包括由锁存器、电压比较器(C_1 及 C_2) 和放电管 VT_3 构成的定时电路和由基准电压源、电压跟随器 A 和镜像电流源构成的电流源及开关控制电路两部分。

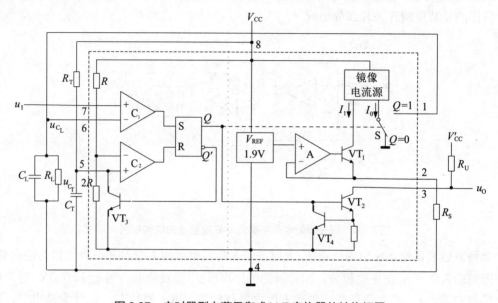

图 8.27 定时器型电荷平衡式 V-F 变换器的结构框图

按图 8.27 接上外围电阻和电容元件，可以构成高精度压控振荡器，其工作过程如下。

刚接通电源时，C_L、C_T 两个电容的端电压为零，若输入控制电压 $u_I > 0$，则比较器 C_1 的输出为高电平，而比较器 C_2 的输出为低电平，锁存器被置成 $Q=1$ 状态，使 VT_2 导通，u_O 为低电平。同时，镜像电流源输出端开关 S 接到引脚1，电流 I_0 对 C_L 充电。而 $\overline{Q}$ 端的低电平使 VT_3 截止，所以 C_T 也同时开始充电。

当 C_T 上的电压 u_{C_T} 上升到 $\frac{2}{3}V_{CC}$ 时，锁存器置零，VT_2 截止，u_O 为高电平。同时开关 S 接地，C_L 开始向 R_L 放电。而 $\overline{Q}$ 变为高电平后使 VT_3 导通，C_T 通过 VT_3 迅速放电至 $u_{C_T} \approx 0V$，则比较器 C_2 输出低电平。

当 C_L 放电到 $u_{C_L} \leq u_I$ 时，比较器 C_1 输出高电平，重新将锁存器置成 $Q=1$，于是 u_O 又跳变成低电平，C_T 和 C_L 又开始充电，重复前面的过程。如此反复，输出矩形脉冲 u_O。

如果 C_T 和 C_L 的数值足够大，在电路振荡过程中，u_{C_L} 将在 u_I 值附近微小波动，即 $u_{C_L} \approx u_I$。假定在每个振荡周期中 u_I 数值不变，可以依据 C_L 的充电电荷与放电电荷相等来计算振荡频率，具体过程如下。

首先计算 C_L 的充电时间 T_1，即 $Q=1$ 的持续时间，也是电压 u_{C_T} 从 $0 \sim \frac{2}{3}V_{CC}$ 的时间，有

$$T_1 = R_T C_T \ln \frac{V_{CC}-0}{V_{CC}-\frac{2}{3}V_{CC}} \tag{8.15}$$

$$= R_T C_T \ln 3 = 1.1 R_T C_T$$

则 C_L 充电期间获得的电荷为

$$Q_1 = (I_0 - I_{R_L})T_1$$
$$= \left(I_0 - \frac{u_I}{R_L}\right)T_1 \tag{8.16}$$

式中，I_{R_L} 为流过电阻 R_L 上的电流。

若振荡周期为 T，放电时间为 T_2，则 $T_2 = T - T_1$。又知 C_L 的放电电流为 $I_{R_L} = \frac{u_I}{R_L}$，则放电期间 C_L 释放的电荷为

$$Q_2 = I_{R_L} T_2$$
$$= \frac{u_I}{R_L}(T-T_1)$$

根据 Q_1 与 Q_2 相等，有

$$\left(I_0 - \frac{u_I}{R_L}\right)T_1 = \frac{u_I}{R_L}(T-T_1)$$

$$T = \frac{I_0 R_L T_1}{u_I}$$

故电路的振荡周期为

$$f = \frac{1}{T} = \frac{u_I}{I_0 R_L T_1} \tag{8.17}$$

将 $I_0 = \frac{V_{REF}}{R_S}$、$T_1 = 1.1 R_T C_T$ 代入式(8.17)得

$$f = \frac{R_S}{1.1 V_{REF} R_T C_T R_L} u_I (\text{Hz})$$

显然，f 与 u_I 成正比关系，其比例系数称为电压-频率变换系数(或 V-F 变换系数) K_V，即

$$K_V = \frac{R_S}{1.1 V_{REF} R_T C_T R_L}$$

【知识拓展】

典型的定时器型电荷平衡式 V-F 变换器(如 LM331)，在输入电压的正常变化范围内输出信号频率和输入电压之间具有良好的线性关系，转换误差可减小到 0.01%，输出频率变化范围约为 0~100kHz。

8.2.6 Δ-∑型 A/D 转换器

如图 8.28 所示，Δ-∑型 A/D 转换器由差动放大器、积分器、电压比较器、触发器、寄存器和计数器构成。其工作过程包括电容充电和放电两个阶段。

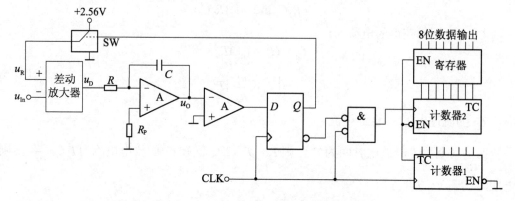

图 8.28 Δ-∑型 A/D 转换器的原理框图

1. 电容充电阶段

D 触发器输出 Q 为低电平，使参考电压 u_R 接地，设输入信号 u_I=2V，差动放大器输出为-2V，积分器输出电压不断上升，使比较器输出为高电平，则在下一个时钟脉冲上升沿触发器输出状态为高电平，使参考电压 2.56V 接入差动放大器的同相端。

2. 电容放电阶段

参考电压 2.56V 接入差动放大器的同相端，差动放大器输出正电压 0.56V，积分器输出不断降低，当小于地电位时，比较器输出低电平，在下一个时钟脉冲上升沿触发器输出状态为低电平。然后重复电容充电阶段的过程。

由于积分器电容两端的电荷处于平衡状态，充电电荷与放电电荷量相等 $Q_充=Q_放$，即

$$T_1 \cdot I_充 = T_2 \cdot I_放$$

$$T_1 \cdot (0V - u_I)/R = T_2 \cdot -(2.56V - u_I)/R \tag{8.18}$$

式(8.18)中的负号表征充放电电流方向相反，一个充放电周期为 $T=T_1+T_2$，则

$$-u_I \cdot (T - T_2) = -T_2 \cdot 2.56V + u_I \cdot T_2$$

$$u_I = (T_2/T) \cdot 2.56V \tag{8.19}$$

式(8.19)表明：输入电压与充放电周期的占空比成正比，即一次充放电相当于对输入信号进行一次测量。实际上每次充放电周期是不确定的，可以进行多次充放电，采用多次累加的方法，用多次放电周期之和与多次充放电周期之和的比值确定输入电压，有

$$u_I = \frac{T_{2(1)} + T_{2(2)} + \cdots + T_{2(k)}}{T_{(1)} + T_{(2)} + \cdots + T_{(k)}} \cdot 2.56V = \frac{T_{2Z}}{T_Z} \cdot 2.56V$$

在图 8.28 中，使用计数器 1 对时钟脉冲进行计数来控制总的转换时间 T_Z，在转换时间内有多个充放电周期。计数器 2 对多个放电时间 T_{2Z} 内的时钟脉冲计数，则计数值与输入

电压成正比。设 CLK 周期为 t_0，总的测量时间 $T_Z = mt_0$，总放电时间 $T_{2Z} = nt_0$，则有

$$u_1 = \frac{n}{m} \cdot 2.56\text{V}$$

取 m=256，则每个时钟代表 0.01V。

为进一步理解 Δ-Σ 型 A/D 转换器的工作原理，图 8.29 给出了输入电压分别为 1.28V 和 2V 情况下的积分器和触发器的输出波形图。当输入电压为 1.28V 时，充电和放电期间时钟脉冲上升沿各两个；当输入电压为 2V 时，充电和放电期间时钟脉冲上升沿分别为一个和三个。若测量时间内取 256 个脉冲，则输入电压为 1.28V 时，计数器 2 输出 128；输入电压为 2V 时，计数器 2 输出 200。

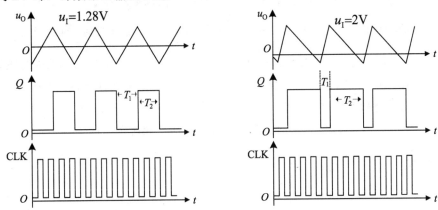

图 8.29　输入电压分别为 1.28V 和 2V 情况下的积分器和触发器的输出波形

由于采用累加的方法，充放电周期越多，累积的数据位数越大，测量越准确，所以为达到高转换位数，需要增加总测量时间。时钟脉冲数的二进制数就是 Δ-Σ 型 A/D 转换器的位数，一般测量精度可以达到 16~24 位。由于充放电频率大大高于采样定理规定的 2 倍要求，所以 Δ-Σ 型 A/D 转换器通常被称为过采样 A/D 转换器。Δ-Σ 型 A/D 转换器的输入信号范围只能在参考电压范围内，由于内部没有 D/A 网络，所以容易集成。缺点是转换速度慢，因为多次充放电才能完成一次测量。

8.2.7　A/D 转换器的主要技术指标

A/D 转换器的主要技术指标有转换精度、转换速度等。除了技术指标外，选择 A/D 转换器还要考虑输入电压的范围、输出数字的编码、工作温度范围和电压稳定度等方面的要求。

1. 转换精度

通常采用分辨率和转换误差来描述 A/D 转换器的转换精度。

A/D 转换器的分辨率以输出二进制或十进制数的位数表示，用于表征 A/D 转换器对输入信号的分辨能力。从理论上讲，n 位二进制数字输出的 A/D 转换器应能区分输入模拟电压的 2^n 个不同等级，能区分输入电压的最小间隔为 $\frac{1}{2^n}$FSR (满量程输入的 $1/2^n$)，所以分辨

率所表示的是 A/D 转换器在理论上能达到的精度。例如，设最大输入信号为 5V，10 位 A/D 转换器的输出能区分输入信号的最小间隔为 $5V/2^{10}=4.88mV$。

转换误差表示实际输出的数字量和输出数字量理论值之间的差别，一般以最低有效位的倍数给出。例如，转换误差 $<\pm\frac{1}{2}$LSB，表明实际输出的数字量和理论上的输出数字量之间的误差小于最低有效位数值的一半。

> **注意：** 产品手册上给出的转换精度是在一定的电源电压和环境温度下得到的数据。如果这些条件改变了，将引起附加的转换误差。例如，10 位二进制输出的 A/D 转换器 AD571 在室温（±25℃）和标准电源电压（V^+ =+5V，V^- =−15V）下的转换误差 $\leq\pm\frac{1}{2}$LSB，而当环境温度从 0℃变到 70℃时，可能产生 ±1LSB 的附加误差。如果正电源电压在+4.5～+5.5V 范围内变化，或者负电源电压在−16～−13.5V 范围内变化时，最大的转换误差精度可达到 ±2LSB。因此，为获得较高的转换精度，必须保证供电电源的稳定度，并尽可能保持环境温度稳定。有些 A/D 转换器需要外接参考电压，此时还要保证参考电压的稳定度。

2. 转换速度

A/D 转换器从转换控制信号到来开始，到输出端得到稳定的数字信号，需要一定的时间，称为转换时间，用于表征 A/D 转换器的转换速度。

A/D 转换器的转换速度主要取决于转换电路的类型，不同类型 A/D 转换器的转换速度相差很大。并行比较型 A/D 转换器的转换速度最快。一般 8 位二进制输出的并行比较型单片集成 A/D 转换器的转换时间小于 50ns。逐次逼近型 A/D 转换器的转换速度次之。多数逐次逼近型 A/D 转换器产品的转换时间都在 10～100μs 之间，有的 8 位逐次逼近型 A/D 转换器的转换时间不到 1μs。和直接型 A/D 转换器相比，间接型 A/D 转换器的转换速度要慢得多。一般双积分型 A/D 转换器的转换时间在数十毫秒至数百毫秒之间。

8.2.8 集成 A/D 转换器及其应用

1. AD650

如图 8.30 所示，AD650 是积分器型电荷平衡式 V-F 变换器。为了提高电路的带负载能力，在单稳态触发器的输出端又增加了一个集电极开路输出的三极管。失调电压调整端和失调电流调整端用于调整积分放大器的零点，在输入为 0 时可以将输出准确地调整为 0。积分器的电阻 R_{int}、电容 C_{int} 和单稳态触发器的定时电容 C_{OS} 需要外接。其恒流源为 I_0 =1mA，单稳态触发器输出脉冲的宽度可近似表示为

$$t_w = C_{OS}(6.8\times10^3)+3\times10^{-7}(s) \tag{8.20}$$

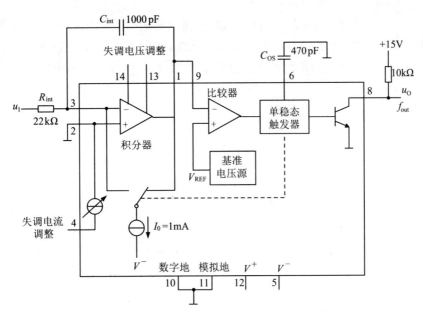

图 8.30 AD650 构成的 V-F 变换电路

【例 8.1】 在图 8.30 所示用 AD650 接成的 V-F 变换电路中，设 $R_{int}=22\text{k}\Omega$，$C_{int}=1000\text{pF}$，单稳态触发器的定时电容 $C_{OS}=470\text{pF}$，$V^+=+15\text{V}$，$V^-=-15\text{V}$。试计算输入电压从 0 变到 10V 时输出脉冲频率的变化范围。

解：首先用式(8.20)计算单稳态触发器输出脉冲的宽度，得到

$$t_w = C_{OS}(6.8\times 10^3) + 3\times 10^{-7}$$
$$= 470\times 10^{-12}\times 6.8\times 10^3 + 3\times 10^{-7}$$
$$= 3.5(\mu\text{s})$$

再利用式(8.17)即可求得输出脉冲的频率为

$$f_{out} = [1/(I_0 t_w R_{int})]u_I$$
$$= [1/(1\times 10^{-3}\times 3.5\times 10^{-6}\times 22\times 10^3)]u_I$$
$$= 13u_I(\text{kHz})$$

因此，当 u_I 从 0 变到 10V 时，f_{out} 将从 0 变到 130kHz。

2. MC14433

MC14433 是美国摩托罗拉公司生产的单片 $3\frac{1}{2}$ 位 A/D 转换器，集成了双积分式 A/D 转换器所有的 CMOS 模拟电路和数字电路，具有外接元件少、输入阻抗高（>1000MΩ）、功耗低(8mW，±5V 电源电压时)、电源电压范围宽(±4.8V～±8V)和精度高(读数的±0.05%±1 字，其中 1 字为最低有效位对应的模拟量)等特点，并且具有自动校零和自动极性转换功能，只要外接两只电阻和电容即可构成一个完整的 A/D 转换器。

MC14433 的结构如图 8.31 所示。时钟信号发生器由芯片内部的反相器、电容及外接电阻 R_C 构成。通常对应时钟频率 50kHz、66kHz、100kHz，R_C 取 750kΩ、470kΩ、360kΩ。采用外部时钟频率时，不接 R_C。MC14433 输出量编码为 BCD 码，采用字位动态扫描输出

方式，即千、百、十、个位 BCD 码分时在 $Q_0 \sim Q_3$ 轮流输出，同时在 $DS_1 \sim DS_4$ 端输出同步字位选通脉冲，控制 LED 动态显示。在 DS_2、DS_3、DS_4 期间，$Q_0 \sim Q_3$ 输出个、十、百位的 BCD 码。在 DS_1 期间，Q_3 表示千位 BCD 码(0 或 1)；Q_2 表示输入电压的极性；Q_0 表征是否在量程之外。

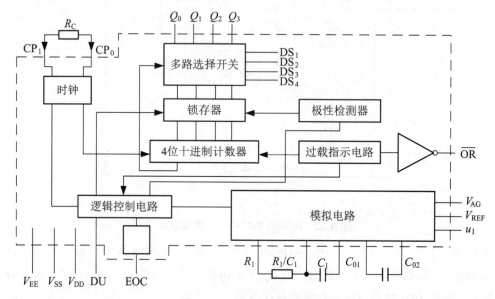

图 8.31 MC14433 的结构

MC14433 只需要一个正基准电压即可支持双极性模拟输入电压。当 V_{REF} 端接入大于 5 个时钟周期的负脉冲时，可以复位到转换周期的起始点。MC14433 模拟电压输入量程分 1.999V 和 199.9mV 两挡，对应参考电压可分别取 2V 和 200mV。

R_1、R_1/C_1、C_1 为外接积分电阻和电容，积分电容一般选 0.1μF 聚酯薄膜电容，如果每秒转换 4 次，时钟频率选为 66kHz，当参考电压 $V_{REF}=200mV$ 时，$R_1 \approx 27k\Omega$；当参考电压 $V_{REF}=2V$ 时，$R_1 \approx 470k\Omega$。C_{01}、C_{02} 为失调补偿电容输入端，一般选 0.1μF 聚酯薄膜电容。DU 为更新显示控制端，用来控制转换结果的输出。如果在积分器反向积分周期之前，DU 端输入一个正跳变脉冲，该转换周期所得到的结果将被送入输出锁存器，经多路开关选择后输出；否则继续输出上一个转换周期的数据。该功能用于保存数据，如果不需要保存而直接输出数据，可将 DU 端和转换周期结束标志位 EOC 短接。

MC14433 的计数范围为 0~199，输出读数=$\dfrac{u_I}{V_{REF}} \times 1999$。

MC14433 主要用于数字电压表、数字温度计等数字化仪表及计算机数据采集系统。

由 MC14433 构成的数字电压表电路如图 8.32 所示。其中，MC1403 提供高精度和高稳定度的参考电压，CC4511 为译码驱动电路(LED 为共阴极的数码管)，MC1413 为七组达林顿反相驱动电路。

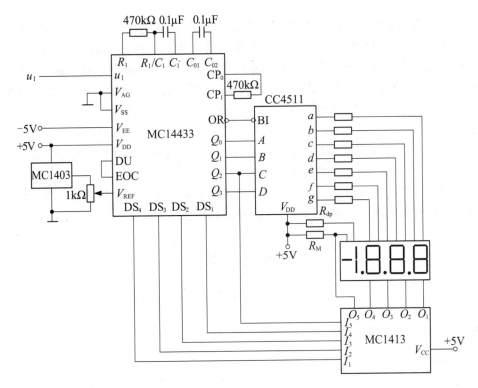

图 8.32　由 MC14433 构成的数字电压表电路

本 章 小 结

微处理器和微型计算机在检测、控制和信号处理系统中的广泛应用，促进了 A/D、D/A 转换技术的迅速发展。

实现 D/A 转换的基本原理是：将二进制数每一位代码按其位权的大小转换成相应的模拟量，再将这些模拟量相加，即可得到与数字量成正比的模拟量。

按解码网络结构不同，D/A 转换器分为权电阻网络 D/A 转换器，倒 T 形电阻网络 D/A 转换器、权电流型 D/A 转换器等。其中，权电流型 D/A 转换器具有更好的转换精度。按模拟电子开关电路的不同，D/A 转换器可分为 CMOS 开关型和双极性开关型。在速度要求不高的情况下，选用 CMOS 开关型。目前在双极型 D/A 转换器产品中，权电流型电路用得比较多；在 CMOS 集成 D/A 转换器产品中，以倒 T 形电阻网络电路较为常见。

当需要 D/A 转换器双极性输出时，常用的数字输入量编码方式有 2 的补码、偏移二进制码、符号位加数值码等。

A/D 转换器可分为直接型和间接型两大类。在直接型 A/D 转换器中，输入的模拟电压信号经过采样、保持、量化和编码四个过程直接被转换成相应的数字信号，具有较快的转换速度；而在间接型 A/D 转换器中，输入的模拟信号首先被转换成某种中间变量(如时间、频率等)，然后再将这个中间变量转换为输出的数字信号，转换速度较慢。常见的直接型 A/D 转换器有并行比较型和逐次逼近型两种类型。常见的间接型 A/D 转换器有双积分型、电压频率转换型和 $\Delta-\Sigma$ 型 A/D 转换器。并行比较型在目前所有 A/D 转换器中转换速度最快，但由于电路规模庞大，只用在超高速应用场合。逐次逼近型电路在集成 A/D 转换器产品中应用最广泛。双积分型 A/D 转换器的转换速度很低，但由于电路结构简单，性能稳定可靠，抗干扰能力较强，所以在各种低速系统中得到了广泛的应用。由于调频信号具有很强的抗干扰能力，V-F 变换型 A/D 转换器多用在遥测、遥控系统中。$\Delta-\Sigma$ 型 A/D 转换器是一种目前使用最为普遍的高精度 ADC 结构，在精度达到 16 位以上的场合，$\Delta-\Sigma$ 是必选的结构。

D/A 转换器和 A/D 转换器的主要技术参数是转换精度和转换速度。目前发展的趋势是高速度、高分辨率以及易与计算机接口。

为了得到较高的转换精度，除了选用分辨率较高的 A/D、D/A 转换器以外，还必须保证参考电压和供电电源有足够的稳定度，并减小环境温度的变化。

习　题

一、填空题

1. 8 位 DAC 电路可分辨的最小输出电压为 10mV，输入数字量为 $(10000011)_2$ 时，输出电压为_____。

2. ADC 输出为 8 位二进制数，输入信号的最大值为 5V，其分辨率为_____。

二、思考题

1. 一个 8 位逐次逼近型 A/D 转换器，转换单位为 1mV，当输入模拟电压为 152mV 时，输出为多少？

2. 一个 n 位 A/D 转换器可以达到的精度是多少？

3. 逐次逼近型 A/D 转换器中，若计数器为 8 位二进制数，时钟频率为 1MHz，则完成一次转换的时间约为多少？如果要求转换时间不大于 10μs，时钟频率应选多少？

4. 用满刻度为 10V 的 8 位 A/D 转换器对幅值为 0.5V 的输入信号电压进行转换，会出现什么问题？

5. 电路如图 8.33 所示，设触发器 $FF_0 \sim FF_2$ 的初始状态 $Q_2Q_1Q_0 = 000$，触发器的输出经过电阻解码网络被转换为模拟量。当触发器的输出为零时，控制其对应的电子开关 S 切换到接地端，反之切换到参考电压端 V_{REF}。试：

(1) 写出三个 D 触发器构成的电路名称。

(2) 画出三个触发器所构成的电路的完整状态转换图（Q_2 为高位）。

(3) 写出输出 u_{O1} 与触发器的输出 Q_2、Q_1、Q_0 之间的函数表达式。

(4) 分别写出电路中输出 u_{O2}、u_{O3} 与输入 u_{I1}、u_{O1} 之间的函数表达式。

(5) 已知时钟 CP 为 1kHz 的方波，参考电压 $V_{REF} = +8V$，$R_1 = 1kΩ$，$C = 1μF$，电容 C 两端的电压初始值为 0V。当 $u_{I1} = +3V$ 时，在图 8.32 中分别画出 u_{O1}、u_{O2}、u_{O3} 的输出波形。

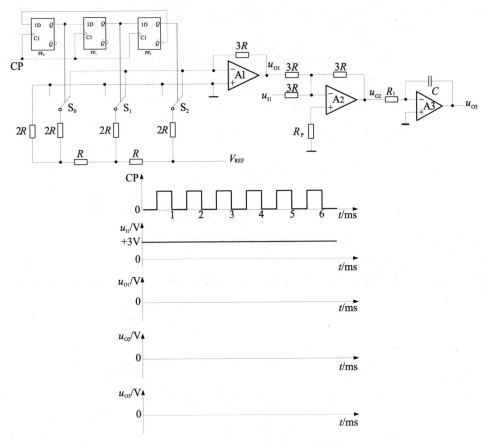

图 8.33 思考题 5 的电路图和波形图

6. 电路如图 8.34 所示，图中 $S_0 \sim S_3$ 为模拟开关，由输入数码 $D_0 \sim D_3$ 控制，当 $D_i = 1$ 时，S_i 接运放 A 的反相端；当 $D_i = 0$ 时，S_i 接运放 A 的同相端。试分析电路的工作原理，并推导输出电压 u_O 与数字输入量 D_i 之间的关系(设运放 A 为理想器件)。

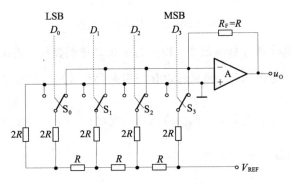

图 8.34 思考题 6 的电路图

7. 图 8.35 所示电路是 4 位倒 T 形电阻网络 D/A 转换器。模拟开关 S_i 由输入数码 D_i 控制($i = 0, 1, 2, 3$)。当 $D_i = 1$ 时，S_i 接运算放大器反相端；当 $D_i = 0$ 时，S_i 将电阻接地。试求：

(1) 输出模拟电压 u_O 的表达式。

(2) 如果 $R = R_F = 1\text{k}\Omega$，$V_{REF} = 10\text{V}$，求输出模拟电压 u_O 的输出范围。

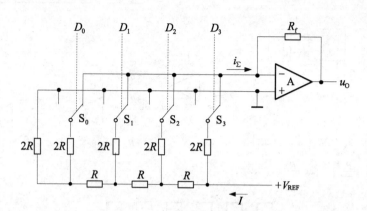

图 8.35　思考题 7 的电路图

8. 图 8.36 所示电路是权电阻网络 D/A 转换器电路。
(1) 试求输出模拟电压 u_O 和输入数字量的关系式。
(2) 若 $n=8$，并选最高位(MSB)权电阻 $R_7=10\text{k}\Omega$，试求其他各位权电阻的阻值。

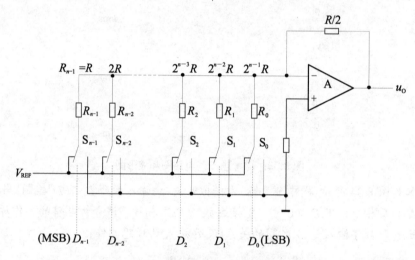

图 8.36　思考题 8 的电路图

9. 在图 8.37 所示的 D/A 转换器中，输入为 8 位二进制数码，接在 CB7520 的高八位输入端上，$V_{REF}=10\text{V}$，为保证 V_{REF} 偏离标准值所引起的误差 $\leqslant \dfrac{1}{2}\text{LSB}$ (现在的 LSB 应为 D_2)，允许 V_{REF} 的最大变化 ΔV_{REF} 是多少？V_{REF} 的相对稳定度 $\left(\dfrac{\Delta V_{REF}}{V_{REF}}\right)$ 应为多少？CB7520 的电路如图 8.37 所示，结构图如图 8.38 所示。

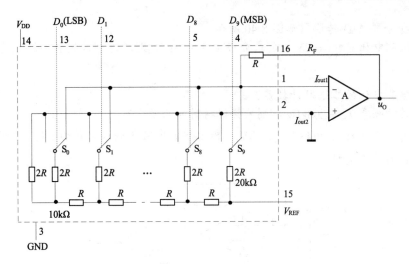

图 8.37 思考题 9 的电路图

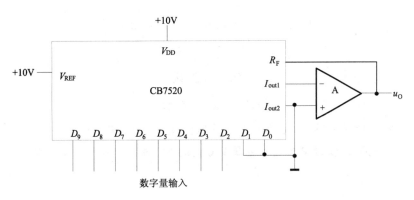

图 8.38 思考题 9 的结构图

10. 由 555 定时器、3 位二进制加计数器、理想运算放大器 A 构成如图 8.39 所示电路。设计数器初始状态为 000，且输出低电平 $V_{OL}=0V$，输出高电平 $V_{OH}=3.2V$，R_D 为异步清零端，高电平有效。

(1) 说明虚框①、②部分各构成什么功能电路？

(2) 虚框③构成几进制计数器？

(3) 对应 CP 画出 u_O 波形，并标出电压值。

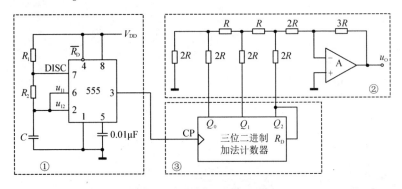

图 8.39 思考题 10 的电路图

11. 双积分型 A/D 转换器如图 8.40 所示。

(1) 若被测电压 $u_{I(max)} = 2V$，要求分辨率≤0.1mV，则二进制计数器的计数总容量 N 应大于多少？

(2) 需要多少位的二进制计数器？

(3) 若时钟频率 $f_{CP} = 200kHz$，则采样保持时间为多少？

(4) 若 $f_{CP} = 200kHz$，$|u_I| < |V_{REF}| = 2V$，积分器输出电压的最大值为 5V，此时积分器的时间常数 RC 为多少毫秒？

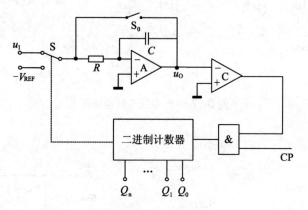

图 8.40 题 11 的电路图

12. 在图 8.27 所示电路中，已知：$R_T = 10k\Omega$，$C_T = 0.01\mu F$，$R_L = 47k\Omega$，$R_S = 10k\Omega$，$V_{CC} = 15V$，$V'_{CC} = 5V$。试计算当输入电压从 0 变到 5V 时输出脉冲频率的变化范围。

第 9 章 数字系统设计自动化 EDA

本章要点

- 数字系统的组成部分及其功能是什么？
- 如何设计数字系统？
- 数字系统如何实现？
- 什么是 EDA 技术？
- 如何使用 Verilog HDL 设计数字系统？

在分析和设计简单的数字电路时，我们可以采用前面几章学习过的分析和设计方法，如写真值表、画卡诺图或状态图等。当电路的规模较大时，采用上述方法将变得力不从心。本章在介绍数字系统相关内容的基础上，结合硬件描述语言 Verilog HDL 介绍采用 EDA 技术设计数字系统的方法。

9.1 数字系统概述

数字系统是用于对数字信息进行采集、存储、传输和处理，并含有控制单元的电子装置。数字系统既可以是由组合电路和时序电路构成的逻辑电路，也可以是一个大系统中的某个子系统，甚至还可以是一个能完成一系列复杂操作的计算机系统、智能控制系统和数据采集系统等。数字系统可以由小规模、中规模、大规模或超大规模集成电路实现。

9.1.1 数字系统的组成

一般将数字系统划分为两个模块或两个子系统：数据处理单元和控制单元，如图 9.1 所示。

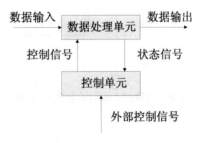

图 9.1 数字系统结构框图

1. 数据处理单元

数据处理单元主要完成数据的采集、存储、运算和传输，通常由存储器、运算器、寄存器、数据选择器等逻辑电路组成。数据处理单元的所有操作都是在控制单元产生的控制信号的作用下进行的。数据处理单元接收控制单元产生的控制信号并完成控制信号规定的操作，将产生的状态信号反馈给控制单元。

2. 控制单元

控制单元是数字系统执行系统算法、完成系统功能的核心，是一个具有记忆功能的时序逻辑电路或系统，通常由组合电路和存储电路或寄存器组成。控制单元的输入信号主要有外部控制信号和来自数据处理单元的状态信号。控制单元根据系统功能所设定的算法流程，在时钟信号和状态信号的作用下进行状态转换，同时产生控制信号。

9.1.2 数字系统的设计方法

随着电子技术不断发展，数字系统的设计方法有了深刻的变化。在电子技术发展的早期，系统规模小，功能简单，所以一般采用自底向上的设计方法。随着系统集成度越来越高，功能越来越复杂，出现了自顶向下的设计方法。

1. 自底向上

自底向上(Bottom Up)设计方法源于传统电子系统设计方法。在集成电路发展的早期，由于制造工艺水平的限制，芯片的集成度较低，单一芯片上含有的逻辑门电路较少，在实现复杂的系统时，单一芯片无法完成整个设计要求。因此需要多个芯片一起进行系统设计，即将多个芯片用连接线连接在一起，搭建成一个整体系统。自底向上的设计方法在现代数字系统的设计中也经常采用，即首先将整个系统划分为若干模块，然后分别设计每个模块，最后把所有模块整合成一个系统，最终完成设计要求。自底向上设计方法的基本流程如图 9.2 所示。

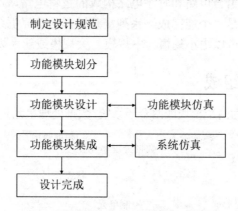

图 9.2 自底向上设计方法的基本流程

2. 自顶向下

自顶向下(Top Down)设计方法将系统设计按描述方式分为若干层次，一般划分为行为级、算法级、寄存器传输级(RTL)、门级、晶体管级等层次。首先对系统进行行为级建模，并进行仿真，然后依次进行算法级、RTL、门级设计与仿真，最终实现设计要求。自顶向下设计方法可以在多个层次对设计进行验证，可以保证设计的可靠性。自顶向下设计方法的基本流程如图 9.3 所示。

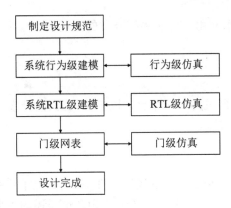

图 9.3 自顶向下设计方法的基本流程

> **注意：** Bottom Up 与 Top Down 的区别是 Bottom Up 由局部逻辑功能的实现到系统整体功能的整合，而 Top Down 是由整体的高抽象层次的行为描述到低抽象层次的逻辑实现。

9.1.3 数字系统的实现方式

数字系统一般有两种实现方式，一种是基于可编程逻辑器件(Programmable Logic Device，PLD)的数字系统实现方式；另一种是基于专用集成电路(Application Specific Integrated Circuits，ASIC)的数字系统实现方式。

1. 基于 PLD 的数字系统实现方式

关于 PLD 的相关知识可以参考本书第 6 章。基于 PLD 实现数字系统，用户可以反复修改，多次编程，直至完全满足设计要求，具有非常高的灵活性。目前，EDA 开发软件对 PLD 提供强大的支持，用户可以采用硬件描述语言如 VHDL、Verilog HDL 等进行数字系统设计，所以基于 PLD 的数字系统实现方式具有很强的便捷性。

2. 基于 ASIC 的数字系统实现方式

基于 ASIC 的数字系统实现方式是指采用全定制的方法来实现设计的方式，它包括整个电路设计的全过程直至物理版图的设计。基于 ASIC 的数字系统实现方式可以获得高速度、低功耗、低成本的设计。因为 ASIC 设计包括版图设计流程，所以要求设计者使用版图编辑工具进行版图设计。由于 ASIC 在流片后结构功能无法改变，所以必须保证设计的正确性，需要反复验证，不仅增加了设计周期，而且具有高风险性。

两种数字系统的实现方式各有优缺点，设计者需要根据设计要求选择合适的实现方式。

9.2 EDA 技术

EDA 即电子设计自动化，是英文 Electronic Design Automation 的缩写。EDA 技术是现代电子设计的核心，它以计算机科学、微电子技术为基础，并融合了应用电子技术、智能技术及计算机图形学、拓扑学、计算数学等众多学科的最新成果，是现代电子设计的主要技术手段。当今，EDA 技术应用于电子系统开发的全过程，以及进行电子设计时涉及的各个方面。

1. 广义的 EDA

广义的 EDA 就是以计算机为工作平台，以 EDA 工具为开发环境，以 PLD 或 ASIC 为目标器件来设计电子系统的技术。

2. 狭义的 EDA

狭义的 EDA 主要指的是基于可编程逻辑器件(PLD)的电子系统设计自动化，即以大规模可编程逻辑器件为设计载体，以硬件描述语言为逻辑描述的主要表达方式，通过相关的开发软件，以计算机和 PLD 实验开发系统为设计工具，自动完成电子系统的设计，最终形成集成电子系统或专用集成芯片。

现代 EDA 技术一般具备以下特点：①高层次综合和优化；②采用硬件描述语言进行设计；③开放性和标准化。

9.3 Verilog HDL 基础

随着数字系统复杂度的增加，采用传统的工具和方法很难完成设计任务，HDL(Hardware Description Language，硬件描述语言)的出现为数字系统的设计提供了一种高效、可靠的设计方法。

硬件描述语言是一种以文本形式来描述数字系统硬件结构和行为的语言。与传统的原理图设计方法相比，HDL 更适合描述大规模的数字系统，它使设计者在比较抽象的层次上对所设计系统的结构和逻辑功能进行描述。当今在业界使用占主流的 HDL 有两种：VHDL 和 Verilog HDL。

其中，Verilog HDL 由 Gateway Design Automation 公司于 1983 年首次提出，并在此后为 Verilog HDL 设计了 Verilog-XL 仿真器。Verilog-XL 仿真器使得 Verilog HDL 得到了广泛的使用。Gateway Design Automation 公司在 1989 年被 Cadence 公司收购。1990 年 Cadence 公司公开发表了 Verilog HDL，并成立了 OVI(Open Verilog International)组织，专门负责 Verilog HDL 的推广和发展。Verilog HDL 在 1995 年成为 IEEE 标准，并简称为 IEEE Standard 1364—1995。此后，IEEE 分别制定了 IEEE Standard 1364—2001 和 IEEE Standard 1364—2005。

Verilog HDL 是在 C 语言的基础上发展而来的。在语法结构上，Verilog HDL 与 C 语言有许多相似之处，因此具有 C 语言基础的设计者可以更快地掌握 Verilog HDL。但是 Verilog HDL 是一种硬件描述语言，与无法实现硬件描述的 C 语言具有本质的区别。

9.3.1 Verilog HDL 的基本结构

Verilog HDL 对逻辑功能的描述是以模块为基本设计单元的。每个模块都实现一定的逻辑功能。一个独立的 Verilog HDL 文件一般只包含一个模块。层次化设计中，高层次的模块可以调用低层次的模块，此时低层次模块以元件的形式出现。

Verilog HDL 的基本结构如下:

```
module 模块名称 (端口列表);
[内部信号定义;]
逻辑功能描述;
endmodule
```

【例 9.1】1 位半加器的 Verilog HDL 代码描述。

```
module half_adder (input wire   a,
                   input wire   b,
                   output wire  s,
                   output wire  c);
    assign s=a ^ b;
    assign c=a & b;
endmodule
```

1. 模块声明

Verilog HDL 的模块声明以 module 开始,以 endmodule 结束。所有描述代码包含在 module 与 endmodule 之间。module 与 endmodule 都是 Verilog HDL 的关键词。

2. 模块名称

模块名称由设计者自己定义,属于 Verilog HDL 中的标识符。关于标识符的命名规则在 9.32 节介绍。例 9.1 中,half_adder 为模块名称。

3. 端口列表

例 9.1 中,括号里面的代码(input wire a, input wire b, output wire s, output wire c)为端口列表描述。可以在一行代码中声明多个端口,但一般为了方便阅读,每行代码声明一个端口。Verilog HDL 中的端口方向有三类:input、output、inout。端口定义除了需要定义方向外,还要定义端口的数据类型。Verilog HDL 中的数据类型有两种,net 型和 variable 型。每种数据类型中包含若干子类型。其中,net 数据类型中的 wire 类型和 variable 数据类型中的 reg 类型是最常用的两种数据类型。Verilog HDL 中缺省时的数据类型为 wire 类型。

> **注意:** 端口列表的声明格式取决于使用的 Verilog HDL 标准。IEEE 1364—1995 标准中,端口列表和端口定义是分开的。IEEE 1364—2001 标准中,端口定义放在端口列表中。本书中采用 IEEE 1364—2001 标准。

4. 内部信号定义

内部信号的作用是实现模块中各个设计单元之间的通信。定义格式需要声明数据类型和信号名称。例如,"wire temp;"语句的作用是声明 1 位 wire 类型、名称为 temp 的内部信号。

5. 逻辑功能描述

逻辑功能描述为 Verilog HDL 的核心部分。逻辑功能描述主要有三种方式。

(1) assign 持续赋值语句。assign 语句一般用于组合逻辑的赋值，称为持续赋值方式。例如，例 9.1 中的 "assign s =a ^ b;" 与 "assign c =a & b;" 两条语句都是持续赋值语句。

(2) always 过程块。always 过程块中的赋值语句称为过程赋值语句。除过程赋值语句外，还包括其他条件控制语句等类似于高级语言的语句。

注意： always 过程块中被赋值的变量都要声明为 variable 类型。在过程块中含有多条语句时，需要把所有语句包括在 begin 与 end 之间。

【例 9.2】 采用 always 块的 1 位半加器。

```
module half_adder (input wire a,
                   input wire b,
                   output reg s,
                   output reg c);
    always @ (a,b)
        begin
            s= a ^ b;
            c= a & b;
        end
endmodule
```

(3) 元件调用。元件调用是指调用已经存在的功能元件来描述当前设计的方法。在 Verilog HDL 可以调用的元件有：内置逻辑门、内置开关元件、层次化设计中的低层次模块。

【例 9.3】 采用元件调用方法描述 1 位半加器。

```
module half_adder (input wire a,
                   input wire b,
                   output wire s,
                   output wire c);
    xor u1 (s,a,b);
    and u2 (c,a,b);
endmodule
```

例 9.3 中使用了 Verilog HDL 中的内置逻辑异或门 xor 和内置逻辑与门 and。

9.3.2 Verilog HDL 语言要素

Verilog HDL 程序是由各种符号流构成的，这些符号包括关键词(Key Words)、标识符(Identifiers)、注释(Comments)、常量(Constant)、变量(Variable)、运算符(Operators)和空格(White Space)等。

1. 关键词

关键词是 Verilog HDL 定义的特殊字符串，用来实现相应的语言结构，通常为小写的英文字符串。例如，module、endmodule、input、output、inout、wire、reg、if 等都是关键词。

注意： 关键词不能作为标识符使用。

2. 标识符

标识符是用户在编程时给 Verilog 对象起的名字。模块名、端口名、元件标号名等都是标识符。Verilog 中标识符的命名规则如下。

- 标识符的合法符号为字母、数字、"$"和"_"。
- 标识符只能含有合法字符。
- 标识符为合法字符的组合。
- 标识符必须以字母或"_"开头。
- 标识符区分大小写。

合法标识符如：

data_in、clk、cnt60、MY_$

非法标识符如：

```
123         //必须以字母或"_"开头
rst_#       //含有非法字符"#"
```

3. 注释

Verilog 有两种注释方式。

- 单行注释：以 "//" 开始到本行结束，只注释一行。
- 多行注释：以 "/*" 开始到 "*/" 结束。

4. 常量

常量是指在程序执行过程中其值不能改变的量。Verilog HDL 中的常量包括整数常量、实数常量、字符串型常量三种。

(1) 整数常量。Verilog HDL 中的整数常量有两种书写格式：十进制格式和基数格式。

① 十进制格式是一个可以带正负号的数字序列，代表一个有符号数。例如：

```
27  //十进制 27
-51 //十进制-51。
```

② 基数格式的形式如下：

[位宽]'基数 数值

注意： "'" 与基数之间不能出现空格。

- 位宽指定常数的位数，为可选项，如果没有声明位宽，则位宽为常数的数值所对应的位宽。
- 基数指定常数的进制，可以为 o 或 O(八进制)、b 或 B(二进制)、d 或 D(十进制)、h 或 H(十六进制)之一。
- 数值代表常数的取值，为一个数字序列，其形式与基数定义的形式一致。

合法的整数常量基数格式如：

```
7'O78            //7位八进制整数
```

```
2'B11                    //2 位二进制整数
5'D127                   //5 位十进制整数
6'H4F                    //6 位十六进制整数
'B010100100000           //12 位二进制整数,位宽默认
'HF7                     //8 位十六进制整数,位宽默认
```

非法的整数常量基数格式如:

```
4'D-7                    //数值不能为负
(2+5)'B1010010           //位宽不能为表达式
```

(2) 实数常量。实数又称为浮点数。Verilog HDL 中的实数常量有两种书写格式:十进制格式和指数格式。

① 十进制格式。实数用十进制格式表示时,实数必须包括整数部分和小数部分。例如:

```
2.0
3.1415926
0.15
```

② 指数格式。指数格式由数字和字符 E 或 e 组成,e(E)前面必须有数字而且后面的数字必须为整数,例如:

```
2.17E2    //数值为 217
5E-2      //数值为 0.05
```

(3) 字符串常量。字符串常量是由一对双引号括起来的字符序列。出现在双引号内的任何字符都作为字符串的一部分。例如:

```
"VERILOG HDL"
"IEEE STD 1364-2001"
```

5. 变量

变量是数值可以改变的量。变量在定义时需要指定数据类型,因此变量可以根据其数据类型进行分类。Verilog HDL 中的数据类型分为两类:net 型和 variable 型。

(1) net 型数据类型。net 型变量相当于硬件电路中的实际连线,其特点是输出的值紧跟输入值的变化而变化。net 型变量的值取决于驱动变量的值,对 net 型变量有两种驱动方式,一种是元件调用中变量连接至元件的输出端;另一种是用持续赋值语句 assign 对 net 型变量赋值。net 型数据类型共有 11 种,包括:wire、tri、wor、trior、wand、triand、trireg、tri1、tri0、supply1、supply0。如果没有驱动连接到 net 型变量,则该变量的值为 Z(trireg 除外)。

net 型变量的声明格式如下:

```
net 类型 位宽 变量1,变量2,…,变量N
```

- net 类型为 11 种 net 类型中的任意一种。
- 位宽定义了变量的位数,有增区间[lsb:msb]和减区间[msb:lsb]两种表示方法。msb 定义了最高取值范围,lsb 定义了最低取值范围。如果没有指定位宽,则认为所定义的变量位宽为 1。
- 变量 1 至变量 N 为变量名。

net 型变量的声明如：

```
wire  [3:0] cnt;      //定义了 4 位 wire 类型的变量
tri   s_out;          //定义了 1 位 tri 类型的变量
```

(2) variable 型数据类型。variable 型变量必须在过程语句(always, initial)中使用，通过过程赋值语句进行赋值。varialbe 数据类型共有四种：reg、integer、real、time。在使用 Verilog HDL 进行逻辑功能设计时主要使用 reg 类型和 integer 类型。variable 型变量的声明格式类似于 net 型变量的声明格式。

variable 型变量的声明格式如下：

```
variable 类型 位宽 变量 1,变量 2,…,变量 N
```

6. 运算符

Verilog HDL 提供了丰富的运算符，设计者可以直接调用相应运算符进行逻辑功能描述。按照功能进行划分，运算符可以分为以下几类。

(1) 算术运算符：+(加)、-(减)、*(乘)、/(除)、%(求模)、**(乘方)。
(2) 逻辑运算符：&&(逻辑与)、||(逻辑或)、!(逻辑非)。
(3) 按位运算符：~(按位取反)、&(按位与)、|(按位或)、^(按位异或)、^~,~^(按位同或)。
(4) 规约运算符：&(与)、~&(与非)、|(或)、~|(或非)、^(异或)、^~,~^(同或)。
(5) 关系运算符：<(小于)、<=(小于等于)、>(大于)、>=(大于等于)。
(6) 相等运算符：==(逻辑相等)、!=(逻辑不等)、===(按位全等)、!==(按位不等)。
(7) 移位运算符：>>(右移)、<<(左移)。
(8) 条件运算符：? : 。
(9) 连接运算符：{ }。

9.3.3 Verilog HDL 描述语句

Verilog HDL 支持多种描述语句，可以方便地在较高的层次对硬件电路进行描述。Verilog HDL 描述语句包括过程块语句、块语句、赋值语句、条件语句、循环语句、编译语句等。

1. 过程块语句

Verilog HDL 的过程块语句有两种：always 语句和 initial 语句。always 语句和 initial 语句都引导一段代码，称为过程块。代码有两种封装形式：begin…and(顺序执行过程块)和 fork…join(并行执行过程块)。在一个 module 中，always 和 initial 的使用次数不受限制。

> 注意： 过程块之间是并行执行的。

1) always 过程块语句

always 引导的过程块有两种状态：执行和挂起。当@后面括号内的敏感信号列表中的信号发生改变时，过程块执行。如果敏感信号列表中的信号不发生变化，则过程块挂起。如果 always 后面无敏感信号列表，则过程块无条件执行。无条件执行的语句一般用来编写测试代码。

【例 9.4】 always 过程块举例。

```
always @ (a, b)
    begin
        if (a>b)
            c=a;
        else
            c=b;
    end
```

例 9.4 中只有敏感信号表中的信号 a 或 b 发生变化，过程块中的语句才被执行。多个敏感信号之间用逗号隔开。如果对过程块中所有驱动信号敏感，则可以使用通配符"*"。通配符可以使用括号也可以不使用。过程块用 begin…and 封装。

【例 9.5】 使用通配符"*"的 always 过程块。

```
always @ *
    begin
        if (a>b)
            'c=a;
        else
            c=b;
    end
```

例 9.4 与例 9.5 等价。

2) initial 过程块语句

initial 语句不带敏感信号列表，只执行一次。initial 语句一般用于编写测试代码，用来产生激励信号。

注意： initial 语句不能被综合。

【例 9.6】 initial 过程块举例。

```
'timescale 1ns/1ns
module tb_and2;
    reg a,b;
    initial
        begin
            a=0;b=0;
            #50 a=0;b=1;
            #50 a=1;b=0;
            #50 a=1;b=1;
            #50 $finish;
endmodule
```

2. 块语句

Verilog HDL 中的块语句是指用块标识符 begin…and 或 fork…join 封装起来的一段代码。当只有一句代码时，块标识符可以省略。用块标识符 begin…and 封装的代码称为串行块，用块标识符 fork…join 封装的代码称为并行块。

1) begin…and

begin…and 串行块中的语句按书写顺序串行执行。

【例9.7】 begin…and 串行块。

```
begin
    a=1;
    b=2;
    b=a;
    c=b;
end
```

执行结果：c=b=1。

2) fork…join

Fork…join 并行块中的语句并行执行，与书写顺序无关。

【例9.8】 fork…join 并行块。

```
fork
    a=1;
    b=2;
    b=a;
    c=b;
join
```

执行结果：c=2,b=1。

3. 赋值语句

1) 持续赋值语句 assign

持续赋值语句是指用关键词 assign 引导的一条赋值语句。

💡 **注意：** 持续赋值语句只能给 net 型变量进行赋值。

2) 过程赋值语句

过程赋值语句使用在 always 或 initial 引导的过程块中。过程赋值语句只能给 variable 型变量进行赋值。Verilog HDL 中有两种过程赋值语句：阻塞(blocking)过程赋值语句和非阻塞(non-blocking)过程赋值语句。

(1) 阻塞过程赋值语句。阻塞过程赋值语句的操作符为"="。阻塞是指当某条阻塞过程赋值语句正在执行时，处于该条语句后面的其他语句不能执行，相当于当前语句阻塞了其后面语句的执行。

💡 **注意：** 阻塞过程赋值语句执行结束后，被赋值的变量立即发生改变，后面使用该变量的语句代入的是改变后的值。

【例9.9】 阻塞过程赋值语句应用举例。

```
module block (input wire a,
              input wire clk,
              output reg b,
```

```
            output reg c);
    always @(posedge clk)
        begin
            b=a;
            c=b;
        end
endmodule
```

例 9.9 的仿真波形如图 9.4 所示。

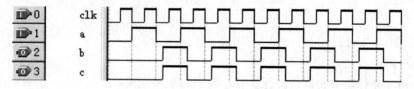

图 9.4 例 9.9 的仿真波形

(2) 非阻塞过程赋值语句。非阻塞过程赋值语句的赋值符号为"<="。

过程赋值语句的执行可以分解为两个子过程。
- 子过程 1：计算赋值符号右侧表达式的值。
- 子过程 2：对赋值符号左侧的变量赋值。

阻塞过程赋值语句的两个子过程是同时完成的，在执行子过程 1 后，立即执行子过程 2，阻塞了后面语句子过程 2 的执行。非阻塞过程赋值语句的两个子过程是分开执行的，在执行子过程 1 后，开始执行后面语句的子过程 1，等该过程块的所有语句的子过程 1 都执行结束后，开始从过程的第一条语句执行子过程 2。

在非阻塞赋值语句的子过程 1 中，计算表达式值时使用的变量的值为当前变量的值，即未执行子过程 2 时的变量的值。

【例 9.10】非阻塞过程赋值语句应用举例。

```
module block (input wire a,
              input wire clk,
              output reg b,
              output reg c);
    always @(posedge clk)
        begin
            b<=a;
            c<=b;
        end
endmodule
```

例 9.10 的仿真波形如图 9.5 所示。

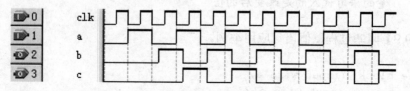

图 9.5 例 9.10 的仿真波形

> **注意：** 一般在设计组合逻辑电路时建议使用阻塞赋值语句，在设计时序逻辑电路时建议使用非阻塞赋值语句。不建议阻塞赋值语句和非阻塞赋值语句混合使用。

4. 条件语句

1) if 语句

if 语句主要有四种形式。

(1) 无 else 项 if 语句，语法格式如下：

```
if (条件)
    begin
        过程语句;
    end
```

【例 9.11】无 else 项 if 语句应用举例。

```
always @(a,b)
    begin
        if (a==b)
            c=1'b1;
    end
```

(2) 单一 if…else 语句，语法格式如下：

```
if (条件)
    begin
        过程语句;
    end
else
    begin
        过程语句;
    end
```

【例 9.12】单一 if…else 语句应用举例。

```
always @ (posedge clk)
    begin
        if (!rst_n)
            q<=1'b0;
        else
            q<=d;
    end
```

(3) if…else if 语句，语法格式如下：

```
if (条件)
    begin
        过程语句;
    end
else if (条件)
    begin
        过程语句;
```

```
        end
    else if (条件)
        ...
    else if (条件)
        begin
            过程语句;
        end
    else
        begin
            过程语句;
        end
```

【例 9.13】if…else…if 语句应用举例。

```
always @ (a,b)
    begin
        if (a==b)
            begin
                eq=1'b1;
                gt=1'b0;
                lt=1'b0;
            end
        else if (a>b)
            begin
                eq=1'b0;
                gt=1'b1;
                lt=1'b0;
            end
        else
            begin
                eq=1'b0;
                gt=1'b0;
                lt=1'b1;
            end
    end
```

(4) if 语句嵌套，语法格式如下：

```
if (条件)
    begin
        if (条件)
            begin
                if (条件)
                    begin
                        ...
                        if (条件)
                            begin
                                过程语句;
                            end
                        ...
                    end
```

                end
        end

【例 9.14】 if 语句嵌套应用举例。

```
always @(a,b,c)
    begin
        if (a>b)
            begin
                if (a>c)
                    d=a;
                if (b>c)
                    d=a;
            end
    end
```

2) case 语句

case 语句与 C 语言的 switch 语句类似，可以实现多选一的电路设计。在数字逻辑中，case 语句可以用来实现数据选择器、状态机、译码器等电路的设计。

case 语句的语法格式如下：

```
case (条件表达式)
    表达式取值 1：语句 1；
    表达式取值 2：语句 2；
    表达式取值 3：语句 3；
    …
    表达式取值 n：语句 n；
    default：  语句 n+1；
endcase
```

【例 9.15】 case 语句实现 2—4 译码器。

```
always @ (sel)
    begin
        case (sel)
            2'b00:
                begin
                    y3_n=1'b1;y2_n=1'b1;y1_n=1'b1;y0_n=1'b0;
                end
            2'b01:
                begin
                    y3_n=1'b1;y2_n=1'b1;y1_n=1'b0;y0_n=1'b1;
                end
            2'b10:
                begin
                    y3_n=1'b1;y2_n=1'b0;y1_n=1'b1;y0_n=1'b1;
                end
            2'b11:
                begin
                    y3_n=1'b0;y2_n=1'b1;y1_n=1'b1;y0_n=1'b1;
                end
```

```
                default:
                    begin
                        y3_n=1'b1;y2_n=1'b1;y1_n=1'b1;y0_n=1'b1;
                    end
            endcase
    end
```

casex 与 casez 是 case 语句的变体。使用 casez 语句时，如果条件表达式取值的某一位或某几位为 z，则这些为 z 的位可以被忽略，认为是无关项，只需关注其他位的取值。使用 casex 语句时，如果条件表达式取值的某一位或某几位为 x 或 z，则这些位可以被忽略，只需关注其他位的取值。可以用"？"表示 z 或 x。

【例 9.16】 casex 和 casez 举例。

```
casez (sel)
    3'b00x: y=8'b11111110;    //如果 sel 等于 00x、00z，都执行该语句
casex (sel)
    3'b00x: y=8'b11111110;    //如果 sel 等于 000、001、00x、00z，都执行该语句
casex (sel)
    3'b00?: y=8'b11111110;    //如果 sel 等于 000、001、00x、00z，都执行该语句
```

5. 循环语句

循环语句用来控制语句的执行次数，Verilog HDL 中有四种循环语句：for、repeat、while、forever。

1) for 语句

for 语句的语法格式如下：

```
for (循环变量初值;循环结束条件;循环变量变化步长)
```

【例 9.17】 for 语句实现数据左移。

```
for (i=0;i<7;i=i+1)
    dout[i+1]<=dout[i];
```

2) repeat 语句

repeat 语句的功能是实现重复执行某条语句或语句块多次。

repeat 语句的语法格式如下：

```
repeat(重复次数)
    重复执行语句;
```

重复次数指定了重复执行语句执行的次数。如果重复次数含有 x 或 z，则重复次数为 0。

【例 9.18】 repeat 语句实现左移 3 位。

```
repeat(3)
    dout=dout<<1;
```

上段代码等价于

```
dout=dout<<3;
```

3) while

while 语句的语法格式如下：

```
while(循环执行条件表达式)
    循环执行语句
```

当循环执行条件表达式为真时，循环执行语句被执行，否则不被执行。

【例 9.19】 while 语句实现移位左移。

```
while(cnt>4'b0000)
    begin
        dout=dout<<1;
        cnt=cnt-4'b0001;
    end
```

4) forever

forever 指无条件执行其后面的语句，一般用在 initial 过程块中，生成周期性信号。

【例 9.20】 forever 语句生成时钟信号。

```
initial
    begin
        forever
            clk=~clk;
    end
```

6. 编译语句

编译语句以"'"开始。Verilog HDL 中常用的编译语句如下。

- 'define、'undef
- 'ifdef…'else…'endif
- 'include
- 'timescale

1) 宏替换'define

'define 语句的功能是文本替换，如用一个指定的标识符来代表一个表达式或一个字符串。一旦'define 指令被编译，那么这条语句在整个编译过程中都有效，除非遇到'undef 语句。'undef 语句用于取消前面'define 语句所做的定义。

【例 9.21】 'define 与'undef 应用举例。

```
'define BYTE  8            // 用 BYTE 代表数值 8
...
wire [BYTE-1: 0]  a;       //定义 8 位的 wire 变量 a
...
'undef  BYTE               //取消 BYTE 定义，即 BYTE 不再代表数值 8
```

2) 条件编译语句'ifdef…'else…'endif

条件编译语句的功能类似于 if…else 语句。

【例 9.22】 'ifdef…'else…'endif 应用举例。

```
'ifdef SIZE
```

```
    parameter BYTE=8
`else
    parameter BYTE=12
`endif
```

如果定义了 SIZE，则定义参数 BYTE 等于 8，否则定义参数 BYTE 等于 12。

3) `include

`include 语句用于调用内嵌文件的内容。内嵌文件一般也是 Verilog HDL 文件。在层次化设计中，高层次的模块可以使用该语句调用低层次的模块。在验证时，可以在测试文件中使用`include 语句调用被验证模块。

【例 9.23】`include 应用举例。

```
`include " ../../adder.v"
//双引号内的内容为内嵌文件的路径和文件名，编译时这一行用内嵌文件内容代替
module tb_adder;
    …
endmodule
```

4) `timescale

`timescale 语句用来指定延时的单位和精度，其格式如下：

`timescale 时间单位/时间精度

Verilog HDL 中的时间单位有：$fs(10^{-15}s)$、$ps(10^{-12}s)$、$ns(10^{-9}s)$、$us(10^{-6}s)$、$ms(10^{-3}s)$、s。

【例 9.24】`timescale 应用举例。

`timescale 1ns/100ps   //表示时间单位为 1ns，时间精度为 100ps

> **注意：** 数值与单位之间不能有空格，而在 VHDL 语言中数值与单位之间必须要有空格。

9.3.4 Verilog HDL 描述方式

Verilog HDL 在对硬件进行描述时主要有四种描述方式：结构描述、行为描述、数据流描述、混合描述。

1. 结构描述

结构描述方式是指在设计中，高层次模块由低层次模块搭建而成。低层次的模块称作元件。高层次模块需要的元件必须已经定义。Verilog HDL 中元件的种类包括：内置逻辑门、内置开关级 MOS 晶体管、用户设计 module、用户自定义 UDP。

1) Verilog HDL 内置元件

Verilog HDL 提供了 26 个内置元件，如表 9.1 所示。在使用内置元件时，可以不声明元件例化名。

表 9.1 Verilog HDL 内置元件

元件分类	元件名称	说 明
多输入门	and, nand, or, nor, xor, xnor	1 个或多个输入，1 个输出
多输出门	buf, not	1 个或多个输出，1 个输入
三态门	bufif0, bufif1, notif0, notif1	1 个输入、1 个使能、1 个输出
上拉、下拉电阻	pullup, pulldown	—
MOS 开关	cmos, nmos, pmos, rnmos, rpmos	—
双向开关	tran, tranif0, tranif1, rtran, rtranif0, rtranif1	—

调用内置门元件的格式如下：

门元件名称 [门元件例化名] ([端口列表]);
多输入门端口列表格式: (输出,输入1,输入2,…);

【例 9.25】二输入与门元件。

```
and U1 (c, a, b);
```

U1 代表输入端口为 a、b，输出端口为 c 的二输入与门。

2) 用户自设计 module

【例 9.26】半加器元件。

```
half_adder u1 (a,b,s1,c1);
```

half_adder 是用户自己设计的底层 module，在高层次的设计中被当作元件调用。

2. 行为描述

行为描述主要采用过程结构语句：initial 语句和 always 语句。initial 语句一般用来编写 testbench 文件。

3. 数据流描述

数据流描述主要采用 assign 语句进行描述。

4. 混合描述

混合描述是指采用以上三种描述方式中的两种或以上的描述方式。

9.3.5 组合逻辑电路设计

1. 基本逻辑门电路设计

1) 与门

(1) 1 位二输入与门。

```
module and_op (input a,b,
               output c);
    assign c=a & b;
```

endmodule

(2) N 位二输入与门。

```
'define N 8
module and_op  (input['N-1:0] a,b,
                output ['N-1:0] c);
    assign c=a & b;
endmodule
```

2) 其他基本逻辑门

在实现其他基本逻辑门电路时，Verilog HDL 提供了相应的逻辑运算符，比较常用的如表 9.2 所示。

表 9.2　常用 Verilog HDL 逻辑运算符

逻 辑 门	逻辑运算符
与门	&
或门	|
非门	~
与非门	~&
或非门	~|
异或门	^
同或门	~^,^~

2. 编码器

1) 普通 4—2 线编码器

```
module encode4_2 (input wire I0,
                  input wire I1,
                  input wire I2,
                  input wire I3,
                  output wire Y0,
                  output wire Y1);
    assign Y0=((~I0) & I1 & (~I2) & (~I3))|((~I0) & (~I1) & (~I2) & I3);
    assign Y1=((~I0) & (~I1) & I2 & (~I3))|((~I0) & (~I1) & (~I2) & I3);
endmodule
```

2) 4—2 线优先编码器

```
module encode4_2_p (input wire I0,
                    input wire I1,
                    input wire I2,
                    input wire I3,
                    output reg Y0,
                    output reg Y1);
    always @ *
        begin
```

```
            if (I3==1'b1)
                begin
                    Y1=1'b1;
                    Y0=1'b1;
                end
            else if (I2==1'b1)
                begin
                    Y1=1'b1;
                    Y0=1'b0;
                end
            else if (I1==1'b1)
                begin
                    Y1=1'b0;
                    Y0=1'b1;
                end
            else if (I0==1'b1)
                begin
                    Y1=1'b0;
                    Y0=1'b0;
                end
            else
                begin
                    Y1=1'bz;
                    Y0=1'bz;
                end
        end
endmodule
```

3. 3—8 线译码器

```
module decode38
    (input wire[2:0] sel,
     output reg[7:0] y_n);
    always @ (sel)
        begin
            case (sel)
                3'b000: y_n=8'b11111110;
                3'b001: y_n=8'b11111101;
                3'b010: y_n=8'b11111011;
                3'b011: y_n=8'b11110111;
                3'b100: y_n=8'b11101111;
                3'b101: y_n=8'b11011111;
                3'b110: y_n=8'b10111111;
                3'b111: y_n=8'b01111111;
                default:y_n=8'b11111111;
            endcase
        end
endmodule
```

4. 数据选择器

1) 4选1数据选择器

```verilog
module data_sel (input wire en_n,
                input wire s0,
                input wire s1,
                input wire I0,I1,I2,I3,
                output reg Y);
    always @ *
        begin
            if (en_n)
                Y=1'b0;
            else
                begin
                    case ({s1,s0})
                        2'b00: Y=I0;
                        2'b01: Y=I1;
                        2'b10: Y=I2;
                        2'b11: Y=I3;
                        default: Y=1'b0;
                    endcase
                end
        end
endmodule
```

2) 8选1数据选择器

```verilog
module data_sel (input wire en_n,
                input wire s0,s1,s2,
                input wire D0,D1,D2,D3,D4,D5,D6,D7,
                output reg Y,Y_n);
    always @ *
        begin
            if (en_n)
                Y=1'b0;
            else
                begin
                    case ({s2,s1,s0})
                        3'b000: Y=D0;
                        3'b001: Y=D1;
                        3'b010: Y=D2;
                        3'b011: Y=D3;
                        3'b100: Y=D4;
                        3'b101: Y=D5;
                        3'b110: Y=D6;
                        3'b111: Y=D7;
                        default: Y=1'b0;
                    endcase
                end
```

```
            end
    always @ *
        Y_n=~Y;
endmodule
```

5. 数值比较器

1) N 位无符号数值比较器

```
`define N 8
module comp (input wire[`N-1:0] a,b,
             output reg gt,lt,eq);
    integer i;
    always @*
        begin
            if (a>b)
                begin
                    gt=1'b1;
                    lt=1'b0;
                    eq=1'b0;
                end
            else if (a<b)
                begin
                    gt=1'b0;
                    lt=1'b1;
                    eq=1'b0;
                end
            else
                begin
                    gt=1'b0;
                    lt=1'b0;
                    eq=1'b1;
                end
        end
endmodule
```

2) N 位有符号数值比较器

```
`define N 8
module comp (input wire[`N-1:0] a,b,
             output reg gt,lt,eq);
    integer i;
    always @*
        begin
            if (a[`N-1]<b[`N-1])
                begin
                    gt=1'b1;
                    lt=1'b0;
                    eq=1'b0;
                end
```

```verilog
            else if (a['N-1]>b['N-1])
                begin
                    gt=1'b0;
                    lt=1'b1;
                    eq=1'b0;
                end
            else if (a['N-2:0]>b['N-2:0])
                begin
                    gt=1'b1;
                    lt=1'b0;
                    eq=1'b0;
                end
            else if (a['N-2:0]<b['N-2:0])
                begin
                    gt=1'b0;
                    lt=1'b1;
                    eq=1'b0;
                end
            else
                begin
                    gt=1'b0;
                    lt=1'b0;
                    eq=1'b1;
                end
        end
endmodule
```

6. 算术运算单元

1) 1 位半加器

```verilog
module half_adder (input   wire  a,
                   input   wire  b,
                   output  wire  s,
                   output  wire  c);
    always @ (a,b)
        begin
            s= a ^ b;
            c= a & b;
        end
endmodule
```

2) 由 1 位半加器实现 1 位全加器

```verilog
module full_adder (input wire a,
                   input wire b,
                   input wire cin,
                   output wire s,
                   output wire co);
    wire s1,c1,c2;
    half_adder u1 (a,b,s1,c1);
```

```
    half_adder u2 (s1,cin,s,c2);
    assign co=c2|c1;
endmodule
```

9.3.6 时序逻辑电路设计

1. 时钟边沿的描述

Verilog HDL 的时序逻辑电路是以 always 过程块的形式进行描述的。
1) 上升沿时序逻辑电路

```
always @ (posedge clk)
    begin
        ...
    end
```

2) 下降沿时序逻辑电路

```
always @ (negedge clk)
    begin
        ...
    end
```

2. 复位方式

1) 同步复位(低电平复位)

```
always @ (posedge clk)
    begin
        if (!rst_n)
            ...
        else
            ...
    end
```

2) 异步复位(低电平复位)

```
always @ (posedge clk, negedge rst_n)
    begin
        if (!rst_n)
            ...
        else
            ...
    end
```

💡 **注意:** 同步复位与异步复位的区别在于 always @ 括号内是否包含复位信号。

3. D 触发器

1) 异步复位 D 触发器

```
module d_ff (input wire rst_n,
```

```
            input wire clk,
            input wire D,
            output reg Q,
            output reg Q_n);
    always @(posedge clk, negedge rst_n)
        begin
            if (!rst_n)
                Q<=1'b0;
            else
                Q<=D;
        end
    always @ *
        Q_n=~Q;
endmodule
```

2) 同步复位 D 触发器

```
module D_ff (input wire rst_n,
            input wire clk,
            input wire D,
            output reg Q,
            output reg Q_n);
    always @(posedge clk)
        begin
            if (!rst_n)
                Q<=1'b0;
            else
                Q<=D;
        end
    always @ *
        Q_n=~Q;
endmodule
```

4. JK 触发器

```
module JK_ff (input wire rst_n,
            input wire clk,
            input wire J,K,
            output reg Q,
            output reg Q_n);
    always @(posedge clk,negedge rst_n)
        begin
            if (!rst_n)
                Q<=1'b0;
            else if((J==1'b0) && (K==1'b0))
                Q<=Q;
            else if((J==1'b0) && (K==1'b1))
                Q<=1'b0;
            else if((J==1'b1) && (K==1'b0))
```

```
                    Q<=1'b1;
                else if((J==1'b1) && (K==1'b1))
                    Q<=~Q;
                else
                    Q<=1'bx;
        end
    always @ *
        Q_n=~Q;
endmodule
```

5. T触发器

```
module T_ff (input wire rst_n,
             input wire clk,
             input wire T,
             output reg Q,
             output reg Q_n);
    always @(posedge clk,negedge rst_n)
        begin
            if (!rst_n)
                Q<=1'b0;
            else if(T==1'b0)
                Q<=Q;
            else if(T==1'b1)
                Q<=~Q;
            else
                Q<=1'bx;
        end
    always @ *
        Q_n=~Q;
endmodule
```

6. T'触发器

```
module TT_ff (input wire rst_n,
              input wire clk,
              output reg Q,
              output reg Q_n);
    always @(posedge clk,negedge rst_n)
        begin
            if (!rst_n)
                Q<=1'b0;
            else
                Q<=~Q;
        end
    always @ *
        Q_n=~Q;
endmodule
```

7. 移位寄存器

1) 8 位左移移位寄存器

```
module left_shift
            (input wire clk,
             input wire rst_n,
             input wire din,
             output reg[7:0] dout);
    integer i;
    always @(posedge clk, negedge rst_n)
        begin
            if (!rst_n)
                dout<=8'b00000000;
            else
                begin
                    dout[0]<=din;
                    for (i=0;i<7;i=i+1)
                        dout[i+1]<=dout[i];
                end
        end
endmodule
```

2) 8 位右移移位寄存器

```
module right_shift
            (input wire clk,
             input wire rst_n,
             input wire din,
             output reg[7:0] dout);
    integer i;
    always @(posedge clk, negedge rst_n)
        begin
            if (!rst_n)
                dout<=8'b00000000;
            else
                begin
                    dout[7]<=din;
                    for (i=0;i<7;i=i+1)
                        dout[i]<=dout[i+1];
                end
        end
endmodule
```

3) 8 位双向移位寄存器

```
module bi_direction_shift
            (input wire clk,
             input wire rst_n,
             input wire r_l,
             input wire din,
```

```verilog
                    output reg[7:0] dout);
    integer i;
    always @(posedge clk, negedge rst_n)
        begin
            if (!rst_n)
                dout<=8'b00000000;
            else
                begin
                    if (r_l)
                        begin
                            dout[7]<=din;
                            for (i=0;i<7;i=i+1)
                                dout[i]<=dout[i+1];
                        end
                    else
                        begin
                            dout[0]<=din;
                            for (i=0;i<7;i=i+1)
                                dout[i+1]<=dout[i];
                        end
                end
        end
endmodule
```

8. 计数器

1) 同步计数器

```verilog
module counter (input wire rst_n,
                input wire clk,
                input wire ce,
                output reg Q0,Q1,Q2,Q3);
    reg en1,en2,en3;
    always @(posedge clk)
        begin
            if (!rst_n)
                begin
                    Q0<=1'b0;
                    Q1<=1'b0;
                    Q2<=1'b0;
                    Q3<=1'b0;
                end
            else
                begin
                    Q0<=Q0 ^ ce;
                    Q1<=(Q0 & ce) ^ Q1;
                    Q2<=(Q0 & Q1 & ce) ^ Q2;
                    Q3<=(Q0 & Q1 & Q2 & ce) ^Q3;
                end
        end
endmodule
```

2) 异步计数器

```verilog
module counter (input wire rst_n,
                input wire clk,
                output reg Q0,Q1,Q2,Q3);
    reg en1,en2,en3;
    always @(negedge clk,negedge rst_n)
        begin
            if (!rst_n)
                Q0<=1'b0;
            else
                Q0<=~Q0;
        end
    always @(negedge Q0,negedge rst_n)
        begin
            if (!rst_n)
                Q1<=1'b0;
            else
                Q1<=~Q1;
        end
    always @(negedge Q1,negedge rst_n)
        begin
            if (!rst_n)
                Q2<=1'b0;
            else
                Q2<=~Q2;
        end
    always @(negedge Q2,negedge rst_n)
        begin
            if (!rst_n)
                Q3<=1'b0;
            else
                Q3<=~Q3;
        end
endmodule
```

3) 异步复位十进制计数器

```verilog
module (input wire rst_n,
        input wire clk,
        output reg cnt);
    always @(posedge clk or negedge rst_n)
        begin
            if (!rst_n)
                cnt<=4'b0000;
            else
                begin
                    if (cnt==4'b1001)
                        cnt<=4'b0000;
                    else
```

```
                    cnt<=cnt+1;
                end
        end
endmodule
```

9. 存储器

```
module ram32_8 (input wire clk,
                input wire rst_n,
                input w_r,
                input wire[4:0] adr,
                input wire[7:0] wr_data,
                output reg[7:0] rd_data);
    reg[7:0] mem[31:0];
    always @(posedge clk, negedge rst_n)
        begin
            if (!rst_n)
                rd_data<=8'b000000000;
            else
                begin
                    if (w_r)
                        mem[adr]<=wr_data;
                    else
                        rd_data<=mem[adr];
                end
        end
endmodule
```

Verilog HDL 除了可以描述以上基本数字逻辑电路的功能外，还可以描述其他任何复杂度的数字系统，如 CPU、总线协议等。

9.3.7 基于 Verilog HDL 的数字系统设计

本节通过两个设计实例，深入学习使用 Verilog HDL 描述复杂数字系统的方法。对于规模较小的数字系统，一般采用自底向上的设计方法，其原理可参考 9.1.2 节。

1. 24 小时数字钟

(1) 系统实现功能要求：实现 24 小时计时功能。计时到 23 小时 59 分 59 秒时，自动从 0 小时 0 分 0 秒开始重新计时。

(2) 系统结构框图。采用自底向上设计方法将系统划分为秒个位计时、秒十位计时、分个位计时、分十位计时、小时个位计时和小时十位计时六个子模块，所有的子模块共用同一时钟信号，结构框图如图 9.6 所示。分别采用 Verilog HDL 描述每个子模块，每个进程对应一个模块，每个模块是一个简单的异步复位的同步计数器。

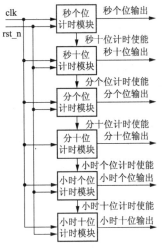

图 9.6　24 小时计时系统结构框图

(3) Verilog HDL 代码。

```verilog
module cnt24 (input wire rst_n,                    //复位信号，低电平复位
              input wire clk,                       //时钟信号
              input wire ce,                        //计数使能信号
              output reg[3:0] sec,                  //秒个位
              output reg[3:0] sec10,                //秒十位
              output reg[3:0] min,                  //分个位
              output reg[3:0] min10,                //分十位
              output reg[3:0] hr,                   //小时个位
              output reg[3:0] hr10);                //小时十位
reg sec10_ce,min_ce,min10_ce,hr_ce,hr10_ce;
////////////////////////////////////////////////////////////////////
////////////////////////////////秒个位计时进程///////////////////////////
////////////////////////////////////////////////////////////////////
always @ (posedge clk, negedge rst_n)
    begin
        if (!rst_n)                                 //如果复位
            begin
                sec<=4'b0000;                       //秒个位清零
                sec10_ce<=1'b0;                     //秒十位计时禁能
            end
        else                                        //正常工作状态
            begin
                if (ce)                             //如果计时使能
                    begin
                        if (sec==4'b1001)           //如果秒个位等于9
                            begin
                                sec<=4'b0000;       //秒个位清零
                                sec10_ce<=1'b0;     //秒十位计时禁能
                            end
                        else                        //秒个位不等于9
                            begin
                                sec<=sec+1;         //秒个位加1
                                if (sec==4'b1000)   //如果秒个位等于8
                                    sec10_ce<=1'b1; //秒十位计时使能
                                else                //秒个位不等于8
                                    sec10_ce<=1'b0; //秒十位计时禁能
                            end
                    end
                else//如果计时禁能，则保持原值
                    begin
                        sec<=sec;
                        sec10_ce<=sec10_ce;
                    end
            end
    end
////////////////////////////////////////////////////////////////////
////////////////////////////////秒十位计时进程///////////////////////////
```

```verilog
//////////////////////////////////////////////////////////////////
always @ (posedge clk, negedge rst_n)
    begin
        if (!rst_n)                              //如果复位
            begin
                sec10<=4'b0000;                  //秒十位清零
                min_ce<=1'b0;                    //分个位计时禁能
            end
        else
            begin
                if (sec10_ce)                    //如果秒十位计时使能
                    begin
                        if (sec10==4'b0101)      //如果秒十位等于9
                            begin
                                sec10<=4'b0000;  //秒十位清零
                                min_ce<=1'b0;    //分个位计时禁能
                            end
                        else
                            begin
                                sec10<=sec10+1;  //秒十位加1
                                if (sec10==4'b0100) //如果秒十位等于8
                                    min_ce<=1'b1;   //分个位计时使能
                                else               //秒十位不等于8
                                    min_ce<=1'b0;   //分个位计时禁能
                            end
                    end
                else//如果计时禁能，则保持原值
                    begin
                        sec10<=sec10;
                        min_ce<=min_ce;
                    end
            end
    end
//////////////////////////////////////////////////////////////////
//////////////////////////////分个位计时进程//////////////////////////
//////////////////////////////////////////////////////////////////
always @ (posedge clk, negedge rst_n)
    begin
        if (!rst_n)                              //如果复位
            begin
                min<=4'b0000;                    //分个位清零
                min10_ce<=1'b0;                  //分十位计时禁能
            end
        else
            begin
                if (min_ce & sec10_ce)           // 如果计时使能
                    begin
                        if (min==4'b1001)        //如果分个位等于9
                            begin
```

```verilog
                                min<=4'b0000;           //分个位清零
                                min10_ce<=1'b0;         //分十位计时禁能
                            end
                        else                            //分个位不等于9
                            begin
                                min<=min+1;             //分个位加1
                                if (min==4'b1000)       //如果分个位等于8
                                    min10_ce<=1'b1;     //分十位计时使能
                                else                    //分个位不等于8
                                    min10_ce<=1'b0;     //分十位计时禁能
                            end
                    end
                else//如果计时禁能，则保持原值
                    begin
                        min<=min;
                        min10_ce<=min10_ce;
                    end
            end
    end
//////////////////////////////////////////////////////////////////
////////////////////////////////分十位计时进程//////////////////////////
//////////////////////////////////////////////////////////////////
always @ (posedge clk, negedge rst_n)
    begin
        if (!rst_n) //如果复位
            begin
                min10<=4'b0000;                 //分十位清零
                hr_ce<=1'b0;                    //小时个位计时禁能
            end
        else
            begin
                if (min10_ce & min_ce & sec10_ce)  //如果计时使能
                    begin
                        if (min10==4'b0101)     //如果分十位等于9
                            begin
                                min10<=4'b0000;     //分十位清零
                                hr_ce<=1'b0;        //小时个位计时禁能
                            end
                        else
                            begin
                                min10<=min10+1;     //分十位加1
                                if (min10==4'b0100) //如果分十位等于8
                                    hr_ce<=1'b1;    //小时个位计时使能
                                else                //分十位不等于8
                                    hr_ce<=1'b0;    //小时个位计时禁能
                            end
                    end
                else                            //如果计时禁能，则保持原值
                    begin
```

```verilog
                    min10<=min10;
                    hr_ce<=hr_ce;
                end
            end
        end
///////////////////////////////////////////////////////////////////
/////////////////////////小时个位计时进程////////////////////////////
///////////////////////////////////////////////////////////////////
always @ (posedge clk, negedge rst_n)
  begin
    if (!rst_n)                                    //如果复位
      begin
        hr<=4'b0000;                               //小时个位清零
        hr10_ce<=1'b0;                             //小时十位计时禁能
      end
    else
      begin
        if (hr_ce & min10_ce & min_ce & sec10_ce)  //如果计时使能
          begin
            if ((hr==4'b1001)||((hr==4'b0011)&&(hr10==4'b0010)))
              //如果小时个位等于9或者小时个位等于3而且小时十位等于2
              begin
                hr<=4'b0000;                       //小时个位清零
                hr10_ce<=1'b0;                     //小时十位计时禁能
              end
            else                                   //其他情况
              begin
                hr<=hr+1;//小时个位加1
                if ((hr==4'b1000)||((hr==4'b0010)&& (hr10==4'b0010)))
                  //如果小时个位等于8或者小时个位等于2而且小时十位等于2
                  hr10_ce<=1'b1;                   //小时十位计时使能
                else
                  hr10_ce<=1'b0;                   //小时十位计时禁能
              end
          end
        else//如果计时禁能，则保持原值
          begin
            hr<=hr;
            hr10_ce<=hr10_ce;
          end
      end
  end
///////////////////////////////////////////////////////////////////
/////////////////////////小时十位计时进程////////////////////////////
///////////////////////////////////////////////////////////////////
always @ (posedge clk, negedge rst_n) //小时十位计时进程
    begin
        if (!rst_n)                                //如果复位
            hr10<=4'b0000;                         //小时十位清零
```

```
            else
                begin
                    if (hr10_ce & hr_ce & min10_ce & min_ce & sec10_ce)
                    //如果计时使能
                        begin
                            if (hr10==4'b0010)         //如果小时十位等于2
                                hr10<=4'b0000;         //小时十位清零
                            else                       //如果小时十位不等于2
                                hr10<=hr10+1;          //小时十位加1
                        end
                    else//如果计时禁能，则保持原值
                        hr10<=hr10;
                end
        end
endmodule
```

(4) 仿真结果。24 小时数字钟仿真波形如图 9.7 所示。

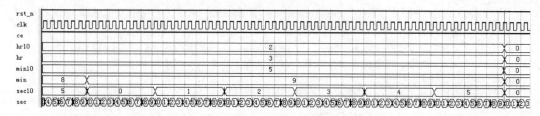

图 9.7 24 小时数字钟仿真波形

2. 交通控制灯

(1) 系统功能要求。实现一个控制南北方向和东西方向的十字路口交通控制灯系统，每个方向通行 45 秒，最后 6 秒黄灯闪烁。

(2) 系统状态机框图。根据系统功能要求，将系统划分为两个状态，如图 9.8 所示。

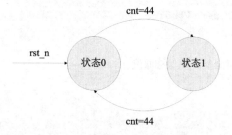

图 9.8 交通控制灯状态机框图

(3) Verilog HDL 代码。

本例的描述包括状态机进程、红绿灯输出控制进程和计数器输出进程。状态机进程实现状态转换控制。红绿灯输出控制进程根据计数器的数值实现红绿灯状态的控制。计数器输出进程实现计时数值的显示。

```
module trafic_ctr (
    input wire rst_n,//复位信号
```

```verilog
    input wire clk,                                     //时钟信号
    output reg[5:0] cnt_o,                              //计时输出
    output reg east_west_red_light,                     //东西方向红灯
    output reg east_west_yellow_light,                  //东西方向黄灯
    output reg east_west_green_light,                   //东西方向绿灯
    output reg north_south_red_light,                   //南北方向红灯
    output reg north_south_yellow_light,                //南北方向黄灯
    output reg north_south_green_light);                //南北方向绿灯
reg state;
reg[5:0] cnt;
//////////////////////////////////////////////////////////////////
/////////////////////////////状态机进程////////////////////////////
//////////////////////////////////////////////////////////////////
always @(posedge clk, negedge rst_n)
    begin
        if (!rst_n)                                     //如果复位
            begin
                state<=1'b0;                            //状态为0
                cnt<=6'b000000;                         //计数器清零
            end
        else                                            //非复位
            begin
                case (state)                            //判断当前状态
                    1'b0:                               //如果当前状态为0
                        begin
                            if (cnt==6'b101100)         //如果计数器为44
                                begin
                                    cnt<=6'b000000;     //计数器清零
                                    state<=1'b1;        //状态转换为1
                                end
                            else                        //如果计数器不等于44
                                begin
                                    cnt<=cnt+1;         //计数器计数
                                    state<=1'b0;        //状态仍为0
                                end
                        end
                    1'b1:                               //如果当前状态为1
                        begin
                            if (cnt==6'b101100)         //如果计数器等于44
                                begin
                                    cnt<=6'b000000;     //计数器清零
                                    state<=1'b0;        //状态转换为0
                                end
                            else                        //计数器不等于44
                                begin
                                    cnt<=cnt+1;         //计数器计数
                                    state<=1'b1;        //状态仍为1
                                end
                        end
```

```verilog
                    default:                              //其他状态
                        begin
                            cnt<=6'b000000;               //计数器清零
                            state<=1'b0;                  //状态转换为0
                        end
                endcase
            end
    end
////////////////////////////////////////////////////////////////////////
///////////////////////////红绿灯输出控制进程/////////////////////////////
////////////////////////////////////////////////////////////////////////
always @(posedge clk)
    begin
        case (state)                                      //判断当前状态
            1'b0:                                         //如果是状态0
                begin
                    east_west_red_light<=1'b0;            //东西方向红灯灭
                    if (cnt>=6'b100111)//如果计数器大于等于39
                        ast_west_yellow_light<=~east_west_yellow_light;
                        //东西方向黄灯闪烁
                    else//计数器小于39
                        east_west_yellow_light<=1'b0;     //东西方向黄灯灭
                        east_west_green_light<=1'b1;      //东西方向绿灯亮
                        north_south_red_light<=1'b1;      //南北方向红灯亮
                        north_south_yellow_light<=1'b0;   //南北方向黄灯灭
                        north_south_green_light<=1'b0;    //南北方向绿灯灭
                end
            1'b1://如果当前状态为1
                begin
                    east_west_red_light<=1'b1;            //东西方向红灯亮
                    east_west_yellow_light<=1'b0;         //东西方向黄灯灭
                    east_west_green_light<=1'b0;          //东西方向绿灯灭
                    north_south_red_light<=1'b0;          //南北方向红灯灭
                    if (cnt>=6'b100111)                   //如果计数器大于等于39
                        north_south_yellow_light<=~north_south_yellow_li
                        ght;                              //南北方向黄灯闪烁
                    else                                  //计数器小于39
                        north_south_yellow_light<=1'b0;   //南北方向黄灯灭
                        north_south_green_light<=1'b1;    //南北方向绿灯亮
                end
            default:                                      //其他状态,所有的灯都灭
                begin
                    east_west_red_light<=1'b0;
                    east_west_yellow_light<=1'b0;
                    east_west_green_light<=1'b0;
                    north_south_red_light<=1'b0;
                    north_south_yellow_light<=1'b0;
                    north_south_green_light<=1'b0;
                end
```

```
            endcase
        end
////////////////////////////////////////////////////////////////
///////////////////////////计数器输出进程///////////////////////////
////////////////////////////////////////////////////////////////
always @(posedge clk)
    begin
        cnt_o<=cnt;
    end
endmodule
```

(4) 仿真结果。交通控制灯仿真波形如图 9.9 所示。

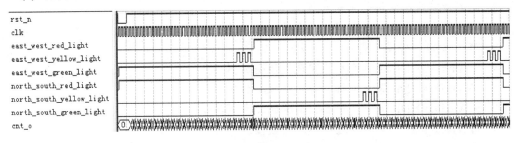

图 9.9　交通控制灯仿真波形

本 章 小 结

本章首先介绍了数字系统的基本结构、设计方法和实现方式，然后针对现代数字系统的设计特点介绍了 EDA 技术和硬件描述语言 Verilog HDL。

数字系统主要有数据处理单元和控制单元两大组成部分。数据处理单元主要完成数据的采集、存储、运算和传输；控制单元产生控制信号，控制整个数字系统的正确运行。

设计数字系统主要有两种方法，自底向上法和自顶向下法。

数字系统的实现方式主要有基于 PLD 的方式和基于 ASIC 的方式。两种数字系统的实现方式各有优缺点，设计者需要根据设计要求选择合适的实现方式。

EDA 技术是现代电子设计的主要技术手段。EDA 技术应用于电子系统开发的全过程，以及进行电子设计时涉及的各个方面。

本章还介绍了 Verilog HDL 基本语法结构，给出了基本组合逻辑电路和时序逻辑电路的设计实例，并以 24 小时数字钟和交通控制灯为设计实例介绍了基于 Verilog HDL 的数字系统的设计方法。

习　　题

一、填空题

1. 数字系统一般可以划分为_____和_____两个组成部分。
2. EDA 的中文含义是_____。
3. 数字系统的设计方法主要有_____和_____两种方法。

4. 数字系统的两种实现方式为_____和_____。
5. Verilog HDL 的端口方向的关键词是_____、_____、_____。
6. Verilog HDL 的数据类型可以分为_____和_____两大类。常用的两种数据类型为_____和_____。
7. Verilog HDL 的主要描述方式有_____、_____、_____和_____等。
8. Verilog HDL 的赋值语句有_____和_____。
9. Verilog HDL 中过程赋值语句有_____和_____两种类型。
10. Verilog HDL 中描述时钟上升沿的关键词是_____。

二、思考题

1. 简述数字系统中控制单元的作用。
2. 自底向上和自顶向下设计方法各有什么特点？
3. EDA 的应用领域有哪些？
4. 用 Verilog HDL 逻辑运算符实现 1 位全加器。
5. 用 Verilog HDL 基本逻辑门实现 1 位全加器。
6. 用 Verilog HDL 实现具有加减乘除的算术逻辑单元。
7. 用 Verilog HDL 实现六进制扭环计数器。
8. 用 Verilog HDL 实现六分频电路，要求占空比为 50%。
9. 用 Verilog HDL 实现 60 进制 8421BCD 码计数器。

参 考 文 献

[1] 阎石. 数字电子技术基础[M]. 5 版. 北京：高等教育出版社，2006.

[2] 康华光. 电子技术基础数字部分[M]. 5 版. 北京：高等教育出版社，2006.

[3] 秦曾煌. 电工学(下册)电子技术[M]. 7 版. 北京：高等教育出版社，2011.

[4] 李继凯，杨艳. 数字电子技术及应用[M]. 北京：科学出版社，2012.

[5] 邬书跃. 数字电子技术基础[M]. 北京：清华大学出版社，2012.

[6] 宋婀娜. 数字电子技术基础[M]. 北京：机械工业出版社，2012.

[7] 张克农，等. 数字电子技术基础[M]. 2 版. 北京：高等教育出版社，2010.

[8] 韩桂英，李锡祚. 数字电子技术基础实用教程[M]. 北京：清华大学出版社，2011.

[9] 杨春玲，王淑娟. 数字电子技术[M]. 北京：高等教育出版社，2010.

[10] 张佳薇. 数字电子技术基础[M]. 2 版. 哈尔滨：哈尔滨工程大学出版社，2011.

[11] 张锁良. 数字电子技术基础[M]. 北京：北京邮电大学出版社，2011.

[12] 王树昆，赵晓巍. 数字电子技术基础[M]. 北京：中国电力出版社，2011.

[13] 周开利. 数字电子技术[M]. 武汉：华中科技大学出版社，2009.

[14] 夏路易，董增寿，石栋华，任青莲. 数字电子技术基础教程[M]. 北京：电子工业出版社，2009.

[15] 石建平. 数字电子技术[M]. 北京：国防工业出版社，2011.

[16] 徐惠民，安德宁，延明. 数字电路与逻辑设计[M]. 北京：人民邮电出版社，2009.

[17] 张佳薇. 数字电路与逻辑设计基础[M]. 北京：中国铁道出版社，2010.

[18] 沈任元. 数字电子技术基础[M]. 北京：机械工业出版社，2010.

[19] 赵巍. 数字电子技术[M]. 北京：北京邮电大学出版社，2010.

[20] 李月乔. 数字电子技术基础[M]. 北京：中国电力出版社，2008.

[21] 申忠如. 数字电子技术基础[M]. 西安：西安交通大学出版社，2010.

[22] 白彦霞. 数字电子技术基础[M]. 北京：北京邮电大学出版社，2009.

[23] 杨志忠，卫桦林. 数字电子技术基础[M]. 2 版. 北京：高等教育出版社，2009.

[24] 江捷，马志成. 数字电子技术基础[M]. 北京：北京工业大学出版社，2009.

[25] 韩炎. 数字电子技术基础[M]. 北京：电子工业出版社，2009.

[26] 王友仁. 数字电子技术基础[M]. 北京：机械工业出版社，2010.

[27] 伍时和. 数字电子技术基础[M]. 北京：清华大学出版社，2009.

[28] 王金明. 数字系统设计与 Verilog HDL[M]. 北京：电子工业出版社，2011.

[29] IEEE Standard for Verilog Hardware Description Language[GB/T]，2005.

[30] Altera. MAX 7000 Programmable Logic Device Family Data Sheet [EB/OL]，2000.